大数据技术精品系列教材

U0276779

数字图像
处理实战

Hands-on Digital Image Processing

杨坦 张良均 ◉ 主编

王敏娟 赵丽玲 郭洁 ◉ 副主编

人民邮电出版社

北 京

图书在版编目（CIP）数据

数字图像处理实战 / 杨坦，张良均主编. -- 北京：
人民邮电出版社，2023.11（2024.7重印）
大数据技术精品系列教材
ISBN 978-7-115-62385-0

Ⅰ. ①数… Ⅱ. ①杨… ②张… Ⅲ. ①数字图像处理
—教材 Ⅳ. ①TN911.73

中国国家版本馆CIP数据核字(2023)第138833号

内 容 提 要

本书以数字图像处理基础理论与真实案例相结合的方式，深入浅出地介绍数字图像处理的常见任务及实现技术。本书共9章，内容包含数字图像处理概述、图像的基本变换、图像增强与复原、形态学处理、图像特征提取、图像分割等技术，以及车牌检测、QR码的检测、钢轨表面缺陷检测等案例。本书以 Python 为算法实现工具，大部分章包含操作实践代码和课后习题，帮助读者在数字图像处理基础任务和案例中应用算法，巩固所学内容。

本书可以作为高校信息技术或人工智能相关专业的教材，也可以作为数字图像处理应用的开发人员和从事数字图像处理技术研究的科研人员的参考用书。对于有一定基础和经验的读者，也能帮助他们查漏补缺，深入理解并掌握相关原理和方法，提高解决实际问题的能力。

◆ 主　　编　杨　坦　张良均

　　副主编　王敏娟　赵丽玲　郭　洁

　　责任编辑　初美呈

　　责任印制　王　郁　焦志炜

◆ 人民邮电出版社出版发行　　北京市丰台区成寿寺路 11 号

　　邮编　100164　　电子邮件　315@ptpress.com.cn

　　网址　https://www.ptpress.com.cn

　　山东百润本色印刷有限公司印刷

◆ 开本：787×1092　1/16

　　印张：16.5　　　　　　　　　2023 年 11 月第 1 版

　　字数：367 千字　　　　　　　2024 年 7 月山东第 3 次印刷

定价：59.80 元

读者服务热线：(010)81055256　印装质量热线：(010)81055316

反盗版热线：(010)81055315

广告经营许可证：京东市监广登字 20170147 号

大数据技术精品系列教材
专家委员会

专家委员会主任： 郝志峰（汕头大学）

专家委员会副主任（按姓氏笔画排列）：

王其如（中山大学）

余明辉（广州番禺职业技术学院）

张良均（广东泰迪智能科技股份有限公司）

聂　哲（深圳职业技术大学）

曾　斌（人民邮电出版社有限公司）

蔡志杰（复旦大学）

专家委员会成员（按姓氏笔画排列）：

王爱红（贵州交通职业技术学院）　　韦才敏（汕头大学）

方海涛（中国科学院）　　　　　　　孔　原（江苏信息职业技术学院）

邓明华（北京大学）　　　　　　　　史小英（西安航空职业技术学院）

冯国灿（中山大学）　　　　　　　　边馥萍（天津大学）

吕跃进（广西大学）　　　　　　　　朱元国（南京理工大学）

朱文明（深圳信息职业技术学院）　　任传贤（中山大学）

刘保东（山东大学）　　　　　　　　刘彦姝（湖南大众传媒职业技术学院）

刘深泉（华南理工大学）　　　　　　孙云龙（西南财经大学）

阳永生（长沙民政职业技术学院）　　花　强（河北大学）

杜　恒（河南工业职业技术学院）　　李明革（长春职业技术大学）

李美满（广东理工职业学院）　　　　杨　坦（华南师范大学）

杨　虎（重庆大学）　　　　　　　　杨志坚（武汉大学）

杨治辉（安徽财经大学）　　　　　　杨爱民（华北理工大学）

序 FOREWORD

随着"大数据时代"的到来，移动互联网和智能手机迅速普及，多种形态的移动互联网应用蓬勃发展，电子商务、云计算、互联网金融、物联网、虚拟现实、智能机器人等不断渗透并重塑传统产业，而与此同时，大数据当之无愧地成为新的"产业革命核心"。

2019 年 8 月，联合国教科文组织以联合国 6 种官方语言正式发布《北京共识——人工智能与教育》。其中提出，通过人工智能与教育的系统融合，全面创新教育、教学和学习方式，并利用人工智能加快建设开放灵活的教育体系，确保全民享有公平、适合每个人且优质的终身学习机会。这表明基于大数据的人工智能和教育均进入了新的阶段。

高等教育是教育系统的重要组成部分，高等院校作为人才培养的重要载体，肩负着为社会培育人才的重要使命。2018 年 6 月 21 日的新时代全国高等学校本科教育工作会议首次提出了"金课"的概念。"金专""金课""金师"迅速成为新时代高等教育的热词。如何建设具有中国特色的大数据相关专业，以及如何打造世界水平的"金专""金课""金师""金教材"是当代教育教学改革的难点和热点。

实践教学是指在一定的理论指导下，通过实践引导，使学习者获得实践知识、掌握实践技能、锻炼实践能力、提高综合素质的教学活动。实践教学在高校人才培养中有着重要的地位，是巩固理论知识和加深理论理解的有效途径。目前，高校大数据相关专业的教学体系设置过多地偏向理论教学，课程设置冗余或缺漏，知识体系不健全，且与企业实际应用契合度不高，学生很难把理论转化为实践应用技能。为了有效解决该问题，"泰迪杯"数据挖掘挑战赛组委会与人民邮电出版社共同策划了"大数据技术精品系列教材"，这恰与 2019 年 10 月 24 日教育部发布的《教育部关于一流本科课程建设的实施意见》（教高〔2019〕8 号）中提出的"坚持分类建设""坚持扶强扶特""提升高阶性""突出创新性""增加挑战度"原则契合。

"泰迪杯"数据挖掘挑战赛自 2013 年创办以来，一直致力于推广高校数据挖掘实践教学，培养学生数据挖掘的应用和创新能力。挑战赛的赛题均为经过适当简化和加工的实际问题，来源于各企业、管理机构和科研院所等，非常贴近现实的热点需求。赛题中的数据只做必要的脱敏处理，力求保持原始状态。挑战赛围绕数据挖掘的整个流程，从数据采集、数据迁移、数据存储、数据分析与挖掘，到数据可视化，涵盖企业应用中的各个环节，与目前大数据相关专业人才培养目标高度一致。"泰迪杯"数据挖掘挑战赛不依赖数学建模，甚至不依赖传统模型的竞赛形式，这使得"泰迪杯"数据挖掘挑战赛在全国各大高校反响热烈，且得到了全国各界专家、学者的认可与支持。2018 年，"泰迪杯"增加了子赛项——数据分析技能赛，为应用型本科、高职和中职技能型人才培养提供理论、技术和资源方面的支持。截至 2021 年，全国共有超 1000 所高校，约 2 万名研究生、9 万名本科生、2 万名高职生参加了"泰迪杯"数据挖掘挑战赛和数据分析技能赛。

本系列教材的第一大特点是注重学生的实践能力培养，针对高校实践教学中的痛点，首次提出"鱼骨教学法"的概念。以企业真实需求为导向，学生学习技能时紧紧围绕企业实际应用需求，将学生需掌握的理论知识与企业案例进行衔接，达到知行合一、以用促学的目的。第二大特点是以大数据技术应用为核心，紧紧围绕大数据应用闭环的流程进行教学。本系列教材涵盖企业大数据应用中的各个环节，符合企业大数据应用的真实场景，使学生从宏观上理解大数据技术在企业中的具体应用场景及应用方法。

在教育部全面实施"六卓越一拔尖"计划 2.0 的背景下，对如何促进我国高等教育人才培养体制机制的综合改革，以及如何重新定位和全面提升我国高等教育质量，本系列教材将起到抛砖引玉的作用，从而加快推进以新工科、新医科、新农科、新文科为代表的一流本科专业的"双万计划"建设；落实"让学生忙起来、让教学活起来、让管理严起来"措施，让大数据相关专业的人才培养质量有质的提升；借助数据科学的引导，在文、理、农、工、医等方面全方位发力，培养各个行业的卓越人才及未来的领军人才。同时本系列教材将根据读者的反馈意见和建议及时改进、完善，努力成为大数据时代的新型"编写、使用、反馈"螺旋式上升的系列教材建设样板。

汕头大学校长
教育部高等学校大学数学课程教学指导委员会副主任委员
"泰迪杯"数据挖掘挑战赛组织委员会主任
"泰迪杯"数据分析技能赛组织委员会主任

2021 年 7 月于粤港澳大湾区

前 言 PREFACE

数字图像处理是指利用计算机对图像这种视觉信息进行变换、增强、复原、分割、分析等过程的理论、技术和方法，在科学技术、国民经济以及人们的日常生产生活中发挥着越来越重要的作用。本书采用人工智能领域流行的 Python 语言作为算法实现工具，选取生产生活中常见的场景，介绍数字图像处理技术在工程实践中的应用。党的二十大报告指出：科技是第一生产力、人才是第一资源、创新是第一动力。本书从数字图像处理基础技术入手，通过算法实例和工程案例，逐步阐明数字图像处理在不同场景中的应用，包含原理与代码实现，为读者提供完成数字图像处理常见任务的工具和方法，让初学者快速掌握数字图像处理领域的基本技能。

本书特色

- 理论与实践结合。本书以数字图像处理的应用为主线，注重任务案例的学习，以数字图像处理常用技术与任务案例相结合的方式，介绍使用 Python 完成数字图像处理任务的主要方法。

- 以应用为导向。本书从数字图像处理的任务开始介绍，然后介绍具体的数字图像处理案例实现，旨在让读者明白如何利用所学知识来解决问题，从而真正理解并应用所学知识。

- 注重启发式教学。本书大部分章紧扣数字图像处理任务需求展开，不堆积知识点，着重于思路的启发与解决方案的实施。通过对数字图像处理任务从介绍到完成的完整工作流程的体验，读者能真正理解并掌握数字图像处理的相关技术。

本书适用对象

- 开设数字图像处理相关课程的高校的学生。
- 数字图像处理应用的开发人员。
- 从事数字图像处理技术研究的科研人员。

代码下载及问题反馈

　　为了帮助读者更好地使用本书，本书配有原始数据文件、Python 程序代码，以及 PPT 课件、教学大纲、教学进度表和教案等教学资源，读者可以从泰迪云教材网站免费下载，也可登录人邮教育社区（www.ryjiaoyu.com）下载。

　　由于编者水平有限，书中难免出现一些疏漏和不足的地方。如果您有更多的宝贵意见，欢迎在"泰迪学社"微信公众号（TipDataMining）回复"图书反馈"后在相关链接中进行反馈。更多本系列图书的信息可以在泰迪云教材网站查阅。

编　者

2023 年 7 月

泰迪云教材

目录 CONTENTS

第 ❶ 章 数字图像处理概述

随着科学技术的发展，特别是电子技术和计算机技术的发展，图像的采集、处理及应用技术近年来得到了长足的进步，出现了许多新理论、新技术和新算法，对推动社会发展、改善人们生活方式、提高人们生活水平起到了重要的作用。数字图像处理技术属于创新性领域，在学习该技术的同时要坚持守正创新。本章主要介绍数字图像处理的起源、数字图像处理的应用领域、图像工程与数字图像处理的关系、人眼的视觉系统、数字图像、像素间的基本关系，并介绍常用数字图像处理工具和常见的 Python 图像处理库。

学习目标

（1）了解数字图像处理的起源和应用领域。
（2）了解图像工程与数字图像处理的关系。
（3）熟悉图像采样与量化。
（4）熟悉像素间的基本关系。
（5）熟悉常用的数字图像处理工具。
（6）了解常见的 Python 图像处理库。

1.1 认识数字图像处理

在人类感知世界的所有信息中，视觉信息约占 83%，听觉信息约占 11%，其他信息（味觉信息、触觉信息等）约占 6%。"百闻不如一见""一目了然"等词语都或多或少反映了图像信息在人类信息感知中的重要性。

1.1.1 了解数字图像处理的起源

数字图像最早应用于报纸业。1922 年，图像第一次通过海底电缆从伦敦传往纽约。20 世纪 20 年代，人类应用巴特兰（Bartlane）电缆传输系统，把横跨大西洋传送一幅图像所需的时间从一个多星期减少到了 3h。为了用电缆传输图像，最初使用特殊的打印设备对图像进行编码，然后在接收端重构图像。使用这种方法传送的图像，需要利用装有特殊打印机字体的电报打印机模拟中间色调进行还原。1921 年由电报打印机采用特殊字体在编码纸带上产生的数字图像如图 1-1 所示。

图 1-1　1921 年由电报打印机采用特殊字体在编码纸带上产生的数字图像（灰度级：5）

在改善早期数字图像视觉质量的过程中遇到了很多问题，其首要问题涉及打印方法的选择和亮度等级的分布，图 1-1 中所使用的图像打印方法到 1921 年年底就被彻底淘汰，取而代之的是一种在电报接收端使用穿孔纸带的照相还原技术。1929 年使用穿孔纸带的照相还原技术得到的数字图像如图 1-2 所示，与图 1-1 所示的图像相比，它在色调质量和分辨率方面的改善都很明显。

图 1-2　1929 年使用穿孔纸带的照相还原技术得到的数字图像（灰度级：15）

虽然图 1-1 和图 1-2 的例子中涉及数字图像，但是并不能认为得到这些图像的过程就是通常定义的数字图像处理（Digital Image Processing），因为创建这些图像时并未涉及计算。数字图像处理的历史与数字计算机的发展密切相关。事实上，数字图像处理需要有非常好的存储和计算能力，因此数字图像处理领域的发展必须依靠数字计算机及数据存储、显示和传输等相关支撑技术的发展。

计算机的概念可追溯到古代"算盘"的发明。现代计算机的基础可以追溯到 20 世纪 40 年代由冯·诺依曼提出的两个重要概念：（1）保存程序和数据的存储器；（2）条件分支。这两个概念是中央处理器（Central Processing Unit，CPU）的基础。现今，中央处理器已是计算机的"心脏"。从冯·诺依曼开始，一系列重要的进展使得计算机强大到足以用于数字图像处理。

简单而言，计算机相关的重要进展可归纳为如下 7 点。

（1）晶体管的出现。1947 年美国贝尔实验室发明了晶体管。

（2）高级编程语言的出现。20 世纪 50 年代高级编程语言 COBOL （COmmon Business-Oriented Language）及 FORTRAN（Formula Translation）的开发。

（3）集成电路的发明。1958 年美国德州仪器公司发明了集成电路（Integrated Circuit，IC）。

（4）操作系统的出现。20 世纪 60 年代早期，操作系统被开发出来。

（5）微处理器的出现。20 世纪 70 年代早期，英特尔（Intel）公司开发了微处理器（由中央处理器、存储器和输入输出控制组成的单一芯片）。

（6）个人计算机（Personal Computer，PC）的推出。1981 年 IBM 公司推出了 PC。

（7）元件的逐步小型化。随着 20 世纪 70 年代大规模集成电路（Large Scale Integrated Circuit，LSI）的出现，20 世纪 80 年代出现了超大规模集成电路（Very Large Scale Integrated Circuit，VLSI），20 世纪 90 年代出现了特大规模集成电路（Ultra Large Scale Integration，ULSI）。

伴随着这 7 个重要进展，数字图像处理的两个基本需求，即大容量存储和显示技术也快速发展。

第一台功能强大到足以执行有意义的数字图像处理任务的大型计算机出现在 20 世纪 60 年代初。数字图像处理的诞生可追溯至该时期针对这些大型计算机的应用和空间探索项目的开发，这些项目的开发将人们的注意力集中到数字图像处理技术的潜能上。利用计算机技术改善空间探测器发回的图像，始于 1964 年美国加利福尼亚的喷气推进实验室。当时由"徘徊者 7 号"月球探测器在撞击月球表面前拍摄的图像，如图 1-3 所示，经由一台计算机进行处理，以校正航天器上电视摄像机所拍摄图像中存在的各种类型的图像畸变。

图 1-3　"徘徊者 7 号"月球探测器在撞击月球表面前拍摄的图像

除了在空间探索领域的应用，数字图像处理技术在 20 世纪 60 年代末至 20 世纪 70 年代初也开始用于医学成像、地球资源遥感监测和天文学等领域。在 20 世纪 70 年代发明的计算机断层成像（Computed Tomography，CT），是数字图像处理在医学诊断领域最重要的应用之一。CT 是由戈弗雷·豪恩斯菲尔德（Godfrey N. Hounsfield）先生和艾伦·科马克（Allan M. Cormack）教授分别发明的。由于这项发明，他们共同获得了 1979 年的诺贝尔生理学或医学奖。X 射线是 1895 年由威廉·康拉德·伦琴（Wilhelm Conrad Roentgen）发现的，由于这一发现，他获得了 1901 年的诺贝尔物理学奖。今天，这两个在时间上相差近 100 年的成果引领着数字图像处理在医学诊断领域的最重要的应用之一——CT。CT

的主要过程是：计算机断层检测器环围绕着一个物体（或病人），一个与该环同心的 X 射线源绕该物体旋转；X 射线穿过该物体并被环中 X 射线源对面的检测器收集；在 X 射线源旋转期间，不断重复这一过程。CT 由一些算法组成，这些算法使用检测器感知的数据来重建物体的"切片"图像。当物体沿垂直于检测器环的方向运动时，就会产生一系列这样的"切片"，这些切片组成该物体内部的三维再现。

从 20 世纪 60 年代至今，数字图像处理领域一直在生机勃勃地发展。除在医学和空间探索项目中的应用外，数字图像处理技术现在已被应用于更广的范围。例如，在地理学领域，可使用数字图像处理技术，通过航空和卫星拍摄的图像来研究污染模式；在考古学领域，可使用数字图像处理技术复原模糊的历史图像，这些图像是研究已丢失或损坏的稀有物品唯一的现有记录；在物理学领域，数字图像处理技术通常用于增强高能等离子体和电子显微镜等领域的实验图像的效果。

1.1.2 了解数字图像处理的应用领域

近几年随着多媒体技术和互联网的迅速发展与普及，数字图像处理技术受到了前所未有的重视，出现了许多新的应用领域。数字图像处理技术已经从工业领域、实验室走入商业领域及办公室，走进了人们的日常生活。目前，数字图像处理技术已被广泛用于工业、通信、医学、遥感、军事、办公自动化、影视娱乐等领域。数字图像处理技术对社会发展和人民福祉具有重要作用，但也要关注数字图像处理技术对社会的影响，我们应遵守伦理规范，保护个人隐私，促进社会公平和发展。

1. 工业

随着科技水平的日益提高，危、重、繁、杂的体力劳动正在逐渐被智能机器人及机器生产线所取代。以"三维机器视觉"分析成果为中心，配有环境理解的机器视觉在工业装配、自动化生产线控制、救火、排障、引爆等方面，以及家庭的辅助劳动、烹饪、清洁、老年人及残障人士的监护方面都发挥着巨大的作用。与机器视觉并行，以三维分析为基础的图像测量传感得到了长足的发展。使用图像重叠技术进行无损探伤的方法也被应用在工业无损探伤和检验中，如图 1-4 所示（图中为纺织产品瑕疵检测）。智能化的材料图像分析系统有助于人类深入了解材料的微观性质，促进新型功能材料的诞生。

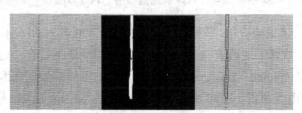

图 1-4 工业无损探伤和检验（纺织产品瑕疵检测）

2. 通信

以全数字方式进行图像传输的实时编码、压缩、解码等图像传输技术已经取得重大进展，所传输的图像的清晰度也大大提升，如图 1-5 所示。远程多媒体教学和网络视频聊天已经被普遍使用，图、文、声、像并茂的网络媒体已经融入人们的日常生活，高清晰度的数字电视已经走进千家万户，可视电话与可视图书资料等即将成为普通家庭的必备品。通过数字图像传输技术，可以将我国的文化遗产、艺术创作等，以数字图像的形式向世界展示，在中国传统文化的保护与创新中贡献力量。

图 1-5　高清数字图像

3. 医学

以图像重叠技术为核心的数字医学图像处理技术正在逐步完善。以医用超声成像、X 光造影成像、X 光断影成像、核磁共振断层成像等技术为基础的医学数字图像处理技术在疾病诊断中发挥着重要作用，如图 1-6 所示。以医学图像技术为基础的医疗"微观手术"（使用微型外科手术器械进行的血管内、脏器内手术）中的特制图像内窥镜、体外 X 光监视和测量保证了手术的安全和准确。此外，术前图像分析和术后图像监测都是手术成功的保障。

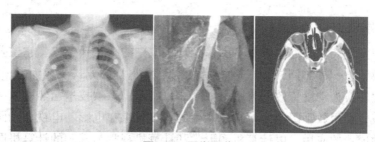

图 1-6　医学图像

4. 遥感

以多光谱图像综合处理和像素模式分类为基础的遥感数字图像处理技术是对地球的整体环境进行监测的强有力手段，如图 1-7 所示。遥感图像提供精确、客观的各种农作物的生产情况、收获估计，以及林业资源、矿产资源、地质、水文、海洋、气象等各种宏观调查、监测资料。空间探测和卫星图像侦察技术已经成为搜集情报的常规技术。

图 1-7　遥感图像

5. 军事

20 世纪 70 年代以来，图像制导技术在战略、战术武器制导中发挥了极大作用，其特点是高精度与智能化。以图像匹配（特别是具有"旋转、放大、平移"不变特征的智能化图像匹配）与定位技术为基础的光学制导正在进一步发展。在测控技术中，光学跟踪测控也是最精密的测控技术之一。

6. 办公自动化

以图像识别技术和图像数据库技术为基础的办公自动化已经得到了广泛应用。印刷体汉字识别和手写汉字识别技术已经进入实用化阶段，汉字识别输入将逐步取代打字输入，如图 1-8 所示。同时，配以语音识别输入，办公的自动化程度正在不断提高。

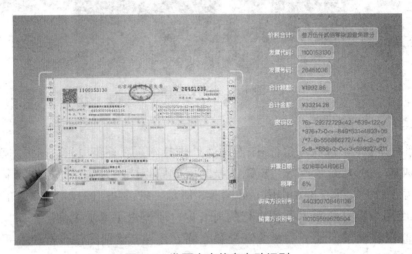

图 1-8　发票文字信息自动识别

7. 影视娱乐

数字图像变形技术是近年来数字图像处理领域中的一个新分支。它主要研究数字图像的几何变换，将一幅数字图像以一种流畅、自然和逼真的方式变换为另一幅数字图像，如将真实人脸转换为动漫特效的人脸，如图 1-9 所示。该项技术已经引入医学成像及计算机视觉领域，利用数字图像变形技术产生的特技效果在电影、电视、动画和媒体广告中有很多非常成功的应用。以计算机图形学和计算机视觉为基础的计算机图像生成技术在广告制作、动画制作、网络游戏中更是有令人叹为观止的成果，在服装设计、发型设计、歌舞动作设计等诸多方面也都有广泛的应用。在数字图像变形技术和计算机图像生成技术的应用过程中，要特别注意保护个人隐私，提高信息安全意识。

图 1-9　人脸转动漫脸特效

1.1.3　了解图像工程与数字图像处理的关系

数字图像处理是用计算机对图像进行处理和分析，以达到所需结果的技术。数字图像是指用工业相机、摄像机、扫描仪等设备经过拍摄、扫描得到的二维数组，该数组的元素称为像素，像素的值称为灰度值。数字图像处理技术一般包括图像压缩、增强、复原、分割、描述、匹配和识别等几个部分。

图像工程是各种与数字图像有关的技术的总称。这些技术可根据各自的特点分为 3个既有联系又有区别的层次：图像处理、图像分析和图像理解。这三者的有机结合称为图像工程。换句话说，图像工程是既有联系又有区别的图像处理、图像分析及图像理解的有机结合，除此之外，图像工程还包括对它们的工程应用。

1.2　认识数字图像

虽然数字图像处理建立在数学基础之上，但人的直觉和分析通常基于主观的视觉判断。本节主要介绍人类视觉感知的基本原理，并根据数字图像处理时所用的一些要素来了解人类视觉的物理限制，还有人眼和电子成像设备的分辨率和适应光照变化的能力等因素的对比分析，这些对认识图像来说都是非常重要的。

1.2.1　了解人眼的视觉系统

人眼的形状近似为一个球体（成人眼球前后径约为 24mm），它由 3 层膜包裹：外覆的角膜与巩膜、脉络膜、视网膜。人眼结构如图 1-10 所示。

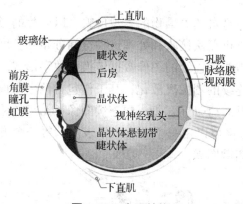

图 1-10　人眼结构

相机和人的眼球的结构非常相似，如图 1-11 所示。角膜相当于相机的镜头，瞳孔相当于光圈，晶状体相当于调焦器，视网膜相当于底片。物体发出的光线通过角膜和晶状体的折射，聚焦在视网膜上，视网膜上的细胞将信号通过视神经传入大脑的视觉中枢成像，我们就能看见这个五彩缤纷的世界中的物体了。

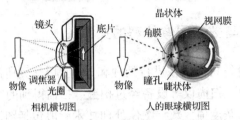

图 1-11　相机和人的眼球的结构对比

　　物体在人眼中成像的示意如图 1-12 所示，图中反映了光学系统的光路原理。在人眼中，晶状体和成像区域（视网膜）的距离是固定的，晶状体中心和沿视轴的视网膜的距离约为 17mm。正确聚焦的焦距是通过改变晶状体的形状得到的。在远离或者接近目标时，睫状体中的纤维通过压扁或加厚晶状体来实现聚焦。焦距的范围为 14～17mm，当眼睛放松且注视的距离大于 3m 时，焦距约为 17mm。据此，我们可以很容易地计算出物体在眼球视网膜上成像的尺寸。

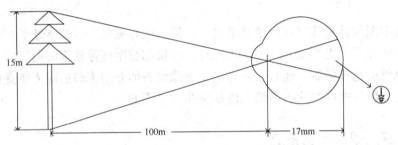

图 1-12　物体在人眼中成像的示意

1.2.2　了解数字图像

　　从广义上来说，图像是自然界景物的客观反映。以照片的形式或用视频记录介质保存的图像是连续的，计算机无法接收和处理这种空间分布和亮度取值均连续的图像。想要进一步分析图像，就需要把连续的图像数据转换为数字形式。

　　图像数字化就是将连续的图像离散化，其工作包含两个方面：采样和量化。

　　图像采样的过程如图 1-13 所示。把一幅连续图像 $f(x, y)$ 在空间上分割成 M（行）× N（列）个方格，每个方格可以用一个亮度值来表示，每一个方格又被称为一个像素，这时连续图像就变成了离散图像。

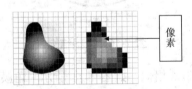

图 1-13　图像采样的过程

　　为了形成数字图像，亮度值也要转化（量化）为离散量。量化就是把采样点上对应的亮度连续变化区间转换为单个特定数值的过程，将图像的连续灰度值量化成 256 个离散灰度级，灰度范围从黑（0）到白（255），如图 1-14 所示，每一个采样的连续灰度值都被对应地量化为一个离散灰度级。

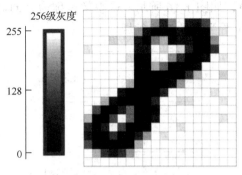

256级灰度

图 1-14　图像的量化

图像在经过采样和量化后，就被表示成一个整数矩阵。矩阵中的每个像素都具有两个属性：位置和灰度。位置表示像素所在的行和列，灰度表示该像素的亮暗程度。因此数字矩阵就成了计算机可以处理的对象。

1.2.3　熟悉像素间的基本关系

图像中的像素在空间上是按某种规律排列的，互相之间有一定的关系。要对图像进行有效的处理和分析，必须考虑像素之间的关系。本小节将讨论数字图像中像素间的几个重要关系。

1．邻接性

当像素相邻时，两个像素之间有邻接关系，邻接的模式有 4 邻接、对角邻接、8 邻接、m 邻接。

（1）4 邻接

坐标 (x, y) 处的像素 p 共有 4 个相邻像素，它们的坐标分别为 $(x+1, y)$、$(x-1, y)$、$(x, y+1)$、$(x, y-1)$，如图 1-15 所示。这组像素称为 p 的 4 邻接像素，用 $N_4(p)$ 表示，同时认为该组像素所处的位置为 p 的 4 邻域。

	$(x-1,y)$	
$(x,y-1)$	(x,y)	$(x,y+1)$
	$(x+1,y)$	

图 1-15　像素的 4 邻接

（2）对角邻接

坐标 (x,y) 处像素 P 的 4 个对角相邻像素的坐标分别为 $(x+1,y+1)$、$(x+1,y-1)$、$(x-1,y+1)$、$(x-1,y-1)$，如图 1-16 所示。这组像素称为 P 的对角邻接像素，用 $N_D(p)$ 表示。该组像素所处的位置为 P 的对角领域。

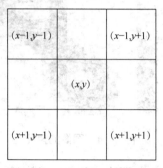

图 1-16　像素的对角邻接

（3）8 邻接

坐标 (x,y) 处像素 P 周围的 8 个对角相邻像素的坐标分别为 $(x+1,y+1)$、$(x+1,y)$、$(x+1,y-1)$、$(x,y+1)$、$(x,y-1)$、$(x-1,y+1)$、$(x-1,y)$、$(x-1,y-1)$，如图 1-17 所示。这组像素称为 P 的 8 邻接像素，用 $N_8(p)$ 表示。该组像素所处的位置为 P 的 8 领域。

$(x-1,y-1)$	$(x-1,y)$	$(x-1,y+1)$
$(x,y-1)$	(x,y)	$(x,y+1)$
$(x+1,y-1)$	$(x+1,y)$	$(x+1,y+1)$

图 1-17　像素的 8 邻接

（4）m 邻接

m 邻接，也称混合邻接。引入灰度值集合 V（灰度值集合 V 指的是灰度值范围为 0～255 的任意一个子集），满足下面 2 个条件中的一个的邻接即 m 邻接。

① 像素 q 在像素 p 的 4 邻域中。

② 像素 p 在像素 q 的对角邻域中，并且像素 p 的 4 邻域和像素 q 的 4 邻域的交集中的值没有来自 V 中的值，此时像素 p 和像素 q 为 m 邻接。

m 邻接的实质是，当像素间同时存在 4 邻接和 8 邻接时，优先采用 4 邻接，屏蔽两个和同一像素间存在 4 邻接的像素之间的 8 邻接。

m 邻接的引入是为了消除采用 8 邻接时产生的二义性（多重性），m 邻接是 8 邻接的改进，如图 1-18 所示。图 1-18（b）上部的 3 个像素显示了二义性 8 邻接，如虚线部分所示。而这种二义性可以通过 m 邻接消除，如图 1-18（c）所示虚线位置。

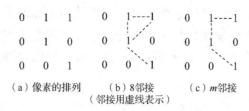

（a）像素的排列　　（b）8邻接　　（c）*m*邻接
（邻接用虚线表示）

图 1-18　*m* 邻接与 8 邻接对比

2. 连通性

连通反映两个像素的空间关系。从具有坐标(x, y)的像素 p 到具有坐标(s,t)的像素 q 的通路（或曲线）是特定的像素序列，该像素序列的坐标为$(x_0, y_0), (x_1, y_1), \cdots, (x_n, y_n)$。

其中 $(x_0, y_0) = (x, y)$，$(x_n, y_n) = (s, t)$，且像素 (x_i, y_i) 和 (x_{i-1}, y_{i-1}) 在 $1 \leqslant i \leqslant n$ 时是邻接的。对于两个像素 p 和 q，如果 q 在 p 的 4 邻域集合中，则称这两个像素是 4 连通的；对于两个像素 p 和 q，如果 q 在 p 的 8 邻域集合中，则称这两个像素是 8 连通的，如图 1-19 所示。

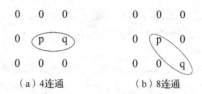

（a）4连通　　　　（b）8连通

图 1-19　像素的连通性

令 S 是图像中的一个像素子集。如果 S 的全部像素之间存在一个通路，则可以说两个像素 p 和 q 在 S 中是连通的。对于 S 中的任何像素 p，S 中连通到该像素的像素集称为 S 的连通分量。如果 S 仅有一个连通分量，则集合 S 称为连通集。

3. 区域

区域的定义是建立在连通集的基础上的。令 R 为图像的一个像素子集，如果 R 是连通集，则称 R 为一个区域。如果两个区域 R_i 和 R_j 联合形成一个连通集，则区域 R_i 和 R_j 称为邻接区域，如图 1-20 所示。在谈到区域时，我们考虑 4 邻接和 8 邻接。假如一幅图像包含 K 个不连接的区域，即 $R_k, k = 1, 2, 3, \cdots, K$，且它们都不接触图像的边界，令 R_u 代表所有 K 个区域的并集，并且 $(R_u)^c$ 代表 R_u 的补集。通常称 R_u 中的所有点为图像的前景，称 $(R_u)^c$ 中的所有点为图像的背景。

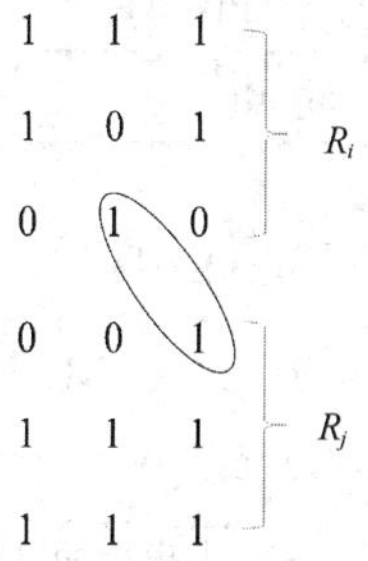

1.3　认识数字图像处理工具

"工欲善其事，必先利其器"。对从事数字图像处理的技术人员而言，一个功能强大且高效、快捷的工具，

$$
\left.
\begin{array}{ccc}
1 & 1 & 1 \\
1 & 0 & 1 \\
0 & 1 & 0
\end{array}
\right\} R_i
$$

$$
\left.
\begin{array}{ccc}
0 & 0 & 1 \\
1 & 1 & 1 \\
1 & 1 & 1
\end{array}
\right\} R_j
$$

图 1-20　两个邻接区域（8 邻接）

数字图像处理实战

既能保证开发出来的数字图像处理系统满足应用领域的实际需求，又能快速完成复杂算法的开发。随着信息技术的发展，数字图像处理工具更新迭代节奏快，我们应紧跟信息技术发展，培养良好的信息素养和应用能力，推动数字图像处理技术的应用落地，为国家发展做出贡献。

1.3.1 熟悉常用数字图像处理工具

常用数字图像处理工具有 Visual C++、MATLAB、Python 等。

1. Visual C++

Visual C++是 Windows 操作系统下的 C++集成设计环境，随着 Windows 操作系统的普及，在 Visual C++下实现数字图像处理成为在普通 PC 上进行数字图像处理操作的常用途径之一。

在 Visual C++的早期版本（6.0 之前）中，程序员只能通过应用程序接口（Application Program Interface，API）函数对位图进行访问和操作；在高版本的 Visual C++和 Visual C#中，微软提供封装有绘图功能和图像操作功能的 CImage 类，其能够胜任大多数类型的数字图像处理任务。CImage 类的主要函数和功能如表 1-1 所示。

表 1-1　CImage 类的主要函数和功能

函数	功能
CImg()	构造函数
BOOL IsValidate()	判断位图是否有效
void InitPixels(BYTE color)	将所有像素的值初始化为灰度值 color
BOOL AttachFromFile(CFile & file)	从文件加载位图
BOOL SaveToFile(CFile & file)	将位图保存到文件
Void SetPixel(int x, int y, COLORREF color)	设置指定位置像素的值
COLORREF GetPixel(int x, int y)	获取指定位置像素的颜色值
BYTE GetGray(int x, int y)	获取指定位置像素的灰度值
int GetWidthByte()	获取图像数据矩阵一行的字节数
int GetWidthPixel()	获取图像数据矩阵一行的像素值
int GetHeight()	获取图像数据矩阵的高度（行数）

2. MATLAB

MATLAB 是 MathWorks 公司开发的一款工程数学计算软件。MATLAB 图像处理工具箱（Image Processing Toolbox，IPT）中封装有一系列针对不同数字图像处理需求的标准算法，它们都是通过直接或者间接调用 MATLAB 中的矩阵和数值计算函数来完成数字图像处理任务的。

MATLAB 有许多与数字图像处理密切相关的数据结构及基本操作，如基本文件操作、变量使用、程序流程控制、打开和关闭图像、图像格式转换和存储等。

在 MATLAB 中，有 3 种方法可以获取软件的在线帮助。

（1）help 命令

help 命令可以用于查看 MATLAB 系统或 M 文件中内置的在线帮助信息，语法格式如下。

```
help command-name
```

command-name 为需要查看在线帮助的命令或函数的名称。例如，想要查看 doc 命令的使用方法，可以在命令提示符窗口中直接输入 help doc 并执行。

（2）doc 命令

doc 命令可以用于查看命令或函数的超文本标记语言（HyperText Markup Language，HTML）帮助，这种帮助信息可以在帮助浏览器窗口中打开，其语法格式如下。

```
doc function-name
```

function-name 为需要查看帮助的命令或函数的名称。doc 命令可提供比 help 命令更多的信息，doc 命令提供的信息中还可能包含图像或视频等多媒体形式的样例。

（3）lookfor 命令

如果忘记命令或函数的完整拼写，可以使用 lookfor 命令查找当前目录和自动搜索列表下所有名字中含有所查内容的函数或命令，其语法格式如下。

```
lookfor keyword
```

keyword 为指定要查找的关键字。此命令可以给出指定字符串对应的函数列表，其中的函数名称为超链接，单击超链接即可查看对应函数的在线帮助。

3．Python

Python 已经有将近 30 年的历史，在运维工程师群体中受到广泛的欢迎。特别是近几年，随着云计算、大数据、人工智能技术的快速发展，Python 及其生态环境越来越多地受到关注。在 2018 年 3 月，Python 在 TIOBE 编程语言排行榜中跃居第四。2019 年，Python 超过 C++，在 TIOBE 编程语言排行榜排名第三。2021 年 IEEE Spectrum 的编程语言排行榜中，Python 排名第一。由此可见，Python 有着其他语言不可比拟的优势，正逐步成为数据科学领域的主流语言。

Python 是一种简洁明了的语言，对于图像可视化、绘图等均有良好的支持。用 Python 编程实现数字图像处理算法，需要安装 Python 2.6 以上的版本，因为只有这些版本才提供相应的工具包。另外，Python 3.x 与 Python 2.x 的语法有很多差异。初学者也可以直接从 Python 3.x 入手，学习并掌握 Python 的基本语法。Python 的基本语法主要包括变量和数据类型、数据结构、循环语句、条件语句、函数与模块、面向对象程序设计等。

1.3.2 数字图像处理工具对比

在数字图像处理的过程中，最重要的部分就是处理图像数据，以及这些数据与想要解决的任务之间的关系，通常需要通过编写计算机代码来实现。那么，如何选择合适的数字图像处理工具? 从语言学习难易程度、执行速度、使用场景、第三方支持、流行领域和软件成本等方面对比 Visual C++、MATLAB、Python 这 3 种数字图像处理工具,如表 1-2 所示。

表 1-2 数字图像处理工具对比

对比项目	Visual C++	MATLAB	Python
语言学习难易程度	学习困难,使用文档不够详细	学习容易,使用文档详细、示例丰富	学习容易,使用文档详细、示例丰富
执行速度	速度快	速度慢	速度快
使用场景	特定系统或算法的核心或基础、代码重用、Web 应用等	数值分析、矩阵运算、科学数据可视化、数字图像处理、机器学习、符号计算、数字信号处理、仿真模拟等	数据分析、矩阵运算、科学数据可视化、数字图像处理、机器学习、Web 应用、网络爬虫、系统运维等
第三方支持	可以调用由 C/C++编写的工具箱	拥有大量专业的工具箱,支持 C、C++、Java	拥有大量的第三方库,能够简便地调用 C、C++、FORTRAN、Java 等程序语言
流行领域	工业界	学术界	工业界和学术界
软件成本	开源免费	商业收费	开源免费

1.4 了解数字图像处理相关 Python 库

目前,Python 已经成为许多数据科学应用的通用语言。它既有通用编程语言的强大功能,也有特定领域脚本语言的易用性。Python 有用于数据加载、可视化、统计、自然语言处理、数字图像处理等各种功能的库,提供大量的数字图像处理方法。因此,在数字图像处理、计算机视觉、深度学习、人工智能等领域,Python 都非常受欢迎。目前常见的数字图像处理相关 Python 库有 Pillow、NumPy、scikit-image 和 OpenCV 等。

1.4.1 了解 Pillow 库

PIL(Python Imaging Library)是 Python 平台上的数字图像处理标准库。PIL 功能非常强大,其 API 也非常简单易用。由于 PIL 仅支持到 Python 2.7,于是在 PIL 的基础上创建了 Pillow,并加入了许多新特性,以支持 Python 3.x。

Pillow 提供通用的数字图像处理功能,如图像缩放、裁剪、旋转、颜色转换等。Pillow 是免费的,可以从官网下载并安装。

使用 Pillow 读取一幅图像,如代码 1-1 所示。

代码 1-1　使用 Pillow 读取一幅图像

```
import PIL  #导入 Pillow 库
from PIL import Image

im = Image.open('../data/empire.jpg')
```

运行代码 1-1 所示代码可以返回一张图像。

利用 Pillow 中的函数可以从大多数图像格式文件中读取数据，对读取的数据进行处理，并将处理结果写入常见的图像格式文件中。在 Pillow 的官网中有一些应用例子，读者可查阅参考。

1.4.2　了解 NumPy 库

NumPy 是非常著名的 Python 科学计算基础库之一。NumPy 中的数组对象可以实现数字图像处理的许多重要操作，如矩阵乘积、转置、解方程系统、向量归一化等，为图像的变换、缩放、去噪、求导、形态学处理、复原、分割、分类等提供了基础。

NumPy 是免费的，可以从官网免费下载。

使用 NumPy 处理图像，首先要将图像转换成 NumPy 的数组对象，如代码 1-2 所示。

代码 1-2　将图像转换为数组

```
from PIL import Image
import numpy as np

im = np.array(Image.open('../data/empire.jpg'))  # 将图像转换为数组
print(im.shape, im.dtype)  # 查看图像的尺寸和数据类型
```

利用 NumPy 中的函数，可以高效地对图像进行处理。在 NumPy 的官网中有一些例子，读者可以查阅参考。

1.4.3　了解 scikit-image 库

scikit-image 的简称是 skimage，skimage 也是一个基于 Python 的数字图像处理库，它将图像作为 NumPy 数组进行处理，并提供很多数字图像处理功能，对像素的操作和图像整体的操作更符合科学计算要求。skimage 可以从官网下载并安装。

在 Python 中使用 skimage 模块，首先需要导入 skimage 库和模块，如代码 1-3 所示。

代码 1-3　导入 skimage 库和模块

```
import skimage  # 导入 skimage 库
from skimage import 模块名  #导入 skimage 中的基本模块
```

使用 skimage 读取一幅图像，如代码 1-4 所示。

代码 1-4　使用 skimage 读取一幅图像

```
from skimage import io

im = io.imread('../data/puppy.jpg')
io.imshow(im)
```

运行代码 1-4 所示代码将返回一幅图像。

skimage 包含若干功能模块，覆盖数字图像处理所需的绝大部分功能，并且能够很方便地进行功能扩展和二次开发。skimage 主要模块及功能描述如表 1-3 所示，具体的说明文档可以参考官网。

表 1-3　skimage 主要模块及功能描述

模块	功能描述
io	读取、保存和显示图像或视频
data	提供测试图像和样本数据
color	颜色空间变换
filters	图像增强、边缘检测、排序滤波器、自动阈值等
draw	在 NumPy 数组上进行的基本图形绘制，包括线条、矩形、圆等的绘制
transform	几何变换或其他变换，如旋转、拉伸等
morphology	形态学操作，如开/闭操作、骨架提取等
exposure	图像强度调整，如亮度调整、直方图均衡等
feature	特征检测与提取等
measure	图像属性的测量，如相似性或等高线
segmentation	图像分割
restoration	图像恢复
util	通用函数

1.4.4　熟悉 OpenCV 库

OpenCV 是一个开源的计算机视觉库，支持大量与计算机视觉相关的算法，并日益扩展。OpenCV 支持多种编程语言，如 C++、Python、Java 等，可在 Windows、Linux、macOS、Android 和 iOS 等不同平台上使用。

OpenCV-Python 是 OpenCV 的 Python API，结合了 OpenCV C++ API 和 Python 语言的特性，旨在解决计算机视觉问题。在命令行工具 cmd 中输入命令"pip install opencv-python"即可安装。

打开 Python IDLE 并在 Python 终端中输入以下代码，如果输出的 OpenCV 版本号没有任何其他错误，那么说明已成功安装 OpenCV-Python。

```
import cv2  # 导入 CV2 模块
print( cv2.__version__ )  # 输出版本号
```

与计算机视觉技术有关的 OpenCV-Python 常用函数如表 1-4 所示，更多函数可以查询 OpenCV 官网的在线文档。

表 1-4 OpenCV-Python 常用函数

函数名	功能
line ellipse rectangle circle putText	线、形状、文字的绘制与添加
blur GaussianBlur medianBlur bilateralFilter	图像平滑处理
erode dilate	图像腐蚀与膨胀
morphologyEx	形态学操作
pyrUp pyrDown	图像金字塔
threshold	图像阈值
filter2D	线性滤波器
Sobel	Sobel 算子
Laplacian	Laplace 算子
Canny	Canny 边缘检测算子
HoughLines	Hough 直线变换
HoughCircles	Hough 圆变换
split calcHist normalize	直方图计算
equalizeHist	直方图均衡化
compareHist	直方图比较
distanceTransform	距离变换的图像分割
watershed	分水岭算法的图像分割

小结

　　本章主要介绍了数字图像处理的有关概念、常见的数字图像处理工具和数字图像处理相关的 Python 库等。首先介绍了数字图像处理的起源、数字图像处理的应用领域以及图像工程与数字图像处理的关系。然后介绍了数字图像的基本知识，包括人眼的视觉系统、数字图像的基本构成和像素间的基本关系。最后列举了若干常见的数字图像处理工具，对它们的性能进行横向对比，并介绍了 Python 库中常用于数字图像处理的相关库。数字图像处理是一门科学技术，强调科学的思维方式和方法。理性思考、严谨求实，关注社会、人文和伦理问题，是开展本课程学习的基本要求。

课后习题

1. 选择题

（1）一幅数字图像是（　　　）。

　　A．一个观测系统

　　B．一个由许多像素排列而成的实体

　　C．一个 2D 数组中的元素

　　D．一个 3D 空间中的场景

（2）广义的图像处理（图像工程）包括（　　　）3 个层次。

　　A．图像处理　　　B．图像分析　　　C．图像理解　　　　D．图像分类

（3）图像数字化过程包括（　　　）。

　　A．变换　　　　　B．采样　　　　　C．量化　　　　　　D．扫描

（4）以下哪种邻接可以消除像素间通路的二义性？（　　　）

　　A．4 邻接　　　　B．8 邻接　　　　C．m 邻接　　　　D．对角邻接

（5）图像的连通包括（　　　）。

　　A．4 连通　　　　B．8 连通　　　　C．对角连通　　　　D．混合连通

2. 填空题

（1）20 世纪 20 年代，人类为了用电缆传输图像，最初使用特殊的打印设备对图像进行_____，然后在接收端_____图像。

（2）用计算机对数字图像进行处理和分析的技术，称为_____。各种与数字图像有关的技术的总称为_____。

（3）图像数字化是将连续的图像_____的过程。

（4）像素按邻接的模式可分为_____、_____、_____、_____。

（5）连通反映的是两个像素之间的_____。

第2章 图像的基本变换

在进行正式的数字图像处理和分析之前，往往需要通过一些基础的变换来优化图像。本章主要说明如何通过 Python 读取、显示和保存图像，以及对图像进行颜色空间转换、几何变换。在进行本章技术的学习和应用时，我们应遵守法律法规，尊重他人的隐私和知识产权。

学习目标

（1）掌握图像的读取、显示和保存。
（2）掌握图像的颜色空间转换方法。
（3）掌握图像的几何变换方法。

2.1 读写图像数据

不管是何种目的的数字图像处理任务，都需要由计算机和图像专用设备组成的数字图像处理系统对图像数据进行读取、显示和保存。由 1.2.2 小节可以得知，一幅图像需要在空间和灰度上都离散化才能被计算机处理。在实际应用中，阵列传感器获取的数字图像如图 2-1 所示。图 2-1（a）为投影在二维传感器平面上的连续图像，图 2-1（b）为采样和量化后的数字图像。数字图像的质量很大程度上取决于采样和量化中的样本数和离散灰度级。

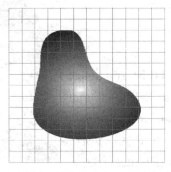 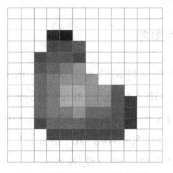

（a）投影在二维传感器平面上的连续图像　　（b）采样和量化后的数字图像

图 2-1　阵列传感器获取的数字图像

2.1.1　读取和显示图像

用 Python 读取一幅图像，需要导入 OpenCV 模块，它包含数字图像处理的不同算法。可以使用 OpenCV 中的 imread()方法读取图像，其语法格式如下，参数及其说明如表 2-1 所示。

```
cv2.imread(filename, flags)
```

表 2-1　imread()方法的参数及其说明

参数名称	说明
filename	接收 const string 类型。表示读入图像的完整路径。无默认值
flags	接收 int 类型。表示标志位，其值有 {cv2.IMREAD_COLOR,cv2.IMREAD_GRAYSCALE,cv2.IMREAD_UNCHANGED}。 cv2.IMREAD_COLOR：默认值，表示读入一幅彩色图像，忽略 alpha 通道。 cv2.IMREAD_GRAYSCALE：表示读入灰度图像。 cv2.IMREAD_UNCHANGED：表示读入完整图像，包括 alpha 通道。 默认值为 1（cv2.IMREAD_COLOR）

使用 OpenCV 中的 imshow()方法可以在指定窗口中显示图像，该方法需要输入两个参数，其中第一个参数为创建的窗口的名称，第二个参数为需要显示的图像对象。

使用 imread()和 imshow()方法读取并显示图像，如代码 2-1 所示。其中 waitKey()方法的功能是让显示输出的窗口保持显示状态，直至单击 Close 按钮或者按下键盘中的 Esc 键。destroyAllWindows()方法的功能是在单击 Close 按钮或按下 Esc 键之后，清除所有打开或保存在内存中的窗口。

代码 2-1　读取并显示图像

```python
import cv2  #导入模块

src =cv2.imread('../data/baby_GT.bmp')  #读取图像
cv2.imshow('input_image', src)  #显示图像
cv2.waitKey(0)  #等待按键
cv2.destroyAllWindows()
```

运行代码 2-1 所示代码得到的输出图像如图 2-2 所示。

2.1.2　保存图像

常用的图像文件格式有 BMP（Bitmap）、TIFF（Tag Image File Format）、GIF（Graphic Interchange Format）、JPEG（Joint Photographic Experts Group）、PDF（Portable Document Format）和 PNG（Portable Network Graphics）等。每次分析完图像后，若想保存结果图像，可以使用 OpenCV 中的 imwrite()方法保存图像，其语法格式如下，参数及其说明如表 2-2 所示。

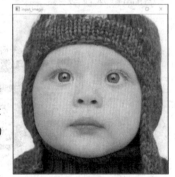

图 2-2　输出图像

```
cv2.imwrite(filename, img[, params])
```

表 2-2 imwrite()方法的参数及其说明

参数名称	说明
filename	接收 const string 类型。表示要保存的文件名。无默认值
img	接收 array 类型。表示需要保存的图像。无默认值
params	接收 const vector<int>类型。其值有： 对于 JPEG，表示图像的质量，用 0~100 的整数表示，默认值为 95； 对于 PNG，表示压缩级别，无默认值

使用 imwrite()方法保存指定的图像，如代码 2-2 所示。

代码 2-2 保存指定的图像

```
import cv2  #导入模块

src =cv2.imread('../data/baby_GT.bmp')  #读取图像
cv2.imwrite('../tmp/input_image.jpg', src)  #保存图像
```

2.2 在图像上绘制图形

OpenCV 提供许多在图像上绘制图形的方法，通过这些方法能够实现在包含人脸的图像中标注出人脸区域等功能。

2.2.1 绘制简单的图形

利用 OpenCV 中提供的方法可以在图像上绘制简单的图形，例如直线、圆、矩形，甚至可以在图像上轻松添加文字，也可以组合使用这些绘制图形的方法。

1. 在图像上绘制直线

line()方法用于在图像上绘制直线，其语法格式如下，参数及其说明如表 2-3 所示。

```
cv2.line(img, pt1, pt2, color[, thickness[, lineType[, shift]]] )
```

表 2-3 line()方法的参数及其说明

参数名称	说明
img	接收 array 类型。表示要画的线条所在的矩形或图像。无默认值
pt1	接收 Point 类型。表示线条的起点位置，为坐标点形式，类似(X,Y)。无默认值
pt2	接收 Point 类型。表示线条的终点位置。无默认值
color	接收 const Scalar 类型。表示线条颜色，颜色值为 BGR，如(0,0,255)为红色。无默认值
thickness	接收 int 类型。表示线条宽度。默认值为 1
lineType	接收 int 类型。表示线条类型，可取值有：-1、4、8、16。默认值为 8
shift	接收 int 类型。表示坐标点小数点位数。默认值为 0

表 2-3 中，img、pt1、pt2、color 为必须设置的参数，其他为可选参数。

使用 line()方法在图像上绘制一条直线，如代码 2-3 所示。

代码 2-3　在图像上绘制一条直线

```python
import cv2

img = cv2.imread('../data/baby_GT.bmp')
cv2.line(img, (0, 0), (511, 511), (155, 155, 155), 5)
cv2.namedWindow('input_image', cv2.WINDOW_AUTOSIZE)
cv2.imshow('input_image', img)
cv2.waitKey(0)
cv2.destroyAllWindows()
```

运行代码 2-3 所示代码得到添加了一条直线的图像，如图 2-3 所示。

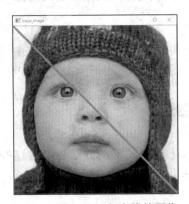

图 2-3　添加了一条直线的图像

2. 在图像上绘制圆

circle()方法用于在图像上绘制圆，其语法格式如下，参数及其说明如表 2-4 所示。

```python
cv2.circle(img, center, radius, color[, thickness[, lineType[, shift]]])
```

表 2-4　circle()方法的参数及其说明

参数名称	说明
img	接收 array 类型。表示要画的圆所在的矩形或图像。无默认值
center	接收 Point 类型。表示圆心坐标。无默认值
radius	接收 int 类型。表示圆的半径值。无默认值
color	接收 const Scalar 类型。表示圆边框颜色，颜色值为 BGR，如(0,0,255)为红色。无默认值
thickness	接收 int 类型。表示圆边框尺寸，负值表示该圆是一个填充图形。默认值为 1
lineType	接收 int 类型。表示线条类型，可取值有：-1、4、8、16。默认值为 8
shift	接收 int 类型。表示圆心坐标和半径的小数点位数。默认值为 0

表 2-4 中 img、center、radius、color 为必须设置的参数，其他为可选参数。

使用 circle()方法在图像上绘制圆，如代码 2-4 所示。

代码 2-4　在图像上绘制圆

```
import cv2

img = cv2.imread('../data/baby_GT.bmp')
cv2.circle(img, (200, 300), 50, (55, 255, 155), 8)
cv2.namedWindow('input_image', cv2.WINDOW_AUTOSIZE)
cv2.imshow('input_image', img)
cv2.waitKey(0)
cv2.destroyAllWindows()
```

运行代码 2-4 所示代码得到添加了圆的图像，如图 2-4 所示。

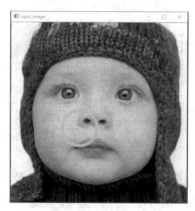

图 2-4　添加了圆的图像

3. 在图像上绘制矩形

rectangle()方法用于在图像上绘制矩形，其语法格式如下，参数及其说明如表 2-5 所示。

```
cv2.rectangle(img, pt1, pt2, color[, thickness[, lineType[, shift]]])
```

表 2-5　rectangle()方法的参数及其说明

参数名称	说明
img	接收 array 类型。表示矩形所在的矩形或图像。无默认值
pt1	接收 Point 类型。表示矩形左上角点的坐标。无默认值
pt2	接收 Point 类型。表示矩形右下角点的坐标。无默认值
color	接收 const Scalar 类型。表示线条颜色，颜色值为 BGR，如(0,0,255)为红色。无默认值
thickness	接收 int 类型。表示矩形线条宽度。默认值为 1
lineType	接收 int 类型。表示线条类型，可选值有：−1、4、8、16。默认值为 8
shift	接收 int 类型。表示坐标点小数点位数。默认值为 0

表 2-5 中 img、pt1、pt2、color 为必须设置的参数，其他为可选参数。

在图像上绘制矩形，如代码 2-5 所示。

代码 2-5　在图像上绘制矩形

```
import cv2

img = cv2.imread('../data/baby_GT.bmp')
cv2.rectangle(img, (20, 20), (400, 400), (255, 55, 155), 5)
cv2.namedWindow('input_image', cv2.WINDOW_AUTOSIZE)
cv2.imshow('input_image', img)
cv2.waitKey(0)
cv2.destroyAllWindows()
```

运行代码 2-5 所示代码得到添加了矩形的图像，如图 2-5 所示。

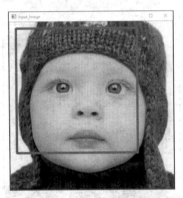

图 2-5　添加了矩形的图像

4. 在图像上添加文字

putText()方法用于在图像上添加文字，其语法格式如下，参数及其说明如表 2-6 所示。

```
cv2.putText(img, text, org, fontFace, fontScale, color, thickness, lineType,
bottomLeftOrigin)
```

表 2-6　putText()方法的参数及其说明

参数名称	说明
img	接收 array 类型。表示文字要放置的矩形或图像。无默认值
text	接收 const string 类型。表示文字内容。无默认值
org	接收 Point 类型。表示文字在图像中的左下角坐标。无默认值
fontFace	接收 int 类型。表示字体类型。无默认值
fontScale	接收 double 类型缩放比例，用该值乘以程序字体默认大小即字体大小。无默认值
color	接收 const Scalar 类型。表示字体颜色，颜色值为 BGR，如(0,0,255)为红色。无默认值
thickness	接收 int 类型。表示字体线条宽度。默认值为 1
lineType	接收 int 类型。表示线条类型，可选值有：-1、4、8、16。默认值为 8
bottomLeftOrigin	接收 bool 类型。True 表示图像数据原点在左下角；False 则表示图像数据原点在左上角。默认值为 False

表 2-6 中 color（含）之前的参数为必须设置的参数，其他为可选参数。

在图像上添加文字，如代码 2-6 所示。

代码 2-6　在图像上添加文字

```
import cv2

img = cv2.imread('../data/baby_GT.bmp')
cv2.putText(img, 'hello image!', (10, 255), cv2.FONT_HERSHEY_SIMPLEX, 1.6, (0,
0, 255), 2)
cv2.namedWindow('input_image', cv2.WINDOW_AUTOSIZE)
cv2.imshow('input_image', img)
cv2.waitKey(0)
cv2.destroyAllWindows()
```

运行代码 2-6 所示代码得到添加了文字的图像，如图 2-6 所示。

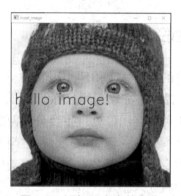

图 2-6　添加了文字的图像

2.2.2　标注图像中的人脸区域

图像标注是计算机视觉任务的关键，其目标是在图像上标注出和任务相关的、特定于任务的标签，主要包括基于文本的标签（类）、绘制在图像上的标签（边框），甚至是像素级的标签。在人脸识别任务中，通常需要有大量图像作为训练数据集。为了更好地训练人脸识别分类器，需要在图像上标注出人脸的位置并给出对应的人脸标签。组合应用以上在图像上添加几何图形和文字的方法，就可以制作人脸样本的标签图像。

在图像上添加人脸区域的标注和标签，如代码 2-7 所示。

代码 2-7　在图像上添加人脸区域的标注和标签

```
import cv2

img = cv2.imread('../data/baby_GT.bmp')
cv2.rectangle(img, (60, 90), (420, 450), (255, 55, 155), 5) #矩形框位置
#添加标记信息
cv2.putText(img, 'baby face', (60, 90), cv2.FONT_HERSHEY_SIMPLEX, 1.6, (0, 0, 255),
2)
cv2.namedWindow('input_image', cv2.WINDOW_AUTOSIZE)
cv2.imshow('input_image', img)
cv2.waitKey(0)
cv2.destroyAllWindows()
```

运行代码 2-7 所示代码得到已添加标注和标签的人脸图像，如图 2-7 所示。

图 2-7　已添加标注和标签的人脸图像

2.3　转换图像的颜色空间

在数字图像处理中，色彩的运用主要由两个因素推动。第一，色彩是一个强大的特征描述子，可以用于从场景中提取特征和识别目标；第二，人类可以看见数百万种颜色，但是只能分辨几十种灰度。彩色数字图像处理主要分为两类，即伪彩色图像处理和全彩色图像处理。要对彩色图像进行处理，需要依托颜色空间和颜色空间变换。图像颜色空间变换可以修饰或改变图像本身，科技对艺术创作和审美体验有一定的影响，艺术与科技的跨界合作能带来更多的创新成果。

2.3.1　了解颜色空间

人的视觉认知依赖亮度、色调和饱和度这 3 个基本特征量来区分颜色。其中，亮度反映颜色的明暗程度受光源强弱的影响；色调是混合光波中的主要颜色（主波长），表示被观察对象的主导色；饱和度表示混合色中白光的数量，随着加入白光的增多，饱和度会降低。色调和饱和度合起来被称作色度。

任何一种颜色都可由其亮度、色调和饱和度来表征。形成任何一种颜色的红色量、绿色量和蓝色量被称为三色值，并分别表示为 X、Y 和 Z。因此，一种色彩就可以由其三色系数来规定，三色系数定义如式（2-1）～式（2-3）所示。

$$x = \frac{X}{X+Y+Z} \tag{2-1}$$

$$y = \frac{Y}{X+Y+Z} \tag{2-2}$$

$$z = \frac{Z}{X+Y+Z} \tag{2-3}$$

从式（2-1）～式（2-3）可以得出式（2-4）。

$$x + y + z = 1 \tag{2-4}$$

对可见光谱范围内的任何波长的光来说，产生与该波长对应的颜色所需的三色值，规定颜色的另一种方法是 CIE（Commission Internationale de l'Eclairage，国际照明委员会）色度图，如图 2-8 所示，该图表示了所有颜色的色度特性。色度图中心为白点（非彩色点），色度图边界上的点代表不同波长的光谱色，是饱和度最高的颜色，越接近色度图中心，颜色的饱和度越低。围绕色度图中心的角度不同，颜色的色调不同。

制定颜色空间（也称色彩模型或色彩系统）的目的是以某种标准的方式来方便地规定颜色。颜色空间实质上规定了两样东西：（1）坐标系；（2）坐标系内的子空间。空间内的每种颜色都可以由子空间内的一个点来表示。

现在人们使用的大多数颜色空间要么是面向硬件的，要么是面向应用的。颜色空间的多样化，表明色彩学是一个有着许多应用的广阔领域。下面介绍一些有代表性的颜色空间。

1. RGB

非常典型、常用的面向硬件设备的颜色空间是三基色颜色空间，即 RGB 颜色空间。电视、摄像机和彩色扫描仪都是根据 RGB 颜色空间工作的。RGB 颜色空间是一种与人的视觉系统结构密切相连的颜色空间。

在 RGB 颜色空间中，每种颜色都以红色、绿色和蓝色光谱成分表示。这个颜色空间建立在笛卡儿坐标系统里，其中 3 个轴分别为 R、G、B，如图 2-9 所示。RGB 颜色空间是一个立方体，原点对应黑色，离原点最远的顶点对应白色。在这个颜色空间中，从黑到白的灰度值分布在从原点到离原点最远顶点间的连线上，而立方体内其余各点对应不同的颜色，可用从原点到对应点的矢量表示。通常将立方体归一化为单位立方体，这样所有的 R、G、B 的值都在区间 $[0,1]$ 之中。

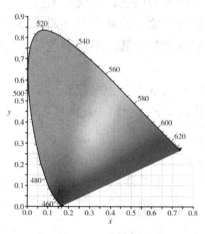

图 2-8　CIE 色度图

图 2-9　RGB 颜色空间

在 RGB 颜色空间中，每幅彩色图像包括 3 个独立的基色平面，或者说可以被分解到 3 个平面上。如果一幅图像可被表示为 3 个平面，使用 RGB 颜色空间进行表示会更为便利。

2. 灰度空间

灰度图像能以较少的数据表征图像的大部分特征，因此在某些算法的预处理阶段需要将彩色图像转换为灰度图像，以提高后续算法的效率。将彩色图像转换为灰度图像的过程称为彩色图像灰度化。这里主要介绍 RGB 图像的灰度化，其他颜色空间的图像可以先转至 RGB 空间，再进行灰度化。

在 RGB 颜色空间中，位于空间位置(x,y)的像素点的颜色用该像素点的 R、G、B 这 3 个分量的数值表示。而灰度图像中的每个像素用一个灰度值表示即可。常用的 RGB 图像灰度化方法有 3 种：最大值灰度化、平均值灰度化、加权平均灰度化。

最大值灰度化是将彩色图像中的 R 分量、G 分量、B 分量 3 个数值中的最大值作为灰度图像的灰度值，其计算公式如式（2-5）所示。

$$f(x,y) = \max(R(x,y), G(x,y), B(x,y)) \tag{2-5}$$

平均值灰度化方法对彩色图像中像素的 R 分量、G 分量、B 分量求取平均值，得到灰度图像的灰度值，其计算公式如式（2-6）所示。

$$f(x,y) = \frac{R(x,y) + G(x,y) + B(x,y)}{3} \tag{2-6}$$

由于人眼对不同颜色的敏感度不一样，因此可以依据重要性对 R 分量、G 分量、B 分量进行加权平均，得到较合理的灰度值，其计算公式如式（2-7）所示。

$$f(x,y) = 0.30R(x,y) + 0.59G(x,y) + 0.11B(x,y) \tag{2-7}$$

3. HSI 与 HSV

面向彩色处理的常用的颜色空间是 HSI 颜色空间，其中 H 表示色调，S 表示饱和度，I 表示亮度。色调与亮度对应，并与物体的反射率成正比，如果无彩色就只有亮度一个维度的变化。对彩色图像而言，图像中掺入的白色越多就越明亮，掺入的黑色越多就越暗淡。色调与混合光谱中主要光的波长相关。饱和度与色调的纯度有关，纯光谱色是完全饱和的，随着白光的加入，饱和度逐渐降低。不同颜色可以用亮度和色度共同表示。

HSI 颜色空间中的色度可借助以 R、G、B 为 3 个顶点的三角形来描述，如图 2-10 所示。三角形的顶点（Red、Green、Blue）分别代表 3 个归一化的彩色分量（R、G、B），归一化方法如式（2-8）所示。

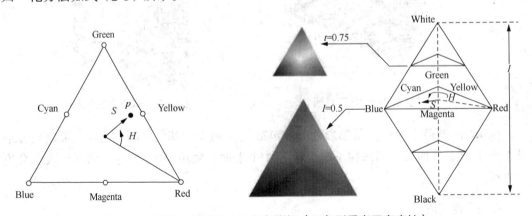

图 2-10　基于三角形的 HSI 颜色空间（三角形垂直于亮度轴）

$$r = \frac{R}{R+G+B}$$

$$g = \frac{G}{R+G+B} \tag{2-8}$$

$$b = \frac{B}{R+G+B}$$

色调 H 为某一颜色点 $p(r,g,b)$ 至中心线段与 Red 轴之间的夹角。

（1）从 RGB 颜色空间到 HSI 颜色空间的转换

RGB 颜色空间中的彩色图像可以方便地转换到 HSI 颜色空间中，这个转换过程可以表示为，对任何 3 个归一化到 $[0,1]$ 范围内的 R、G、B 值，对应的 HSI 颜色空间中的 H、S、I 分量的计算公式分别如式（2-9）～式（2-11）所示。

$$H = \begin{cases} \arccos\left\{ \dfrac{\left[(R-G)+(R-B)\right]/2}{\left[(R-G)^2+(R-B)(G-B)\right]^{1/2}} \right\}, & B \leqslant G \\[4mm] 360 - \arccos\left\{ \dfrac{\left[(R-G)+(R-B)\right]/2}{\left[(R-G)^2+(R-B)(G-B)\right]^{1/2}} \right\}, & B > G \end{cases} \tag{2-9}$$

$$S = 1 - \frac{3}{(R+G+B)}\min(R,G,B) \tag{2-10}$$

$$I = \frac{1}{3}(R+G+B) \tag{2-11}$$

（2）从 HSI 颜色空间到 RGB 颜色空间的转换

如果已知 HSI 颜色空间中像素点的 H、S、I 分量，也可以将其转换到 RGB 颜色空间中。这个过程可表示为，若假设 S、I 的值在 $[0,1]$ 区间内，则对应的 R、G、B 的值也在 $[0,1]$ 区间内，从 HSI 到 RGB 的转换公式分成 3 段，具体如下。

① 当 H 在 $[0°,120°)$ 区间内时，转换公式如式（2-12）所示。

$$\begin{cases} B = I(1-S) \\[2mm] R = I\left[1 + \dfrac{S\cos H}{\cos(60°-H)}\right] \\[2mm] G = 3I - (B+R) \end{cases} \tag{2-12}$$

② 当 H 在 $[120°,240°)$ 区间内时，转换公式如式（2-13）所示。

$$\begin{cases} R = I(1-S) \\[2mm] G = I\left[1 + \dfrac{S\cos(H-120°)}{\cos(180°-H)}\right] \\[2mm] B = 3I - (R+G) \end{cases} \tag{2-13}$$

③ 当 H 在 $[240°,360°]$ 区间内时，转换公式如式（2-14）所示。

$$\begin{cases} G = I(1-S) \\ B = I\left[1 + \dfrac{S\cos(H-120^\circ)}{\cos(300^\circ - H)}\right] \\ R = 3I - (G+B) \end{cases} \quad (2\text{-}14)$$

（3）HSV 颜色空间

HSV 颜色空间与人类对颜色的感知方式比 HSI 颜色空间更接近。HSV 颜色空间中的 H 代表色调（Hue），S 代表饱和度（Saturation），V 代表明度（Values）。HSV 颜色空间的坐标系统通常用棱锥表示，如图 2-11 所示。

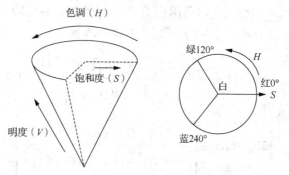

图 2-11　棱锥型的 HSV 颜色空间

图 2-11 中 H 的取值范围为 0°至 360°，以红色为起点按逆时针方向增加，其中红色为 0°，蓝色为 240°。S 的取值范围为 0%至 100%，S 值越高则饱和度越高，S 可理解为某一颜色的 H（此时 V 取 100%）组合与白色混合时白色所占比例的情况。S 为 0%时表示白色占比达到最大值即 100%，此时无论 H 表示何种颜色，该颜色均被混合成了白色，而 S 为 100%时则表示白色占比为 0%，混合的结果是 H 所表示颜色的原色。V 的取值范围为 0%至 100%，与 S 类似，V 可理解成某颜色组合 H、S 与黑色混合时黑色所占比例的情况，V 值越大则表示明度越高，当图像中某一处像素点所对应 V 值为 0%时，黑色占比例达到 100%，无论 H 与 S 如何取值该处颜色均为黑色，而 V 取 100%则表示黑色占比为 0%，表现出 H、S 所表示颜色的原色。

在 RGB 颜色空间中任意一点的 R、G、B 值都可以转换到 HSV 颜色空间中，得到对应的 H、S、V 值，转换公式分别如式（2-15）～式（2-17）所示。

$$H = \begin{cases} \arccos\left\{\dfrac{(R-G)+(R-B)}{\left[(R-G)^2+(R-B)(G-B)\right]^{1/2}}\right\}, & B \leqslant G \\[4mm] 360 - \arccos\left\{\dfrac{(R-G)+(R-B)}{\left[(R-G)^2+(R-B)(G-B)\right]^{1/2}}\right\}, & B > G \end{cases} \quad (2\text{-}15)$$

$$S = \frac{\max(R,G,B) - \min(R,G,B)}{\max(R,G,B)} \quad (2\text{-}16)$$

$$V = \frac{\max(R,G,B)}{255} \tag{2-17}$$

4. CMY

利用三基色光叠加可产生光的三补色：蓝绿（C，即绿加蓝）、品红（M，即红加蓝）、黄（Y，即红加绿）。按一定的比例混合三基色光或将一个补色光与相对的基色光混合可以产生白色光。颜料的三基色正好是光的三补色，而颜料的三补色正好是光的三基色。

由三补色得到的 CMY 颜色空间主要用于彩色打印，这 3 种补色可分别由白光减去 3 种基色而得到。一种简单的 CMY 颜色空间到 RGB 颜色空间的转换方法如式（2-18）所示。

$$\begin{bmatrix} C \\ M \\ Y \end{bmatrix} = \begin{bmatrix} 1 \\ 1 \\ 1 \end{bmatrix} - \begin{bmatrix} R \\ G \\ B \end{bmatrix} \tag{2-18}$$

2.3.2　颜色空间的相互转换

OpenCV 中提供的 cvtColor() 方法可以进行图像颜色空间转换，其语法格式如下，参数及其说明如表 2-7 所示。

```
cvtColor(src, code[, dst[, dstCn]])
```

表 2-7　cvtColor() 方法的参数及其说明

参数名称	说明
src	接收 array 类型。表示原图像。无默认值
code	接收 int 类型。表示 Color 转换代码。无默认值
dst	接收 array 类型。表示输出图像。无默认值
dstCn	接收 int 类型。表示通道数。默认值为 0

1. 将 RGB 空间图像转换为灰度空间图像

将 RGB 空间的人脸图像转换为灰度空间的人脸图像，如代码 2-8 所示。

代码 2-8　将 RGB 空间的人脸图像转换为灰度空间的人脸图像

```
import cv2

img = cv2.imread('../data/baby_GT.bmp')
img_1 = cv2.cvtColor(img, cv2.COLOR_BGR2GRAY)
cv2.imshow('input_image', img)
cv2.imshow('gray_image', img_1)
cv2.waitKey(0)
cv2.destroyAllWindows()
```

运行代码 2-8 所示代码得到输出图像如图 2-12 所示。

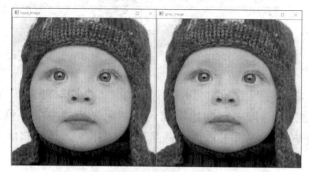

图 2-12　RGB 空间图像转换为灰度空间图像

2. 将 RGB 空间图像转换为 HSV 空间图像

将 RGB 空间的人脸图像转换为 HSV 空间的人脸图像，如代码 2-9 所示。

代码 2-9　将 RGB 空间的人脸图像转换为 HSV 空间的人脸图像

```
import cv2

img = cv2.imread('../data/baby_GT.bmp')
img_1 = cv2.cvtColor(img, cv2.COLOR_BGR2HSV)
cv2.imshow('input_image', img)
cv2.imshow('hsv_image', img_1)
cv2.waitKey(0)
cv2.destroyAllWindows()
```

运行代码 2-9 所示代码得到输出图像，如图 2-13 所示。

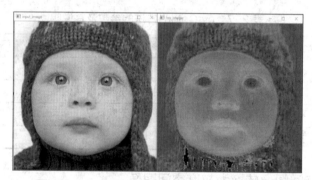

图 2-13　RGB 空间图像转换为 HSV 空间图像

2.4　图像几何变换

相同内容的两幅图像可能由于成像角度、透视乃至镜头自身原因所造成的几何失真而呈现出截然不同的外观，给数字图像处理和识别任务带来困难。通过适当的几何变换可以最大限度地消除这些几何失真所产生的负面影响，有利于在后续的处理和识别工作中将注意力集中于图像内容本身，更确切地说是图像中的对象，而不是该对象的角度和位置等。因此，几何变换常常作为其他数字图像处理应用的预处理步骤。图像几何变换技术可以改变图像的外貌和特征，可能带来信息伪造和隐私泄露的风险，特别是在人脸图像、医学图像等变换中，因此，我们要处理好图像几何变换技术与伦理之间的关系。

2.4.1　了解图像的几何变换

图像几何变换又称为图像空间变换，它将一幅图像中的坐标位置映射到另一幅图像中的新坐标位置。几何变换就是确定这种空间映射关系，以及映射过程中的变化参数。图像的几何变换包括基本的平移、缩放、旋转和复杂的仿射、透视等。几何变换可以看成像素在图像内的移动过程，该移动过程可以改变图像中物体对象（像素）之间的空间关系。

1. 平移变换

图像的平移变换就是将图像中所有的像素坐标分别加上指定的水平偏移量和垂直偏移量。

假设原本像素的位置坐标为 (x',y')，经过平移量 $(\Delta x,\Delta y)$ 后，坐标变为 (x,y)。其变换公式如式（2-19）所示。

$$\begin{cases} x = x' + \Delta x \\ y = y' + \Delta y \end{cases} \tag{2-19}$$

用矩阵表示如式（2-20）所示。

$$\begin{bmatrix} x \\ y \\ 1 \end{bmatrix} = \begin{bmatrix} 1 & 0 & \Delta x \\ 0 & 1 & \Delta y \\ 0 & 0 & 1 \end{bmatrix} \begin{bmatrix} x' \\ y' \\ 1 \end{bmatrix} \tag{2-20}$$

式（2-20）中，$\begin{bmatrix} 1 & 0 & \Delta x \\ 0 & 1 & \Delta y \\ 0 & 0 & 1 \end{bmatrix}$ 称为平移变换矩阵（因子）。

2. 缩放变换

图像的缩放变换主要用于改变图像的尺寸，缩放后图像的宽度和高度会发生变化。水平缩放系数控制图像宽度的缩放，垂直缩放系数控制图像高度的缩放。如果水平缩放系数和垂直缩放系数不相等，那么缩放后图像的宽度和高度的比例会发生变化，会使图像变形。设 (x',y') 为缩放前坐标，(x,y) 为缩放后坐标，其坐标映射关系如式（2-21）所示。

$$[x \quad y \quad 1] = [x' \quad y' \quad 1] \begin{bmatrix} S_x & 0 & 0 \\ 0 & S_y & 0 \\ 0 & 0 & 1 \end{bmatrix} \tag{2-21}$$

3. 旋转变换

图像的旋转变换就是让图像按照某一点旋转指定的角度。图像旋转后不会变形，但是其垂直对称轴和水平对称轴都会发生变化，其宽度和高度以及坐标原点也会发生变化。旋转后图像的坐标和原图像坐标之间的关系已不能通过简单的加、减、乘法运算得到，而需要通过一系列的复杂运算才能得到。

图像所用的坐标系不是常用的笛卡儿坐标系，在图像所用坐标中，图像的左上角点是坐标原点，x 轴沿着水平方向向右，y 轴沿着竖直方向向下。而在旋转中一般使用以旋转中心为坐标原点的笛卡儿坐标系。所以，图像旋转后需要进行坐标系的变换。设旋转中心为 (x_0, y_0)，旋转前的坐标为 (x', y')，旋转后的坐标为 (x, y)，则旋转坐标的变换如式（2-22）所示。

$$\begin{cases} x = x' - x_0 \\ y = -y' + y_0 \end{cases} \tag{2-22}$$

用矩阵表示旋转坐标的变换如式（2-23）所示。

$$\begin{bmatrix} x \\ y \\ 1 \end{bmatrix} = \begin{bmatrix} x' \\ y' \\ 1 \end{bmatrix} \begin{bmatrix} 1 & 0 & 0 \\ 0 & -1 & 0 \\ -x_0 & y_0 & 1 \end{bmatrix} \tag{2-23}$$

4．仿射变换

图像的仿射变换是一种基于平面的变换，它能够保持点的共线性（即保持二维图形之间的相对位置关系不变，平行仍平行、相交直线的交角不变等）和直线的平行性（即变换后圆弧还是圆弧、直线还是直线等）。仿射变换中假设原图像的某个像素点为 (x', y')，经过仿射变换后为 (x, y)，那么仿射变换的过程如式（2-24）所示。

$$\begin{cases} x = a_{11}x' + a_{12}y' + b_1 \\ y = a_{21}x' + a_{22}y' + b_2 \end{cases} \tag{2-24}$$

式（2-24）可以通过矩阵形式表示，如式（2-25）所示。

$$\begin{bmatrix} x \\ y \end{bmatrix} = \begin{bmatrix} a_{11} & a_{12} & b_1 \\ a_{21} & a_{22} & b_2 \end{bmatrix} \times \begin{bmatrix} x' \\ y' \\ 1 \end{bmatrix} \tag{2-25}$$

其中参数 a_{11}、a_{22} 决定图像的缩放变换，参数 b_1、b_2 决定图像的平移变换，参数 a_{11}、a_{12}、a_{21}、a_{22} 决定图像的旋转变换。

在实际使用过程中，仿射变换的方程组有 6 个未知数，在求解时就需要找到 3 组映射点，3 个点刚好确定一个平面。

5．透视变换

透视变换是空间变换，能够将图像投影到一个新的视平面，也称作投影映射，如图 2-14 所示。

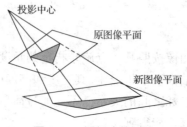

图 2-14　透视变换示意

透视变换中假设原图像的某个像素点 (x', y', z') 经过透视变换后为 (x, y, z) ，那么透视变换的过程如式（2-26）所示。

$$\begin{cases} x = a_{11}x' + a_{12}y' + b_1 \\ y = a_{21}x' + a_{22}y' + b_2 \\ z = a_{31}x' + a_{32}y' + b_3 \end{cases} \qquad （2\text{-}26）$$

式（2-26）可以通过矩阵形式表示，如式（2-27）所示。

$$\begin{bmatrix} x \\ y \\ z \end{bmatrix} = \begin{bmatrix} a_{11} & a_{12} & b_1 \\ a_{21} & a_{22} & b_2 \\ a_{31} & a_{32} & b_3 \end{bmatrix} \times \begin{bmatrix} x' \\ y' \\ 1 \end{bmatrix} \qquad （2\text{-}27）$$

与仿射变换不同，透视变换是在空间上进行的，确定一个空间最少要 4 个点，即透视变换需要有 4 组映射点。

2.4.2　人脸图像几何变换

几何变换是一种常见的图像变换手段，常用在数字图像预处理的步骤中，如人脸识别的图像处理步骤中往往需要应用图像的几何变换以实现人脸缩放、人脸旋转对齐、人脸透视对齐等预处理。

1．人脸缩放

由于人脸数据获取的途径不同，导致人脸图像的分辨率大小不一，为了方便后续的人脸检测与识别，需要将不同尺寸的图像进行缩放，保证尺寸的一致。OpenCV 提供 resize 函数实现图像的缩放。resize 函数的语法格式如下，参数及其说明如表 2-8 所示。

```
cv2.resize(src, dsize[, dst[, fx[, fy[, interpolation]]]])
```

表 2-8　resize 函数的参数及其说明

参数名称	说明
src	接收 array 类型。表示输入图像。无默认值
dsize	接收 Size 类型。表示输出图像的尺寸，当取值为 0 时，fx、fy 不能为 0。无默认值
dst	接收 array 类型。表示输出图像。无默认值
fx	接收 double 类型。表示输出图像 x 轴方向与原图像 x 轴方向的比值，当取值为 0 时，dsize 不能为 0。默认值为 0
fy	接收 double 类型。表示输出图像 y 轴方向与原图像 y 轴方向的比值，当取值为 0 时，dsize 不能为 0。默认值为 0
interpolation	接收 int 类型。表示需要进行插值时的算法。默认值为 1

原始人脸图像尺寸不一，有的图像尺寸为 100×100 ，有的图像尺寸为 300×300 ，如图 2-15 所示。

100×100   300×300

图 2-15 不同尺寸的图像

使用 resize 函数将两幅图像均缩放为 200×200 的尺寸，如代码 2-10 所示。

代码 2-10 图像缩放

```
import cv2
import numpy as np

img1 = cv2.imread('../data/1.png')
img2 = cv2.imread('../data/2.png')

print('两幅人脸图像的尺寸分别为：\n', img1.shape, '\n', img2.shape)
# 由于 img1 尺寸为 100×100，img2 尺寸为 300×300，为了统一尺寸，设置尺寸为 200×200
resize_down = cv2.resize(img1, (200,200), interpolation=cv2.INTER_LINEAR)
resize_up = cv2.resize(img2, (200,200), interpolation=cv2.INTER_LINEAR)

# 保存图像
cv2.imwrite('../tmp/resize_down.jpg', resize_down)
cv2.imwrite('../tmp/resize_up.jpg', resize_up)
```

运行代码 2-10 所示代码得到输出图像如图 2-16 所示。

图 2-16 输出图像

2．人脸旋转对齐

在实际人脸数据获取过程中，人脸的姿态是不断变化的，有时拍摄的人脸有侧倾现象，如图 2-17 所示，对图像处理任务影响比较大。因此在正式进行图像处理任务前，可以先对人脸进行旋转对齐，保证人脸姿态是正脸。

OpenCV 提供 warpAffine 函数用于图像仿射变换，其语法格式如下，参数及其说明如表 2-9 所示。

图 2-17　侧倾的人脸

```
cv2.warpAffine(src, M, dsize[, dst[, flags[, borderMode[, borderValue]]]])
```

表 2-9　warpAffine 函数的参数及其说明

参数名称	说明
src	接收 array 类型。表示输入图像。无默认值
M	接收 array 类型。表示变换矩阵。无默认值
dsize	接收 Size 类型。表示输出图像的尺寸。无默认值
dst	接收 array 类型。表示输出图像。无默认值
flags	接收 int 类型。表示图像插值的算法。默认值为 1（INTER_LINEAR）
borderMode	接收 int 类型。表示边界像素模式。默认值为 0（BORDER_CONSTANT）
borderValue	接收 const Scalar 类型。表示图像边界填充值，仅在 borderMode 参数为 BORDER_CONSTANT 时有效。无默认值

由于变换的过程需要变换矩阵，OpenCV 提供 getRotationMatrix2D 函数以计算变换矩阵，主要用于求得在仅知道中心点和图像所需旋转角度情况下的变换矩阵，其语法格式如下，参数及其说明如表 2-10 所示。

```
cv2.getRotationMatrix2D(center, angle, scale)
```

表 2-10　getRotationMatrix2D 函数的参数及其说明

参数名称	说明
center	接收 Point2f 类型。表示原图像的旋转中心。无默认值
angle	接收 double 类型。表示旋转的角度，正值表示逆时针旋转。无默认值
scale	接收 double 类型。接收大于 0 的浮点数，表示旋转后图像缩放的比例。无默认值

通过 warpAffine 和 getRotationMatrix2D 函数实现图像旋转，如代码 2-11 所示。

代码 2-11　图像旋转

```python
import numpy as np
import cv2

# 读取图像
img = cv2.imread('../data/man_GT.bmp')
cv2.imshow('woman_GT', img)
rows = img.shape[0]
```

```
cols = img.shape[1]
M = cv2.getRotationMatrix2D((100,100), -15, 1)  # 获取旋转的变换矩阵
dst = cv2.warpAffine(img, M, (cols, rows))  # 进行仿射变换得到结果图像

cv2.imshow('warpAffineFace', dst)  # 显示仿射变换后的图像
cv2.waitKey(0)
```

运行代码 2-11 所示代码得到旋转对齐后的人脸，如图 2-18 所示。

3. 人脸透视对齐

在实际人脸数据获取过程中，人脸数据除了有人脸出现侧倾的情况外，还有侧脸、仰头、低头等非正脸的情况，如图 2-19 所示。此类数据对于人脸识别的影响也比较大，为了优化此类数据可以使用透视变换，将此类人脸对齐。

图 2-18　旋转后对齐的人脸

图 2-19　非正脸情况下的人脸

OpenCV 提供 warpPerspective 函数用来进行图像透视变换，其语法格式如下，参数及其说明如表 2-11 所示。

```
cv.warpPerspective(src, M, dsize[, dst[, flags[, borderMode[, borderValue]]]])
```

表 2-11　warpPerspective 函数的参数及其说明

参数名称	说明
src	接收 array 类型。表示输入图像。无默认值
M	接收 array 类型。表示变换矩阵。无默认值
dsize	接收 Size 类型。表示输出图像的尺寸。无默认值
dst	接收 array 类型。表示输出图像。无默认值
flags	接收 int 类型。表示图像插值的算法。默认值为 1（INTER_LINEAR）
borderMode	接收 int 类型。表示边界像素模式。默认值为 0（BORDER_CONSTANT）
borderValue	接收 const Scalar 类型。表示图像边界填充值，仅在 borderMode 参数为 BORDER_CONSTANT 时有效。无默认值

由于透视变换的过程需要变换矩阵，OpenCV 提供 getPerspectiveTransform 函数以计算变换矩阵，其语法格式如下，参数及其说明如表 2-12 所示。

```
cv.getPerspectiveTransform(src, dst[, solveMethod])
```

表 2-12　getPerspectiveTransform 函数的参数及其说明

参数名称	说明
src	接收 array 类型。表示原始图像中能够构成四边形的点。无默认值
dst	接收 array 类型。表示结果图像中能够构成四边形的点。无默认值
solveMethod	接收 int 类型。表示进行线性系统或最小二乘问题求解的函数，默认值为 0（DECOMP_LU）

通过 warpPerspective 和 getPerspectiveTransform 函数实现图像透视对齐，如代码 2-12 所示。

代码 2-12　图像透视对齐

```
import numpy as np
import cv2

img = cv2.imread('../data/foreman.bmp')
rows, cols, channel = img.shape

# 定义透视变换前数据点集合
pts1 = np.float32([[82, 122], [132, 112], [97, 170], [138, 169]])
# 定义透视变换后数据点集合
pts2 = np.float32([[82, 122], [132, 117], [95, 168], [136, 163]])
# 画出透视变换前数据点
for point in pts1:
    cv2.circle(img, (int(point[0]), int(point[1])), 2, (0, 0, 255), thickness=-1)

M = cv2.getPerspectiveTransform(pts1, pts2)  # 获取透视变换矩阵 M
dst = cv2.warpPerspective(img, M, (cols, rows))  # 进行透视变换得到结果图像

# 画出透视变换后的数据点
for point in pts2:
    cv2.circle(dst, (int(point[0]), int(point[1])), 2, (0, 255, 0), thickness=2)

cv2.imshow('face3', img)
cv2.imshow('warpPerspectivePlate', dst)  # 显示透视变换后的图像
cv2.imwrite('../tmp/warpPerspectivePlate.jpg', dst)  # 保存透视变换后的图像
cv2.waitKey(0)
```

运行代码 2-12 所示代码得到透视对齐后的人脸，如图 2-20 所示。

小结

本章主要介绍了读写图像数据、在图像上绘制图形、转换图像的颜色空间和图像几何变换 4 部分内容。其中读写图像数据部分介绍了图像数据的读取、显示与保存；在图像上绘制图

图 2-20　透视对齐后的人脸

数字图像处理实战

形部分介绍了绘制简单的图形和标注图像中的人脸区域；转换图像的颜色空间部分介绍了颜色空间的概念和使用 OpenCV 实现颜色空间转换的方法；图像几何变换部分介绍了几何变换的概念和使用 OpenCV 实现图像几何变换的方法。

课后习题

1. 选择题

（1）下面用于读取图像的方法是（ ）。

  A. imread() B. imshow() C. imwrite() D. line()

（2）下面属于最常见的颜色空间的是（ ）。

  A. HSI B. RGB C. HSV D. CMY

（3）下面用于转换颜色空间的方法是（ ）。

  A. line() B. imshow() C. rectangle() D. cvtColor()

（4）下面不属于图像的几何变换的是（ ）。

  A. 颜色空间转换   B. 旋转

  C. 缩放   D. 仿射变换

（5）下列 OpenCV 函数中，（ ）是用于透视变换的。

  A. resize   B. warpPerspective

  C. getPerspectiveTransform D. warpAffine

2. 填空题

（1）_____方法用于显示读取的图像。

（2）在图像上绘制矩形可以使用_____方法。

（3）人的视觉认知依赖 3 个基本特征量即_____、_____和_____来区分颜色。

（4）在灰度图像中，每个像素用_____表示。

（5）平移变换是将图像中所有的像素坐标分别加上_____和_____。

3. 操作题

请使用仿射变换或者透视变换将车牌图像对齐。

第 **3** 章 图像增强与复原

对于存储在计算机中的大部分图像，可以使用图像增强与复原技术进行数字图像处理。图像中有大量的数据信息，善于总结图像的特点，结合实际问题主动剖析需要提取的信息或待解决的问题，才能将所学理论知识与实践结合起来，从而使图像处理能力得到综合提升。图像增强是指利用数字图像技术对图像中感兴趣部分予以强调，对不感兴趣的部分予以抑制，强调后的部分更为清晰。图像复原是指利用退化过程的先验知识，消除模糊，恢复已被退化的图像的本来面目。不管是空间域还是频率域都含有许多滤波，合理选择合适的滤波，可以对目标对象进行有效的针对性处理。本章主要介绍如何使用空间滤波与频率域滤波增强图像，以及如何复原与修复图像。

学习目标

（1）了解空间滤波的原理，以及如何形成空间滤波器。
（2）熟悉空间滤波器的主要类型，以及具体的应用方法。
（3）了解频率域滤波原理、低通和高通频率域滤波的类型及实现。
（4）了解常见的噪声模型及噪声的去除方法。

3.1 使用空间滤波增强图像

使用空间滤波增强图像，首先需要了解空间域的概念。空间域指的是图像平面本身，空间域中的数字图像处理方法直接对图像中的像素进行处理。空间域处理图像的两个主要类别是灰度变换和空间滤波，本节主要介绍空间滤波的概念及常见应用。空间滤波的常见应用包含平滑图像、锐化图像和模糊图像等，可以用于非线性滤波。空间滤波的图像增强采用模板处理方法对图像进行滤波，去除图像噪声或者增强图像的细节。通常空间域技术在计算上更有效，且执行所需的处理资源较少。

3.1.1 了解空间滤波

空间域与频率域都含有滤波器，滤波是指通过修改或抑制图像的规定频率分量，产生一个新像素，新像素的坐标等于邻域中心的坐标，新像素的值是滤波操作的结果。滤波器的中心访问输入图像中的每个像素后，就生成了滤波处理后的图像。而空间滤波通过把每

数字图像处理实战

个像素的值替换为该像素及其邻域的函数值来修改图像。空间滤波器由一个邻域和对该邻域所包围的图像像素所执行的预定义操作组成。邻域通常是一个较小的矩形，也可以是其他形状，但矩形邻域是目前为止较好的邻域，因为它们在计算机上实现起来更容易。

空间滤波也有很多类别，按计算方式不同可以划分为低通滤波和高通滤波等，按对像素执行运算方式的不同可以分为线性滤波和非线性滤波，按空间滤波增强的目的不同可分为平滑滤波和锐化滤波。

本小节所述的空间滤波主要依据空间滤波增强的目的进行分类，如式（3-1）所示。

$$g(x,y) = T[f(x,y)] \tag{3-1}$$

式中，$f(x,y)$ 是输入图像，$g(x,y)$ 是处理后的图像，T 是在点 (x,y) 的邻域上定义的关于 f 的一种算子。算子可用于单幅图像的像素或图像集合中的像素的相关运算，并且不同算子实现的功能也不同。例如，算子可以被定义为输出像素移动后的位置或计算邻域内像素的平均灰度等运算。

了解滤波器需要先理解滤波器核这一概念，核是一个阵列，核的尺寸定义了运算的邻域，核的系数决定对应滤波器的性质。用于称呼滤波器核的术语还有模板、窗口等。在第 3 章中统一称之为核或滤波器核。

在空间域中有两种不同的运算，为相关运算和卷积运算，这两种运算是空间滤波的重要基础。相关运算过程是在图像上移动核的中心，并且在每个位置计算乘积之和。而卷积运算原理与相关运算类似，只是把相关运算的核旋转了 180°。

在一维空间中，长度为 m 的核对长度为 M 的图像进行线性空间滤波表示如式（3-2）所示。

$$g(x) = \sum_{s=-a}^{a} w(s)f(x+s) \tag{3-2}$$

式（3-2）中，$g(x)$ 是处理后的图像，s 表示核中心点，x 表示核下面的像素点，w 表示核，$f(x+s)$ 表示输入图像待处理的单元。式（3-2）实现了求乘积之和的运算，这一运算可以考虑到中心像素邻域中的值。

一维相关运算与卷积运算的过程如图 3-1 所示。

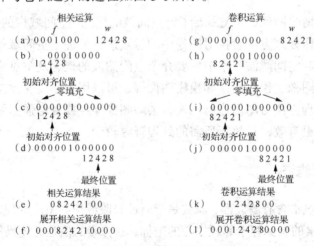

图 3-1　一维相关运算与卷积运算的过程

图 3-1 展示了一个一维函数 f 与一个核 w（核尺寸为 1×5）以及函数 f 与核 w 进行相关运算、卷积运算的过程和结果。在进行相关运算与卷积运算时都需要在初始时保证核全部在 f 之内，若不满足这一条件，一般来说需在函数 f 的两侧补足够多的 0（零填充）。完成准备工作之后，不断移动核 w 与 f 进行运算，通过对比结果可以看出，相关运算在遇到一个元素是 1、其余元素是 0 的函数时，相关运算结果是得到一个核 w 旋转 180°的副本。这样的函数称之为离散单位冲激函数，在本章中简称为冲激函数。

在二维空间中，尺寸为 $m×n$ 的核对尺寸为 $M×N$ 的图像进行线性空间滤波表示如式（3-3）所示。

$$g(x,y) = \sum_{s=-a}^{a} \sum_{t=-b}^{b} w(s,t) f(x+s, y+t) \tag{3-3}$$

式（3-3）中，$g(x,y)$ 是处理后的图像，s、t 表示核中心点，(x,y) 表示核下面的像素点，w 表示核，$f(x+s, y+t)$ 表示输入图像待处理的单元。通过使 (x,y) 发生变化，核中心点能够访问 f 中的每个像素。二维相关运算的过程如图 3-2 所示，相关运算的结果显示了核 w 访问函数 f 中的每个像素后，在 f 中对应位置计算乘积之和的结果。与一维空间相同的是：在二维空间中同样使用零填充来保证核在函数 f 中，f 还是选取冲激函数；相关运算与卷积运算都会得到核 w 旋转 180°后的副本。

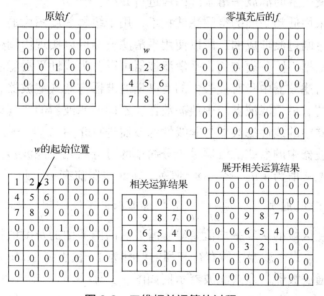

图 3-2 二维相关运算的过程

要用公式给出相关运算与卷积运算在二维空间中的定义，首先需将相关运算重写，如式（3-4）所示。

$$(w \star f)(x,y) = \sum_{s=-a}^{a} \sum_{t=-b}^{b} w(s,t) f(x+s, y+t) \tag{3-4}$$

式（3-4）中，$w \star f$ 表示相关运算，(s,t) 表示核中心点，(x,y) 表示核下面的像素点，w 表示核，$f(x+s, y+t)$ 表示输入图像待处理的单元。式（3-4）针对位移变量 x,y 的所有值进行计算，以便 w 的中心点能够访问 f 中的每个像素，f 默认采用零填充的方式使核可以进行全部点集的运算。

卷积运算的定义如式（3-5）所示。

$$(w \star f)(x,y) = \sum_{s=-a}^{a} \sum_{t=-b}^{b} w(s,t)f(x-s,y-t) \qquad (3-5)$$

式（3-5）中，$w \star f$ 表示卷积运算，(s,t) 表示核中心点，(x,y) 表示核下面的像素点，w 表示核，$f(x-s,y-t)$ 表示输入图像待处理的单元，卷积运算同样会得到一个核 w 旋转了 $180°$ 的副本，不同之处在于卷积运算通过减号取差集对齐 f 和 w 的坐标。这个公式实现了乘积之和也就是线性空间滤波的处理。

3.1.2　使用空间滤波平滑图像

随着经济社会的发展，人们的出行越来越依赖车辆，而车牌号码是车辆的身份标志，相关人员进行车牌图像的识别和处理是车辆交通管理中非常重要且不可或缺的一环。而现实中获取的诸多车牌图像或多或少都含有一定噪声。因为空间域中的低通滤波器主要起平滑作用，所以也称为平滑滤波器，该滤波器可以对图像中噪声的去除起到显著的作用。下面对如何使用空间滤波平滑车牌图像进行介绍。

平滑滤波器采用低频增强的空间滤波技术，用于缓解灰度图像的急剧过渡。由于噪声通常是灰度的急剧过渡形成的，所以使用平滑滤波器可以实现模糊处理和降低噪声。

在空间域中依据不同分类方法，平滑滤波器可以分为线性平滑滤波器和非线性平滑滤波器。线性平滑滤波器中具有代表性的有高斯滤波器与盒式滤波器，非线性平滑滤波器中具有代表性的有最值滤波器与中值滤波器。不同的滤波器的实现原理是不同的，首先针对平滑滤波器中的线性滤波器与非线性滤波器进行介绍。

线性平滑滤波器中的盒式滤波器是十分简单的可分离低通滤波器。一个尺寸为 $m \times n$ 的盒式滤波器是像素值为 1 的一个 $m \times n$ 阵列，在滤波器前有一个归一化的常数，它的值是 1 除以系数值之和，通常表示为 $\dfrac{1}{m \times n}$。在低通滤波器中使用归一化常数的原因有两点：一是一个恒定灰度区域的灰度平均值要等于滤波后的图像中的灰度值；二是防止在滤波过程中引入偏差。盒式滤波器中所有行和列的值都为 1，秩也为 1，所以盒式滤波器也被称为可分离的低通滤波器。盒式滤波器示例如图 3-3 所示。

图 3-3　盒式滤波器示例

在低通滤波器中平滑效果较为显著的是高斯滤波器，因为盒式滤波器虽然构造简单，可以快速实现数字图像处理，但它往往会沿垂直方向模糊图像，无法针对具有精细细节与较多几何分量的图像起到显著的平滑效果，而高斯滤波器的核通常是各向同性的，各向同性也被称为圆对称性。高斯核的定义如式（3-6）所示。

$$w(s,t) = G(s,t) = \mathrm{e}^{-\frac{s^2+t^2}{2\sigma^2}}$$ 　　　　　　（3-6）

式（3-6）中，$w(s,t)$ 为结果像素，$G(s,t)$ 特指使用高斯核，σ 用来控制高斯函数关于像素均值的"展开度"，(s,t) 表示核中心点。若将 s^2+t^2 写为 $r^2 = s^2+t^2$，则 r 可以表示为从中心点到函数 G 上任意一点的距离。不同尺寸的方形核到中心点的距离如图 3-4 所示。

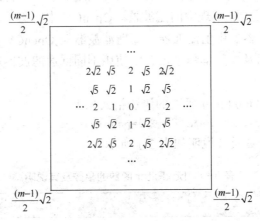

图 3-4　不同尺寸的方形核到中心点的距离

根据式（3-6）给出一个高斯核的示例，如图 3-5 所示，可以看到核的前面有一个归一化常数，分母是核中常数的和。

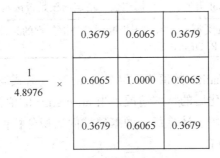

图 3-5　高斯核示例

效果较为显著的非线性滤波器为统计排序滤波器，它基于滤波器所含区域内的像素的排序，通过将中心像素的值替换为由排序结果确定的值实现平滑。统计排序滤波器中较常使用排序方式中值进行排序，中值滤波器用中心像素邻域内的灰度值的中值代替中心像素的值，也就是统计排序的方式变成找中值的方式。例如，在一个 3×3 的邻域中，有 9 个像素点，所以中值是第 5 大的值，假设这 9 个像素点的值分别为 11、22、28、16、36、48、30、42、50，这些值经过排序后变为 11、16、22、28、30、36、42、48、50，所以中值为 30，将 30 赋予中心点成为新的中心点像素值，从而代替原中心点像素值 36。从这一例子可以看出，中值滤波器可以使各个点的像素值接近相邻点的像素值。

　　中值滤波器不仅对某些类型的随机噪声的平滑效果优于线性滤波器,例如对椒盐噪声等的平滑效果就是如此,而且对图像的模糊程度要小很多。非线性滤波器中还有最大值滤波器、最小值滤波器等,最大值滤波器用来寻找最亮的点或与最亮区域相邻的暗点,最小值滤波器用像素邻域内的最小值代替该像素的灰度值,主要用于寻找最暗点。本小节主要介绍中值滤波器对车牌图像的平滑操作。空间滤波器的种类有很多,在应用时不仅要清楚认识到待解决的问题,还要了解各滤波器的特点,使问题和方法匹配,将理论知识合理运用到问题解决当中,分析并解决实际问题的能力就得到了锻炼。

　　本章主要使用 OpenCV 实现空间滤波器。OpenCV 中定义了许多滤波器,可以直接使用。例如,盒式滤波器、中值滤波器、高斯滤波器在 OpenCV 中都有定义。先给出 3 种滤波器的函数语法以及参数解释,再介绍使用不同低通滤波器对图像进行平滑操作的实现效果。

　　定义盒式滤波器的 boxFilter 函数的语法格式如下。

```
cv2.boxFilter(src,ddepth,ksize[,dst[,anchor[,normalize[,borderType]]]])
```

　　boxFilter 函数的参数及其说明如表 3-1 所示。

表 3-1　boxFilter 函数的参数及其说明

参数名称	说明
src	接收 const GMat 类型。表示输入图像。无默认值
ksize	接收 const Size 类型。表示核的尺寸。无默认值
anchor	接收 const Point 类型。表示锚位于单元的中心。默认值为(-1,-1)
normalize	接收 bool 类型。表示标志位,指定内核是否按其区域规范化。默认值为 True
borderType	接收 int 类型。表示用于推断图像外部像素的某种边界模式。默认值为 BORDER_DEFAULT

　　当表 3-1 中参数 normalize 的值为默认值 True 时,盒式滤波就变成了均值滤波,即均值滤波是盒式滤波归一化后的特殊情况。当 normalize 的值为 False 时,此时盒式滤波为非归一化盒式滤波,可用于计算每个像素邻域内的积分特性,比如密集光流算法中用到的图像导数的协方差矩阵。

　　定义中值滤波器的 medianBlur 函数的语法格式如下。

```
cv2.medianBlur(src,ksize[,dst])
```

　　medianBlur 函数的参数及其说明如表 3-2 所示。

表 3-2　medianBlur 函数的参数及其说明

参数名称	说明
src	接收 const GMat 类型。表示输入图像。无默认值
ksize	接收 int 类型。表示核线性长度,必须为奇数。无默认值

　　定义高斯滤波器的 GaussianBlur 函数的语法格式如下。

```
cv2.GaussianBlur(src,ksize, sigmaX[,dst[,sigmaY[,borderType]]])
```

GaussianBlur 函数的参数及其说明如表 3-3 所示。

表 3-3 GaussianBlur 函数的参数及其说明

参数名称	说明
src	接收 const GMat 类型。表示输入图像。无默认值
ksize	接收 const Size 类型。表示核的尺寸。无默认值
sigmaX	接收 double 类型。表示高斯核在 x 轴方向的标准差。无默认值
sigmaY	接收 double 类型。表示高斯核在 y 轴方向的标准差。默认值为 0
borderType	接收 int 类型。表示用于推断图像外部像素的某种边界模式。默认值为 BORDER_DEFAULT

下面使用不同低通滤波器对图像进行平滑操作。

通过 OpenCV 调用 boxFilter 函数、medianBlur 函数和 GaussianBlur 函数,可实现盒式滤波器、中值滤波器和高斯滤波器。使用低通滤波器实现平滑图像操作,如代码 3-1 所示;使用低通滤波器平滑后的图像如图 3-6 所示。

代码 3-1　使用低通滤波器实现平滑图像操作

```
import cv2
import numpy as np
import matplotlib.pyplot as plt

img = cv2.imread('../data/ero.jpg')
rows, cols, chn = img.shape

# 使用 for 循环为图像添加噪声
for i in range(9000):
    x = np.random.randint(0, rows)
    y = np.random.randint(0, cols)
    img[x, y, :] = 255

# 新建均值滤波器
# 盒式(方框)滤波器
box_result = cv2.boxFilter(img, -1, (2, 2), normalize=False)
# 中值滤波器
blur_result = cv2.medianBlur(img, 3)
# 高斯滤波器
gauss_result = cv2.GaussianBlur(img, (3, 3), 0, 0)

cv2.imshow('original', img)
cv2.imshow('box_result', box_result)
cv2.imshow('medianBlur_result', blur_result)
cv2.imshow('gauss_result', gauss_result)
cv2.waitKey(0)
cv2.destroyAllWindows()
```

在图 3-6 中,(a)(b)(c)(d)分别为添加噪声后的原图像、盒式滤波器处理后的结果、中值滤波器处理后的结果、高斯滤波器处理后的结果。将图 3-6 中不同滤波器的平滑结果进行对比可以看出，对于添加了噪声的车牌图像，盒式滤波器的平滑效果与理想结果有较大出入。而平滑效果最好的是中值滤波器，因为中值滤波可以将邻域中各像素的灰度值排序，取中间值作为中心像素灰度的新值，即中值滤波能够自适应化，所以中值滤波器在去除噪声、平滑图像方面往往能起到较好的作用。

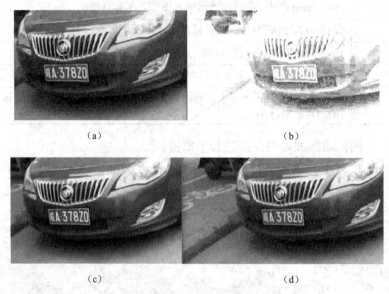

（a）　　　　　　　　　　　　　（b）

（c）　　　　　　　　　　　　　（d）

图 3-6　使用低通滤波器平滑后的图像

3.1.3　使用空间滤波锐化图像

对于抓取的车牌图像，往往会出现车牌号边缘扭曲或者符号不明显的情况。通过锐化空间滤波器突出灰度的过渡部分，可以实现锐化的目的。由于微分算子的响应强度与图像在用算子操作的像素点上的突变程度成正比，因此可以通过图像微分增强边缘和其他突变，削弱灰度变化缓慢的区域。3.1.2 小节中指出起平滑作用的滤波通常被称为低通滤波，这个名称是借用频率域处理的一个术语；起锐化作用的滤波同样借用了频率域处理的一个术语，即锐化滤波，通常也被称为高通滤波，通过增强高频，从而抑制低频。

本小节主要介绍基于一阶导数和二阶导数的锐化滤波器，在介绍锐化滤波器之前，先介绍导数在数字环境下的一些基本性质。数字函数的导数是用差分来定义的。定义差分的方法有多种，但一阶导数的任何定义都要满足如下 3 点要求。

（1）恒定灰度区域的一阶导数必须为零。

（2）灰度台阶或斜坡开始处的一阶导数必须非零。

（3）灰度斜坡上的一阶导数必须非零。

二阶导数的任何定义都要满足如下 3 点要求。

（1）恒定灰度区域的二阶导数必须为零。

（2）灰度台阶或斜坡开始处的二阶导数必须非零。

（3）灰度斜坡上的二阶导数必须非零。

因为在进行数字图像处理时，处理的数字量有限，所以灰度变化的限度也是有限的，变化发生的最短距离是相邻像素间的距离。

一维函数 $f(x)$ 的一阶导数的基本定义是差分，如式（3-7）所示。

$$\frac{\partial f}{\partial x} = f(x+1) - f(x) \tag{3-7}$$

式（3-7）中，x 为自变量，$f(x)$ 是关于 x 的函数，使用偏导数的原因是保持符号的一致性。当考虑含两个变量的函数图像 $f(x,y)$ 时，使用空间滤波器锐化图像将处理沿两个空间轴的偏导数。二维函数 $f(x,y)$ 的二阶导数的差分定义如式（3-8）所示，分别为 x 方向和 y 方向上的表示。

$$\begin{cases} \dfrac{\partial^2 f}{\partial x^2} = f(x+1,y) + f(x-1,y) - 2f(x,y) \\[2mm] \dfrac{\partial^2 f}{\partial y^2} = f(x,y+1) + f(x,y-1) - 2f(x,y) \end{cases} \tag{3-8}$$

式（3-7）和式（3-8）分别满足上述恒定灰度区域、灰度台阶或斜坡开始处、灰度斜坡 3 个方面关于一阶、二阶导数应满足的要求。

数字图像中的边缘在灰度上通常类似于斜坡过渡，因为斜坡上的导数非零，这时图像的一阶导数会产生较宽的图像边缘。二阶导数会产生宽度为 1 个像素且由 0 分隔的双边缘区域。所以可得到一个结论，与一阶导数相比，二阶导数可以增强细节，满足图像锐化的要求，下面先对使用二阶导数锐化图像展开介绍。

经过罗森菲尔德等人的证明，构造简单且效果较好的各向同性导数算子为拉普拉斯（Laplace）算子，对于含两个变量的函数 $f(x,y)$，二阶导数的定义如式（3-9）所示。

$$\nabla^2 f = \frac{\partial^2 f}{\partial x^2} + \frac{\partial^2 f}{\partial y^2} \tag{3-9}$$

式（3-9）中，x、y 为自变量，f 是关于 x、y 的函数。由于任意阶的导数都是线性算子，所以 Laplace 算子也是线性算子。当采用离散形式来表示式（3-9）时，Laplace 算子在 x 轴方向的定义如式（3-10）所示。

$$\frac{\partial^2 f}{\partial x^2} = f(x+1,y) + f(x-1,y) - 2f(x,y) \tag{3-10}$$

式（3-10）中，x、y 为自变量，$f(x,y)$ 是关于 x、y 的函数。同理得到采用离散形式表示式（3-8）时，Laplace 算子在 y 轴方向的定义如式（3-11）所示。

$$\frac{\partial^2 f}{\partial y^2} = f(x,y+1) + f(x,y-1) - 2f(x,y) \tag{3-11}$$

式（3-11）中，x、y 为自变量，$f(x,y)$ 是关于 x、y 的函数。结合式（3-9）～式（3-11）得到两个变量的 Laplace 算子的定义，如式（3-12）所示。

$$\nabla^2 f(x,y) = f(x+1,y) + f(x-1,y) + f(x,y+1) + f(x,y-1) - 4f(x,y) \tag{3-12}$$

式（3-12）中，x、y 为自变量，$f(x,y)$ 是关于 x、y 的函数。给出 4 个拉普拉斯卷积核，如图 3-7 所示。

0	1	0
1	-4	1
0	1	0

(a)

1	1	1
1	-8	1
1	1	1

(b)

0	-1	0
-1	4	-1
0	-1	0

(c)

-1	-1	-1
-1	8	-1
-1	-1	-1

(d)

图 3-7　拉普拉斯核示例

图 3-7 中，（a）拉普拉斯核可以实现式（3-12），并且该核为各向同性，即在关于 x 轴和 y 轴以 90° 为增量旋转时，核不变。（b）拉普拉斯核用于实现包含对角项的扩展公式的核。（c）（d）拉普拉斯核是由二阶导数定义得到的，但此时二阶导数为负。

Laplace 算子是导数算子，因此会突出图像中急剧变化的灰度区域，并且不会强调缓慢过渡的灰度区域，所以使用 Laplace 算子往往会产生具有灰色边缘和灰度不连续的图像。将 Laplace 算子运算后的图像与原图像相加，就可以在保留锐化效果的同时恢复背景特征。但需要注意的是，使用 Laplace 算子时记清楚对应的算子定义很重要。例如，所用的算子定义中有一个负中心系数，那么从原图像中减去拉普拉斯图像可以得到图像锐化后的结果。Laplace 算子锐化图像的定义如式（3-13）所示。

$$g(x,y) = f(x,y) + c[\nabla^2 f(x,y)] \tag{3-13}$$

式（3-13）中，x、y 为自变量，$f(x,y)$ 是关于 x、y 的函数；$g(x,y)$ 是处理后的结果，被视为锐化后的图像；当使用图 3-7 中第一个与第二个核时，式（3-13）中的 $c=-1$；若使用第三个与第四个核，则 $c=1$。

对于空间非线性的图像锐化操作，可以通过一阶微分，即梯度处理实现。梯度处理可以使灰度图像中看不见的小斑点突出，拥有较好的在灰度平坦区域中增强小突变的能力。这对于车牌图像增强具有重要的意义。

在数字图像处理中，一阶导数是用梯度幅度实现的。图像 f 在坐标 (x,y) 处的梯度被定义为一个二维向量，如式（3-14）所示。

$$\nabla f = \mathrm{grad}(f) = \begin{bmatrix} g_x \\ g_y \end{bmatrix} = \begin{bmatrix} \partial f / \partial x \\ \partial f / \partial y \end{bmatrix} \tag{3-14}$$

式（3-14）中，x、y 为自变量，f 是关于 x、y 的函数，g 是 f 求偏导后的结果。式（3-14）中的二维向量在 (x,y) 处的重要几何性质是该向量指向 f 的最大变化率的方向。向量 ∇f 的长度表示为 $M(x,y)$，表达式如式（3-15）所示。

$$M(x,y) = \parallel f \parallel = \mathrm{mag}(\nabla f) = \sqrt{g_x^2 + g_y^2} \tag{3-15}$$

式（3-15）中，向量 ∇f 的长度为 $M(x,y)$，g 是 f 求偏导后的结果。式（3-15）表示梯度向量方向的变化率在 (x,y) 处的值。

与 Laplace 算子一样，先定义式（3-15）的离散表示形式，再根据离散表示公式来构建合适的梯度核。带灰度值 z 的梯度核如图 3-8 所示。首先在图 3-8 中给出为定义离散表示形式准备的核，图 3-8 中 z_5 表示中心点，z_5 处的值表示在任意位置 (x,y) 上 $f(x,y)$ 的值。

z_1	z_2	z_3
z_4	z_5	z_6
z_7	z_8	z_9

图 3-8　带灰度值 z 的梯度核

在数字图像处理早期开发中，罗伯特使用交叉差值提出关于符合恒定灰度区域、灰度台阶或斜坡开始处、灰度斜坡表示的一阶导数定义，如式（3-16）所示。

$$g_x = (z_9 - z_5) \quad g_y = (z_8 - z_6) \tag{3-16}$$

其中，z 表示核中不同位置的点对应的灰度值，g 表示一阶导数处理后的结果。结合式（3-15）与式（3-16）得到梯度图像的计算公式如式（3-17）所示。

$$M(x,y) = [(z_9 - z_5)^2 + (z_8 - z_6)^2]^{1/2} \tag{3-17}$$

式（3-17）中，$M(x,y)$ 表示向量的长度，z 表示核中不同位置的点对应的灰度值。梯度核如图 3-9 所示。式（3-16）中所需的差值项可用图 3-9 中的（a）（b）两个核来实现，这两个核称为 Roberts 交叉梯度算子。

−1	0
0	1

(a)

0	−1
1	0

(b)

−1	−2	−1
0	0	0
1	2	1

(c)

−1	0	1
−2	0	2
−1	0	1

(d)

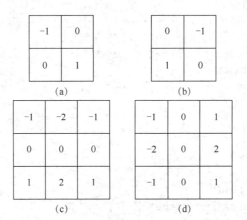

图 3-9　梯度核

使用奇数尺寸的核，例如 3×3 尺寸的核，可以使它们关于各自唯一的中心空间对称。所以，当使用中心为 z_5 的 3×3 邻域时，g_x 和 g_y 近似表示为式（3-18）和式（3-19）。

$$g_x = \partial f / \partial x = (z_7 + 2z_8 + z_9) - (z_1 + 2z_2 + z_3) \tag{3-18}$$

$$g_y = \partial f / \partial y = (z_3 + 2z_6 + z_9) - (z_1 + 2z_4 + z_7) \tag{3-19}$$

式（3-18）和式（3-19）中，x、y 为自变量，f 是关于 x、y 的函数，g 是 f 求偏导后的结果，z 表示核中不同位置的点对应的灰度值。式（3-18）和式（3-19）中所需的差值项可用图 3-9 中的（c）（d）两个核来实现。例如，3×3 图像的第三行和第一行的差近似为 x 轴方向的偏导数，它是用图 3-9 中第二排第一个核实现的。图 3-9 中的（c）（d）两个核称为 Sobel 算子。在中心系数中使用权值 2 的原因是强调中心的重要程度来实现某种平滑。需要注意的是，图 3-9 中所有核的系数之和为 0，当图像与系数之和为 0 的核卷积时，滤波后的图像元素之和也为 0。

关于梯度进行卷积运算时的线性与非线性，从式（3-16）、式（3-18）和式（3-19）中可以看出 g_x 和 g_y 的计算是线性的，而计算 $M(x, y)$ 时，如式（3-15）和式（3-17）所示，涉及平方与平方根的计算以及绝对值的使用，这些运算都是非线性的，且非线性运算是在经过线性运算得到结果之后再运算的。

使用梯度算子和 Laplace 算子实现图像锐化如代码 3-2 所示，从梯度算子中选取 Sobel 算子和 Roberts 交叉梯度算子实现图像锐化。锐化图像结果如图 3-10 所示。

代码 3-2　使用梯度算子和 Laplace 算子实现图像锐化

```python
import cv2
import numpy as np

# Roberts算子
def robert_suanzi(img):
    r, c = img.shape
    # r_sunnzi = [[-1, -1], [1, 1]]
    r_sunnzi = [[-1, 0], [0, 1]]
    for x in range(r):
        for y in range(c):
            if (y + 2 <= c) and (x + 2 <= r):
                imgChild = img[x:x + 2, y: y + 2]
                list_robert = r_sunnzi * imgChild
                # 求和加绝对值
                img[x, y] = abs(list_robert.sum())
    return img


# Sobel算子
def sobel_suanzi(img):
    r, c = img.shape
    new_image = np.zeros((r, c))
    new_imageX = np.zeros(img.shape)
    new_imageY = np.zeros(img.shape)
    s_suanziX = np.array([[-1, 0, 1], [-1, 0, 1], [-1, 0, 1]])  # x轴方向
    s_suanziY = np.array([[-1, -1, -1], [0, 0, 0], [1, 1, 1]])  # y轴方向
    #将中心权值由2降低到1
    for i in range(r - 2):
        for j in range(c - 2):
            new_imageX[i + 1, j + 1] = abs(np.sum(img[i: i + 3, j: j + 3] * s_suanziX))
            new_imageY[i + 1, j + 1] = abs(np.sum(img[i: i + 3, j: j + 3] * s_suanziY))
            new_image[i + 1, j + 1] = (new_imageX[i + 1, j + 1] * new_imageX[i +
1, j + 1] + new_imageY[i + 1, j + 1] * new_imageY[i + 1, j + 1]) ** 0.5
    # return np.uint8(new_imageX)
    # return np.uint8(new_imageY)
    return np.uint8(new_image)  # 无方向算子处理的图像
```

52

```
# Laplace 算子
# 常用的 Laplace 算子核
# [[0, 1, 0], [1, -4, 1], [0, 1, 0]]    [[1, 1, 1], [1, -8, 1], [1, 1, 1]]
def Laplace_suanzi(img):
    r, c = img.shape
    new_image = np.zeros((r, c))
    L_sunnzi = np.array([[0, -1, 0], [-1, 4, -1], [0, -1, 0]])
    # L_sunnzi = np.array([[-1, -1, -1], [-1, 8, -1], [-1, -1, -1]])
    for i in range(r - 2):
        for j in range(c - 2):
            new_image[i + 1, j + 1] = abs(np.sum(img[i: i + 3, j: j + 3] * L_sunnzi))
    return np.uint8(new_image)

img = cv2.imread('../data/ero.jpg', cv2.IMREAD_GRAYSCALE)
cv2.imshow('image', img)

# Roberts 算子
out_robert = robert_suanzi(img)
cv2.imshow('robert_image', out_robert)

# Sobel 算子
out_sobel = sobel_suanzi(img)
cv2.imshow('sobel_image', out_sobel)
# Laplace 算子
out_laplace = Laplace_suanzi(img)
cv2.imshow('laplace_image', out_laplace)
cv2.waitKey(0)
cv2.destroyAllWindows()
```

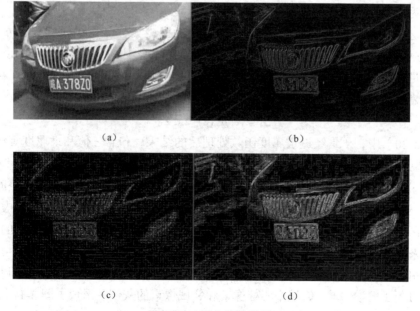

图 3-10　锐化图像结果

在图 3-10 中，（a）（b）（c）（d）分别为读入原图像的灰度图像、Roberts 交叉梯度算子处理后的结果、Sobel 算子处理后的结果和 Laplace 算子处理后的结果。可以看出经过锐化后的 3 组图像中，使用 Roberts 交叉梯度算子处理后的车牌图像结果较为理想，将车体与车牌信息凸显了出来。使用 Sobel 算子处理时，在代码 3-2 中可以看到，首先将中心权值由 2 降低到 1，防止过度强调中心的重要程度而实现部分平滑，但锐化结果仍不明显。使用 Laplace 算子锐化图像时，突出轮廓的效果相较于 Roberts 交叉梯度算子和 Sobel 算子更为明显，但车牌图像细节较多，过强的锐化效果会对车牌信息提取造成不利影响。

3.1.4 使用空间滤波模糊图像

本小节主要介绍模糊集合在空间滤波器中的应用，使用模糊集合实现模糊车牌图像的功能。模糊集合在解决一些以不精确概念表述的问题时，有较好的解决方案与应用效果。

集合是由一个或多个对象构成的整体，集合论是处理集合中操作的工具集。通常处理的是"干脆"集合，集合中的元素通常是布尔型数据，用 1 表示真值，用 0 表示假值。例如，在判断年龄属于年轻还是年长时，需要定义隶属度函数，隶属度函数对集合中的数值进行 0 或 1 的赋值，假设对大于 25 的数值赋值 1，对小于 25 的数值赋值 0。经过隶属度函数处理后的数据就只包含年轻、年长两种数据，很明显 25 岁多一秒和 25 岁少一秒在实际中的区分并不明显。实际所需的是年轻与年长的逐渐过渡，引入"年轻"的程度，使年轻与年长可以连续过渡。这样处理后的数据会出现年轻、相对年轻、不那么年轻和年长等不同的数据。这些模糊的声明与实际中不严谨介绍年轻与年长的情况是一致的。定义时可以用模糊逻辑基础解释非限制评价隶属度函数，并把通过隶属度函数生成的集合称为模糊集合。

定义 Z 为元素集合，z 为 Z 的一类元素，Z 中的模糊集合 A 由隶属度函数 $\mu_A(z)$ 表示，$\mu_A(z)$ 在 z 处的值表示 A 中 z 的隶属度等级。在模糊集合中，对于 $\mu_A(z)=1$ 的所有 z 都是集合的成员，对于 $\mu_A(z)=0$ 的所有 z 都不是集合的成员，而 $\mu_A(z)$ 的值介于 0 和 1 之间。因此，模糊集合是一个由 z 值和相应隶属度函数组成的序对，定义如式（3-20）所示。

$$A = \{z, \mu_A(z) \mid z \in Z\} \tag{3-20}$$

式（3-20）中，A 是经过隶属度函数处理后的结果，包含 z 值和隶属度等级 $\mu_A(z)$，Z 是元素集合。

邻域中心处像素和邻域像素的灰度差如图 3-11 所示。把模糊集合应用于空间滤波时，基本方法是定义一个邻域特性，使用该特性截获滤波器检测出的效果，比如考虑检测一幅图像中各区域的边缘。若要实现这一功能，需要先定义一个基于模糊集合概念的边缘提取算法：如果一个像素属于平滑区，则令像素为白色，否则令像素为黑色，黑色与白色是模糊集合。用邻域中心处像素和邻域像素的灰度差作为模糊术语表示平滑区。所以，对于图 3-11（a）的 3×3 像素邻域，邻域中心处像素和邻域像素的灰度差形成了图 3-11（b）的 3×3 灰度邻域，d_i 表示第 i 个邻点和中心点的灰度差，即 $d_i = z_i - z_5$，z_i 为灰度值。

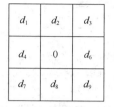

（a）像素邻域　　　　　　　　（b）灰度邻域

图 3-11　邻域中心处像素和邻域像素的灰度差

　　使用模糊集合对图像进行灰度变换，如代码 3-3 所示。变换前的图像与变换后的结果如图 3-12 所示。

代码 3-3　使用模糊集合对图像进行灰度变换

```python
import cv2
import copy
import numpy as np


class FuzzySet:
    def __init__(self, image):
        self.thresh_dark = 28
        self.thresh_mid = 50
        self.thresh_bright = 72
        self.img_gray = image

    def _dark(self, gray_value):
        temp = 0.0
        if gray_value <= self.thresh_dark:
            temp = 1.0
        elif self.thresh_dark < gray_value <= self.thresh_mid:
            temp = (self.thresh_mid - gray_value) / (self.thresh_mid - self.thresh_dark)
        return temp

    def _gray(self, gray_value):
        temp = 0.0
        if self.thresh_dark < gray_value < self.thresh_mid:
            temp = (gray_value - self.thresh_dark) / (self.thresh_mid - self.thresh_
dark)
        elif self.thresh_mid <= gray_value < self.thresh_bright:
            temp = (self.thresh_bright - gray_value) / (self.thresh_bright - self.
thresh_mid)
        return temp

    def _bright(self, gray_value):
        temp = 1.0
        if gray_value <= self.thresh_mid:
            temp = 0
        elif self.thresh_mid < gray_value <= self.thresh_bright:
            temp = (gray_value - self.thresh_mid) / (self.thresh_bright - self.
thresh_mid)
```

```
        return temp

    def fuzzy_set(self):
        image = copy.deepcopy(self.img_gray)
        h, w = image.shape
        for i in range(0, h):
            for j in range(0, w):
                dark = self._dark(self.img_gray[i, j])
                gray = self._gray(self.img_gray[i, j])
                bright = self._bright(self.img_gray[i, j])
                v = (0 * dark + 127 * gray + 255 * bright) / (dark + gray + bright)
                image[i, j] = v
        return image


if __name__ == '__main__':
    img = cv2.imread('../data/thresh01.jpg', flags=0)
    fuzzy = FuzzySet(img)
    f_image = fuzzy.fuzzy_set()
    mix = np.hstack((img, f_image))
    cv2.imshow('image', mix)
    cv2.waitKey()
```

（a）　　　　　　　（b）

图 3-12　变换前的图像与变换后的结果

图 3-12 中（a）为变换前的图像，（b）为变换后的结果。可以看出运行代码 3-3 所示代码所得到的灰度变换结果还是比较理想的。处理后的图像灰度动态范围得到了扩展，所得到的图像也比原图更加明亮、清晰，图像的一些细节处理得较为妥当。

3.2　使用频率域滤波增强图像

3.1 节讲述了空间滤波的概念和使用方法，接下来介绍频率域滤波的相关知识。本节通过应用傅里叶变换和频率域滤波基础知识对图像进行处理，从而建立起图像特征与表示这些特征的数学工具之间的联系。例如将图像中的亮度变换模式与傅里叶变换中的频率联系起来做一般性描述，即在频率域与空间域之间建立联系。

3.2.1　了解频率域滤波

频率域滤波是指通过傅里叶变换对图像进行处理，将图像从图像空间域转换到频率域空间，然后在频率域空间对图像进行频谱分析处理，改变图像的频率特征，最后通过傅里叶反变换返回空间域，完成图像处理操作。空间滤波与频率域滤波之间的桥梁是卷积定理，变化最慢的频率成分与图像的平均灰度成正比；当远离变换原点时，图像变化缓慢的灰度部分对应低频，当原点移开更远时，图像变化快速的灰度部分对应高频。对图像进行频率域滤波处理需要先对图像做频谱转换，通常使用傅里叶变换将图像转换成为傅里叶谱。由灰度图像生成傅里叶谱图像，如代码 3-4 所示，灰度图像和生成的傅里叶谱图像如图 3-13 所示。

代码 3-4　由灰度图像生成傅里叶谱图像

```python
import cv2
import numpy as np
import matplotlib.pyplot as plt

# 使用 cv2 读入图像
img = cv2.imread('../data/0001.jpg', 0)
# NumPy 中的傅里叶变换
fft_img = np.fft.fft2(img)
fft_img_shift = np.fft.fftshift(fft_img)
show_img = np.log(np.abs(fft_img_shift))

plt.subplot(141)
plt.imshow(img, cmap='gray')
plt.title('img')
plt.axis('off')
plt.subplot(142)
plt.imshow(show_img, cmap='gray')
plt.title('fft_img')
plt.axis('off')
plt.show()
```

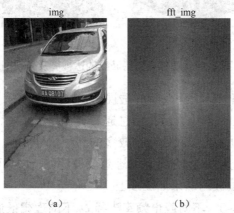

（a）　　　　　　　　　（b）

图 3-13　灰度图像和生成的傅里叶谱图像

图 3-13 中（a）为灰度图像，（b）为生成的傅里叶谱图像。灰度图像转换为傅里叶谱图像后在 OpenCV 中无法直接显示出图像的原有结构。

3.2.2　使用频率域滤波平滑图像

本小节介绍如何通过频率域滤波平滑车牌图像。由 3.2.1 小节可知，高频由灰度快速变化部分造成，例如边缘和噪声，可以通过使用低通滤波器 $H(u,v)$ 来实现平滑车牌图像的功能。常用的低通滤波器有 3 种类型：理想低通滤波器、布特沃斯低通滤波器和高斯低通滤波器。

1. 理想低通滤波器

理想低通滤波器是一个以原点为圆心，以 D_0 为半径的二维圆形滤波器。在使用理想低通滤波器对图像进行滤波处理时，滤波器内部的图像信号可以无衰减地通过，滤波器外部所有频率的信号都被阻断而无法通过。该滤波器由函数 H 确定，如式（3-21）所示。

$$H(u,v) = \begin{cases} 1, & D(u,v) \leqslant D_0 \\ 0, & D(u,v) > D_0 \end{cases} \tag{3-21}$$

式（3-21）中，D_0 为一个正常数，$D(u,v)$ 为频率域中点 (u,v) 与频率矩形中心的距离，如式（3-22）所示。

$$D(u,v) = [(u - P/2)^2 + (v - Q/2)^2]^{\frac{1}{2}} \tag{3-22}$$

式（3-22）中，P 和 Q 为函数经零填充后的尺寸。

理想低通滤波器的透视图及俯视图如图 3-14 所示。

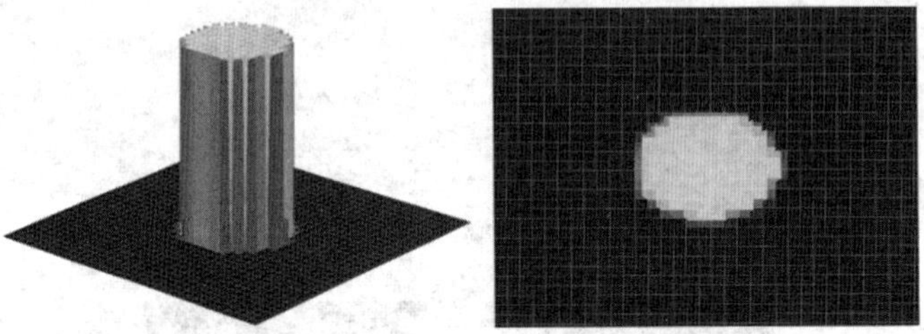

（a）　　　　　　　　　　　　　（b）

图 3-14　理想低通滤波器的透视图及俯视图

图 3-14 中（a）为理想低通滤波器的透视图，圆内的值为 1 意味着允许图像信息完整地通过，而圆外值为 0，意味着阻止信息通过。在频率域中，图像的大多数信号为低频信号，图像中图案的边缘或噪声处存在较多的高频信号。

对图像进行不同截止频率半径 D_0 下的理想低通滤波，如代码 3-5 所示，不同截止频率半径 D_0 下的理想低通滤波的结果如图 3-15 所示。

代码 3-5　不同截止频率半径 D_0 下的理想低通滤波

```
import cv2
from math import sqrt
import numpy as np
import matplotlib.pyplot as plt
```

```
# 使用 cv2 读入图像
img = cv2.imread('../data/0001.jpg', 0)


def cal_distance(point1, point2):
    dis = sqrt((point1[0] - point2[0]) ** 2 + (point1[1] - point2[1]) ** 2)
    return dis


def make_transform_matrix(d, image):
    transfor_matrix = np.zeros(image.shape)
    center_point = tuple(map(lambda x: (x - 1) / 2, image.shape))
    for i in range(transfor_matrix.shape[0]):
        for j in range(transfor_matrix.shape[1]):
            dis = cal_distance(center_point, (i, j))
            if dis<= d:
                transfor_matrix[i, j] = 1
            else:
                transfor_matrix[i, j] = 0
    return transfor_matrix


# NumPy 中的傅里叶变换
fft_img = np.fft.fft2(img)
fft_img_shift = np.fft.fftshift(fft_img)

transform_matrix_d10 = make_transform_matrix(10, fft_img_shift)
transform_matrix_d30 = make_transform_matrix(30, fft_img_shift)
transform_matrix_d60 = make_transform_matrix(60, fft_img_shift)

img_d10 = np.abs(np.fft.ifft2(np.fft.ifftshift(fft_img_shift * transform_
matrix_d10)))
img_d30 = np.abs(np.fft.ifft2(np.fft.ifftshift(fft_img_shift * transform_
matrix_d30)))
img_d60 = np.abs(np.fft.ifft2(np.fft.ifftshift(fft_img_shift * transform_
matrix_d60)))

plt.subplot(141)
plt.imshow(img, cmap='gray')
plt.title('img')
plt.axis('off')
plt.subplot(142)
plt.imshow(img_d10, cmap='gray')
plt.title('img_d10')
plt.axis('off')
plt.subplot(143)
plt.imshow(img_d30, cmap='gray')
plt.axis('off')
plt.title('img_d30')
plt.subplot(144)
```

```
plt.imshow(img_d60, cmap='gray')
plt.title('img_d60')
plt.axis('off')
plt.show()
```

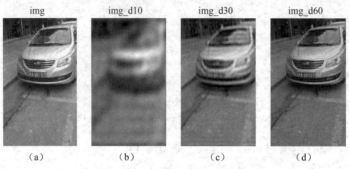

图 3-15　不同截止频率半径 D_0 下的理想低通滤波的结果

图 3-15 中（a）为原始图像，（b）（c）（d）分别为截止频率半径取 10、30 及 60 时理想低通滤波器处理原始图像得到的结果。从图 3-15 中可以看出随着截止频率半径的改变，理想低通滤波器处理的结果也会变化，选取的截止频率半径较小时，过滤掉了图案边缘的一些高频信号，导致图像中图案边界信息的丢失较多而表现出模糊程度大的现象；而随着截止频率半径的增大，保留下来的频率信号更多，只有较高频率的信号才会被过滤，因而处理后的图像模糊程度降低。

2．布特沃斯低通滤波器

理想低通滤波器边缘过于"陡峭"，信息通过滤波器时只有两个选择，即通过或者不通过，而实际情况中的信息往往表现为连续的，能够平滑过滤信息的滤波器可能会更加有效。布特沃斯低通滤波器就是一种相对理想低通滤波而言能够更加"平滑"地处理截止频率半径边界信息的滤波器。截止频率位于距原点 D_0 处的 n 阶布特沃斯低通滤波器的传递函数的定义如式（3-23）所示。

$$H(u,v) = \frac{1}{1 + [D(u,v)/D_0]^{2n}} \qquad （3\text{-}23）$$

式（3-23）中，D_0 为一个正常数，$D(u,v)$ 为频率域中点 (u,v) 与频率矩形中心的距离，n 表示阶数。

截止频率半径 D_0 与阶数 n 的选取对布特沃斯低通滤波器的形态及滤波功能有较大的影响。D_0 取值越大则表示允许通过的频率范围越大，即截止频率半径越大，被"阻塞"的信号越少。

选取不同截止频率半径 D_0 及阶数 n 下的布特沃斯低通滤波器的透视图如图 3-16 所示，俯视图如图 3-17 所示。从透视图中可以看出，D_0 取值越大，滤波器的半径越大，对应的被"阻塞"的信号越少，信号被"阻塞"的情况可从图 3-18 中看出。D_0 取值越大，允许通过的频率范围越大，从视觉效果来看则表现为图像的模糊程度越低。

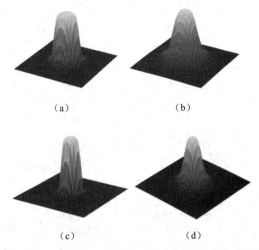

图 3-16 不同截止频率半径 D_0 及阶数 n 下的布特沃斯低通滤波器的透视图

图 3-16 中，（a）为 $D_0=1$、$n=2$ 时对应的透视图；（b）为 $D_0=1$、$n=1$ 时对应的透视图；（c）为 $D_0=0.5$、$n=2$ 时对应的透视图；（d）为 $D_0=0.5$、$n=1$ 时对应的透视图。

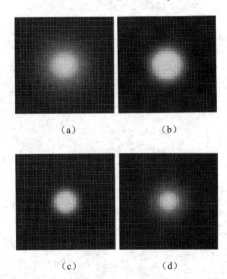

图 3-17 不同截止频率半径 D_0 及阶数 n 下的布特沃斯低通滤波器的俯视图

图 3-17 中，（a）为 $D_0=1$、$n=2$ 时对应的俯视图；（b）为 $D_0=1$、$n=1$ 时对应的俯视图；（c）为 $D_0=0.5$、$n=2$ 时对应的俯视图；（d）为 $D_0=0.5$、$n=1$ 时对应的俯视图。

实现频率域布特沃斯低通滤波，如代码 3-6 所示，得到 n 取 2、D_0 取不同值时布特沃斯低通滤波器的滤波效果，如图 3-18 所示。

代码 3-6 实现频率域布特沃斯低通滤波

```
import cv2
from math import sqrt
import numpy as np
import matplotlib.pyplot as plt
```

```python
img = cv2.imread('../data/0001.jpg', 0)


def cal_distance(point1, point2):
    dis = sqrt((point1[0] - point2[0]) ** 2 + (point1[1] - point2[1]) ** 2)
    return dis


def make_transform_matrix(d, image, n=2):
    transfor_matrix = np.zeros(image.shape)
    center_point = tuple(map(lambda x: (x - 1) / 2, image.shape))
    for i in range(transfor_matrix.shape[0]):
        for j in range(transfor_matrix.shape[1]):
            dis = cal_distance(center_point, (i, j))
            transfor_matrix[i, j] = 1 / (1 + ((dis / d) ** (2*n)))
    return transfor_matrix


# NumPy 中的傅里叶变换
fft_img = np.fft.fft2(img)
fft_img_shift = np.fft.fftshift(fft_img)

transform_matrix_d10 = make_transform_matrix(10, fft_img_shift)
transform_matrix_d30 = make_transform_matrix(30, fft_img_shift)
transform_matrix_d60 = make_transform_matrix(60, fft_img_shift)

img_d10 = np.abs(np.fft.ifft2(np.fft.ifftshift(fft_img_shift * transform_matrix_d10)))
img_d30 = np.abs(np.fft.ifft2(np.fft.ifftshift(fft_img_shift * transform_matrix_d30)))
img_d60 = np.abs(np.fft.ifft2(np.fft.ifftshift(fft_img_shift * transform_matrix_d60)))

plt.subplot(141)
plt.imshow(img, cmap='gray')
plt.title('img')
plt.axis('off')
plt.subplot(142)
plt.imshow(img_d10, cmap='gray')
plt.title('img_d10')
plt.axis('off')
plt.subplot(143)
plt.imshow(img_d30, cmap='gray')
plt.axis('off')
plt.title('img_d30')
plt.subplot(144)
plt.imshow(img_d60, cmap='gray')
plt.title('img_d60')
plt.axis('off')
plt.show()
```

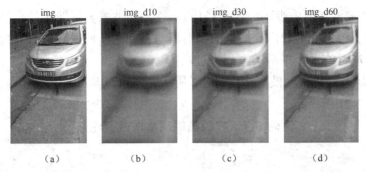

图 3-18 原始图像和 n 取 2、D_0 取不同值时布特沃斯低通滤波器的滤波效果

图 3-18 中（a）为原始图像，（b）（c）（d）分别为 D_0 取 10、30 及 60 时的滤波效果。

3. 高斯低通滤波器

标准高斯函数在 xOy 二维直角坐标系中为一条以 y 轴为对称轴的单峰曲线，x 为 0 时函数取得最大值 1，随着 x 的绝对值增加，函数值趋近于 0。高斯函数的这种特性也特别符合低通滤波性质，高斯低通滤波器的二维形式如式（3-24）所示。

$$H(u,v) = e^{-D^2(u,v)/2\sigma^2} \tag{3-24}$$

式（3-24）中，$D(u,v)$ 是频率域中点（u,v）截止频率到矩形中心的距离，σ 是关于中心扩展度的度量。不同截止频率半径 D_0 下的高斯低通滤波器透视图如图 3-19 所示。

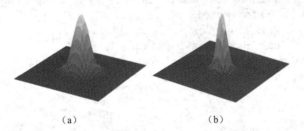

图 3-19 不同截止频率半径 D_0 下的高斯低通滤波器透视图

图 3-19 中，（a）为 D_0=5 时对应的透视图，（b）为 D_0=3 时对应的透视图。从图 3-19 中可以看出，D_0=3 的时候，滤波器透视图中的半径形状相比 D_0=5 时显得更加尖锐。不同截止频率半径 D_0 下的高斯低通滤波器俯视图如图 3-20 所示。

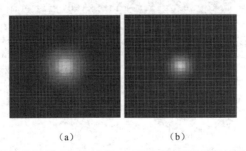

图 3-20 不同截止频率半径 D_0 下的高斯低通滤波器俯视图

图 3-20 中，（a）为 D_0=5 时对应的俯视图；（b）为 D_0=3 时对应的俯视图。从图 3-20

中可看出 $D_0=5$ 的滤波器俯视图中的半径比 $D_0=3$ 的滤波器俯视图中的半径大。

由图 3-19、图 3-20 可看出高斯低通滤波器与布特沃斯低通滤波器结构类似，即都在截止频率半径 D_0 处有一个平滑的过程来过滤信号。

实现频率域高斯低通滤波，如代码 3-7 所示，得到 D_0 取不同值时高斯低通滤波器的滤波效果如图 3-21 所示。

代码 3-7　实现频率域高斯低通滤波

```python
import cv2
import numpy as np
import matplotlib.pyplot as plt
from math import sqrt

# 使用 cv2 读入图像
img = cv2.imread('../data/0001.jpg', 0)


def cal_distance(point1, point2):
    dis = sqrt((point1[0] - point2[0]) ** 2 + (point1[1] - point2[1]) ** 2)
    return dis


def make_transform_matrix(d, image):
    transfor_matrix = np.zeros(image.shape)
    center_point = tuple(map(lambda x: (x - 1) / 2, image.shape))
    for i in range(transfor_matrix.shape[0]):
        for j in range(transfor_matrix.shape[1]):
            dis = cal_distance(center_point, (i, j))
            transfor_matrix[i, j] = np.exp(-(dis ** 2) / (2 * (d ** 2)))
    return transfor_matrix


# NumPy 中的傅里叶变换
fft_img = np.fft.fft2(img)
fft_img_shift = np.fft.fftshift(fft_img)
# 看频率域下的效果
show_img = np.log(np.abs(fft_img_shift))
transform_matrix_d10 = make_transform_matrix(10, fft_img_shift)
transform_matrix_d30 = make_transform_matrix(30, fft_img_shift)
transform_matrix_d60 = make_transform_matrix(60, fft_img_shift)

img_d10 = np.abs(np.fft.ifft2(np.fft.ifftshift(fft_img_shift * transform_matrix_
d10)))
img_d30 = np.abs(np.fft.ifft2(np.fft.ifftshift(fft_img_shift * transform_matrix_
d30)))
img_d60 = np.abs(np.fft.ifft2(np.fft.ifftshift(fft_img_shift * transform_matrix_
d60)))

plt.subplot(141)
plt.imshow(img, cmap='gray')
plt.title('img')
plt.axis('off')
```

```
plt.subplot(142)
plt.imshow(img_d10, cmap='gray')
plt.title('img_d10')
plt.axis('off')
plt.subplot(143)
plt.imshow(img_d30, cmap='gray')
plt.axis('off')
plt.title('img_d30')
plt.subplot(144)
plt.imshow(img_d60, cmap='gray')
plt.title('img_d60')
plt.axis('off')
plt.show()
```

图 3-21　原始图像和 D_0 取不同值时高斯低通滤波器的滤波效果

图 3-21 中，（a）为原始图像，（b）（c）（d）分别为 D_0 取 10、30 及 60 时的滤波效果，可以看出高斯低通滤波器与布特沃斯低通滤波器滤波后的图像效果比较相近。

3.2.3　使用频率域滤波锐化图像

频率域滤波锐化图像可以通过理想高通滤波器、布特沃斯高通滤波器和频率域拉普拉斯滤波器以及频率域同态滤波器来实现。频率域的高通滤波可以使傅里叶变换的低频部分消减而不扰乱高频部分，锐化图像边缘和其他灰度急剧变化区域。

3.1.3 小节中提到空间域二阶 Laplace 算子可以增强图像，那么同样在频率域也可以通过 Laplace 算子实现锐化图像的功能。同态滤波可以利用压缩亮度范围和增强对比度来提高图像质量，关键在于照射成分和反射成分的分离，建立照射成分与低频部分的联系和反射成分与高频的联系以达到增强图像的目的。

1．理想高通滤波器

与过滤掉高频图像信号留下低频图像信号的理想低通滤波器相反，理想高通滤波器是一种仅允许截止频率半径外的高频信号通过来实现图像锐化的滤波器。理想高通滤波器的二维表达式如式（3-25）所示，透视图及俯视图如图 3-22 所示。

$$H(u,v)=\begin{cases}0, & D(u,v)\leqslant D_0 \\ 1, & D(u,v)>D_0\end{cases} \tag{3-25}$$

式（3-25）中，D_0 为一个正常数，$D(u,v)$ 为频率域中点 (u,v) 与频率矩形中心的距离。

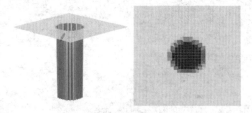

图 3-22　理想高通滤波器的透视图及俯视图

理想高通滤波器的透视图如图 3-22 中左图所示，与理想低通滤波器相反，圆内的值为 0 意味着完全阻止圆内图像信息通过，而圆外值为 1，意味着信息完全通过。

通过频率域理想高通滤波器处理图像如代码 3-8 所示，处理后的结果如图 3-23 所示，高频信号被保留了下来，而低频信号处为黑色，表示信号被阻止通过。

代码 3-8　通过频率域理想高通滤波器处理图像

```python
import cv2
from math import sqrt
import numpy as np
import matplotlib.pyplot as plt

# 使用 cv2 读入图像
img = cv2.imread('../data/0001.jpg', 0)


def cal_distance(point1, point2):
    dis = sqrt((point1[0] - point2[0]) ** 2 + (point1[1] - point2[1]) ** 2)
    return dis


def make_transform_matrix(d, image):
    transfor_matrix = np.zeros(image.shape)
    center_point = tuple(map(lambda x: (x - 1) / 2, image.shape))
    for i in range(transfor_matrix.shape[0]):
        for j in range(transfor_matrix.shape[1]):
            dis = cal_distance(center_point, (i, j))
            if dis<= d:
                transfor_matrix[i, j] = 0
            else:
                transfor_matrix[i, j] = 1
    return transfor_matrix


# NumPy 中的傅里叶变换
fft_img = np.fft.fft2(img)
fft_img_shift = np.fft.fftshift(fft_img)
print('img_shape:', img.shape)
print('fft_img_shift.shape:', fft_img_shift.shape)
# 看频率域下的效果
```

```
show_img = np.log(np.abs(fft_img_shift))

transform_matrix_d10 = make_transform_matrix(10, fft_img_shift)
transform_matrix_d30 = make_transform_matrix(30, fft_img_shift)
transform_matrix_d60 = make_transform_matrix(60, fft_img_shift)

img_d10 = np.abs(np.fft.ifft2(np.fft.ifftshift(fft_img_shift * transform_matrix_
d10)))
img_d30 = np.abs(np.fft.ifft2(np.fft.ifftshift(fft_img_shift * transform_matrix_
d30)))
img_d60 = np.abs(np.fft.ifft2(np.fft.ifftshift(fft_img_shift * transform_matrix_
d60)))

# plt.imshow(img_d60, 'gray')
# plt.show()
plt.subplot(141)
plt.imshow(img, cmap='gray')
plt.title('img')
plt.axis('off')
plt.subplot(142)
plt.imshow(img_d10, cmap='gray')
plt.title('img_d10')
plt.axis('off')
plt.subplot(143)
plt.imshow(img_d30, cmap='gray')
plt.axis('off')
plt.title('img_d30')
plt.subplot(144)
plt.imshow(img_d60, cmap='gray')
plt.title('img_d60')
plt.axis('off')
plt.show()
```

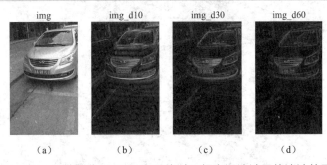

图 3-23　原始图像和 D_0 取不同值时理想高通滤波器的滤波效果

图 3-23 中，（a）为原始图像，（b）（c）（d）为 D_0 取 10、30 及 60 时的滤波效果。

2. 布特沃斯高通滤波器

布特沃斯高通滤波器同样也是一种能够过滤掉图像低频信号、保留图像高频信号的滤波器。截止频率半径为 D_0 的 n 阶布特沃斯高通滤波器的二维表达式如式（3-26）所示，其透视图如图 3-24 所示，俯视图如图 3-25 所示。

$$H(u,v) = \frac{1}{1 + [D_0 / D(u,v)]^{2n}}$$

（3-26）

式（3-26）中，D_0 为一个正常数，$D(u,v)$ 为频率域中点 (u,v) 与频率矩形中心的距离，n 为滤波器阶数。

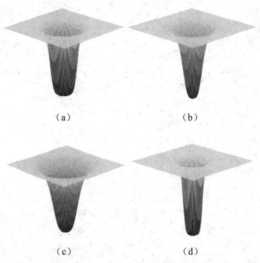

（a） （b）

（c） （d）

图 3-24　不同截止频率半径 D_0 及阶数 n 下布特沃斯高通滤波器的透视图

图 3-24 中，（a）为 $D_0=1$、$n=2$ 时对应的透视图；（b）为 $D_0=1$、$n=1$ 时对应的透视图；（c）为 $D_0=0.5$、$n=2$ 时对应的透视图；（d）为 $D_0=0.5$、$n=1$ 时对应的透视图。

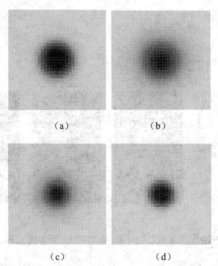

（a） （b）

（c） （d）

图 3-25　不同截止频率半径 D_0 及阶数 n 下布特沃斯高通滤波器的俯视图

图 3-25 中，（a）为 $D_0=1$、$n=2$ 时对应的俯视图；（b）为 $D_0=1$、$n=1$ 时对应的俯视图；（c）为 $D_0=0.5$、$n=2$ 时对应的俯视图；（d）为 $D_0=0.5$、$n=1$ 时对应的俯视图。从图 3-25 中可看出，布特沃斯高通滤波器能够平缓地阻止低频信号通过，只允许高频信号通过。实现布特沃斯高通滤波器如代码 3-9 所示，滤波后的结果如图 3-26 所示。

代码 3-9　实现布特沃斯高通滤波器

```python
import cv2
import numpy as np
import matplotlib.pyplot as plt
from math import sqrt

# 使用 cv2 读入图像
img = cv2.imread('../data/0001.jpg', 0)


def cal_distance(point1, point2):
    dis = sqrt((point1[0] - point2[0]) ** 2 + (point1[1] - point2[1]) ** 2)
    return dis


def make_transform_matrix(d, image, n=2):
    transfor_matrix = np.zeros(image.shape)
    center_point = tuple(map(lambda x: (x - 1) / 2, image.shape))
    for i in range(transfor_matrix.shape[0]):
        for j in range(transfor_matrix.shape[1]):
            dis = cal_distance(center_point, (i, j))
            transfor_matrix[i, j] = 1 / (1 + ((d / dis) ** (2*n)))
    return transfor_matrix


# NumPy 中的傅里叶变换
fft_img = np.fft.fft2(img)
fft_img_shift = np.fft.fftshift(fft_img)

transform_matrix_d10 = make_transform_matrix(10, fft_img_shift)
transform_matrix_d30 = make_transform_matrix(30, fft_img_shift)
transform_matrix_d60 = make_transform_matrix(60, fft_img_shift)

img_d10 = np.abs(np.fft.ifft2(np.fft.ifftshift(fft_img_shift * transform_matrix_
d10)))
img_d30 = np.abs(np.fft.ifft2(np.fft.ifftshift(fft_img_shift * transform_matrix_
d30)))
img_d60 = np.abs(np.fft.ifft2(np.fft.ifftshift(fft_img_shift * transform_matrix_
d60)))

plt.subplot(141)
plt.imshow(img, cmap='gray')
plt.title('img')
plt.axis('off')
plt.subplot(142)
plt.imshow(img_d10, cmap='gray')
plt.title('img_d10')
plt.axis('off')
plt.subplot(143)
plt.imshow(img_d30, cmap='gray')
plt.axis('off')
```

```
plt.title('img_d30')
plt.subplot(144)
plt.imshow(img_d60, cmap='gray')
plt.title('img_d60')
plt.axis('off')
plt.show()
```

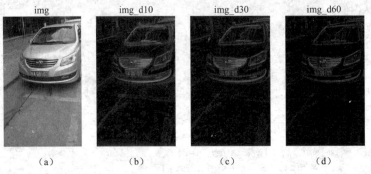

图 3-26　原始图像和 n 取 2、D_0 取不同值时布特沃斯高通滤波器的滤波效果

图 3-26 中，（a）为原始图像，（b）（c）（d）为 D_0 取 10、30 及 60 时的滤波效果，从图 3-26 中可看出，经过布特沃斯高通滤波器处理后，图像的高频信号得到了保留，低频信号被阻止通过。

3. 频率域拉普拉斯滤波器

Laplace 算子在空间域图像处理中可以起到增强图像的作用，在频率域同样可以应用 Laplace 算子来对图像进行滤波处理。在频率域中应用 Laplace 算子可以实现对图像的锐化。拉普拉斯频率域滤波器二维表达式如式（3-27）所示，滤波器的透视图及俯视图如图 3-27 所示。

$$H(u,v) = -4\pi^2(u^2 + v^2) \tag{3-27}$$

式（3-27）中，(u,v) 为频率域中点。

图 3-27　频率域拉普拉斯滤波器透视图及俯视图

图 3-27 中频率域拉普拉斯滤波器中间值大、4 个角的值较小，表示 4 个角处的信号被阻止。实现频率域拉普拉斯滤波如代码 3-10 所示，滤波后的结果如图 3-28 所示。

代码 3-10　实现频率域拉普拉斯滤波

```
import cv2
import numpy as np
import matplotlib.pyplot as plt
```

```
from math import sqrt

# 使用cv2 读入图像
img = cv2.imread('../data/0001.jpg', 0)


def cal_distance(point1, point2):
    dis = (point1[0] - point2[0]) ** 2 + (point1[1] - point2[1]) ** 2
    return dis


def make_transform_matrix(image):
    transfor_matrix = np.zeros(image.shape)
    center_point = tuple(map(lambda x: (x - 1) / 2, image.shape))
    for i in range(transfor_matrix.shape[0]):
        for j in range(transfor_matrix.shape[1]):
            dis = cal_distance(center_point, (i, j))
            transfor_matrix[i, j] = -4 * (np.pi ** 2) * dis
    return transfor_matrix


# NumPy 中的傅里叶变换
fft_img = np.fft.fft2(img)
fft_img_shift = np.fft.fftshift(fft_img)
transform_matrix = make_transform_matrix(fft_img_shift)
img_d = np.abs(np.fft.ifft2(np.fft.ifftshift(fft_img_shift * transform_matrix)))

plt.subplot(121)
plt.imshow(img, cmap='gray')
plt.title('img')
plt.axis('off')
plt.subplot(122)
plt.imshow(img_d, cmap='gray')
plt.title('img_LHPF')
plt.axis('off')
plt.show()
```

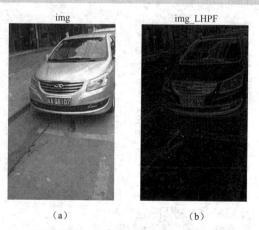

（a）　　　　　　　（b）

图 3-28　原始图像和频率域拉普拉斯滤波器处理后的结果

图 3-28 中（a）为原始图像，（b）为频率域拉普拉斯滤波器处理后的结果，从图中可以看出处理后的图像保留了图像中部分的高频信息。

4. 频率域同态滤波器

频率域同态滤波是基于照射-反射模型开发出的一种频率域处理过程，频率域同态滤波器可以实现对图像的对比度增强及压缩图像的灰度范围以达到改善图像外观的效果，频率域同态滤波器的二维表达式如式（3-28）所示，该滤波器透视图及俯视图如图 3-29 所示。

$$H(u,v) = (\gamma_H - \gamma_L)[1 - e^{-c[D^2(u,v)/D_0^2]}] + \gamma_L \qquad （3-28）$$

式（3-28）中，D_0 为一个正常数，表示截止频率半径，$D(u,v)$ 为频率域中点 (u,v) 与频率矩形中心的距离，c 为控制边缘坡度的锐利度，c 在参数 γ_H 与 γ_L 之间过渡，γ_H 与 γ_L 为控制高、低频信号衰减及增强的参数。

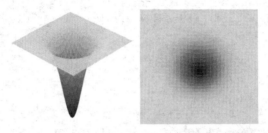

图 3-29　频率域同态滤波器透视图及俯视图

图 3-29 中左图为 c 取 1、γ_H 取 2、γ_L 取 0.5 时的频率域同态滤波器透视图，滤波器中心低频带的值较小而高频带的值均为 1，说明频率域同态滤波器允许高频信号通过。

实现频率域同态滤波如代码 3-11 所示，频率域同态滤波器处理后的结果如图 3-30 所示。

代码 3-11　实现频率域同态滤波

```python
import cv2
import numpy as np
import matplotlib.pyplot as plt
from math import sqrt

img = cv2.imread('../data/0001.jpg', 0)

def cal_distance(point1, point2):
    dis = (point1[0] - point2[0]) ** 2 + (point1[1] - point2[1]) ** 2
    return dis

def make_transform_matrix(image, h=2, l=0.5):
    transfor_matrix = np.zeros(image.shape)
    center_point = tuple(map(lambda x: (x - 1) / 2, image.shape))
    for i in range(transfor_matrix.shape[0]):
        for j in range(transfor_matrix.shape[1]):
            dis = cal_distance(center_point, (i, j))
```

```
        transfor_matrix[i, j] = (h - l) * (1 - np.exp(-dis / 1)) + l
    return transfor_matrix

# NumPy 中的傅里叶变换
fft_img = np.fft.fft2(img)
fft_img_shift = np.fft.fftshift(fft_img)
transform_matrix = make_transform_matrix(fft_img_shift)
img_d = np.abs(np.fft.ifft2(np.fft.ifftshift(fft_img_shift * transform_matrix)))

plt.subplot(121)
plt.imshow(img, cmap='gray')
plt.title('img')
plt.axis('off')
plt.subplot(122)
plt.imshow(img_d, cmap='gray')
plt.title('img_SHPF')
plt.axis('off')
plt.show()
```

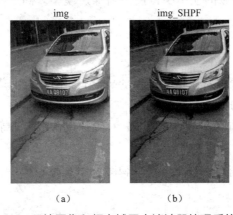

（a）　　　　　　　　　（b）

图 3-30　原始图像和频率域同态滤波器处理后的结果

图 3-30 中（a）为原始图像，（b）为频率域同态滤波处理后的结果，从图中可看出经频率域同态滤波器处理后的图像颜色更深，图像中低频信号区域有一定程度的模糊。

3.3　复原车牌图像

在实际生活当中，往往拍摄到的车牌图像并不是十分清晰，这是由于存在一些噪声。生活中的"噪声"主要指扰乱人类听觉的音频，而在图像当中，"噪声"是指存在于图像数据当中不必要的或者多余的干扰信息。此时可利用图像复原技术去除这些噪声，复原图像。图像复原技术与图像增强技术有着异曲同工之妙，但图像增强技术侧重于主观处理，根据观测者的主观要求处理图像，例如拉伸对比度；图像复原技术主要利用退化现象的某种先验知识来复原被退化的图像，例如通过去模糊函数去除图像中的模糊成分等。

3.3.1　了解噪声模型

在数字图像中的噪声主要来源于图像的获取和传输过程。图像传感器的成像过程受诸多因素的影响，例如图像获取过程当中的环境条件和图像传感器自身的质量因素，都有可能产生影响图像质量的噪声。对于一些噪声模型，需要了解其空间特性和频率特性。噪声的空间特性是指定义噪声空间的特性参数是否与图像相关，噪声的频率特性是指图像傅里叶域中噪声的频率内容，例如白噪声是指其傅里叶谱是常量。掌握一些重要噪声的概率密度函数后，可利用这些知识技术来复原车牌图像。

下面介绍一些数字图像处理中的常见噪声模型及其概率密度函数。

1．高斯噪声模型

高斯噪声是指其概率密度函数服从高斯分布（即正态分布）的一类噪声，常见的高斯噪声有起伏噪声、宇宙噪声、热噪声和散粒噪声等。由于高斯噪声在数学上的易处理性，所以在空间域和频率域的应用中常用高斯噪声模型。高斯噪声的概率密度函数如式（3-29）所示。

$$p(z) = \frac{1}{\sqrt{2\pi}\sigma} e^{-(z-\bar{z})^2/2\sigma^2} \tag{3-29}$$

在式（3-29）中，z 表示灰度值，$\bar{z}$ 表示 z 的平均值或者期望值，σ 表示 z 的标准差。标准差的平方 σ^2 称为 z 的方差。

实现给车牌图像添加高斯噪声如代码 3-12 所示，添加高斯噪声后的车牌图像如图 3-31 所示。

代码 3-12　给车牌图像添加高斯噪声

```python
import cv2
import random
import numpy as np
from matplotlib import pyplot as plt

def gauss_noise(image, mean=0, var=0.001):
    image = np.array(image / 255, dtype=float)
    noise = np.random.normal(mean, var ** 0.5, image.shape)
    out = image + noise
    if out.min() < 0:
        low_clip = -1.
    else:
        low_clip = 0.
    out = np.clip(out, low_clip, 1.0)
    out = np.uint8(out * 255)
    return out

img = cv2.imread('../data/0001.jpg', 0)
img1 = gauss_noise(img, 0.1, 0.02)

plt.subplot(121)
```

```
plt.imshow(img, cmap='gray')
plt.title('img')
plt.axis('off')
plt.subplot(122)
plt.imshow(img1, cmap='gray')
plt.title('img_gauss_noise')
plt.axis('off')
plt.show()
```

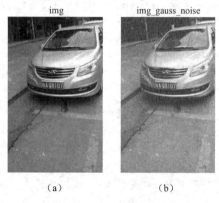

图 3-31　原始图像和添加高斯噪声后的车牌图像

图 3-31 中（a）为原始图像，（b）为添加均值为 0.1、方差为 0.02 的高斯噪声后的车牌图像，添加高斯噪声后的车牌图像比原始图像有一定程度的模糊。

2. 双极脉冲（椒盐）噪声模型

脉冲噪声是在通信中出现的离散型噪声的统称，主要源于时间上无规则的突发性干扰。脉冲噪声的概率密度函数如式（3-30）所示。当 $b>a$ 时，灰度级 b 在图像当中显示为一个亮点，灰度级 a 在图像当中显示为一个暗点；同理当 $a>b$ 时，灰度级 a 在图像当中显示为一个亮点，灰度级 b 在图像中显示为一个暗点。当 P_a 或 P_b 为 0 时，该脉冲噪声称为单极脉冲。当 P_a 与 P_b 近似相等时，该脉冲噪声称为双极脉冲，脉冲噪声值在图像上显示为类似随机分布的胡椒和盐粒，因此也将双极脉冲噪声称作椒盐噪声。

$$p(z) = \begin{cases} P_a, & z = a \\ P_b, & z = b \\ 1 - P_a - P_b, & 其他 \end{cases} \qquad (3\text{-}30)$$

噪声的脉冲可以为正，也可以为负，与图像信号强度相比，脉冲噪声的污染一般来说比较大，所以在图像当中需将脉冲噪声数字化为最大值（纯黑或者纯白）。在这种情况下，通常假设 a 和 b 是饱和值。从某种意义上说，在数字化图像当中，a 和 b 分别等于所允许出现的最大值和最小值。在这种操作下，负脉冲以一个黑点（胡椒）的形式出现在图像中，正脉冲以一个白点（盐粒）的形式出现在图像中。例如对于一幅 8bit 的图像，比较典型的情况就是 $a=0$（黑）和 $b=255$（白）。

为车牌图像添加椒盐噪声，如代码 3-13 所示，添加椒盐噪声后的车牌图像如图 3-32 所示。

代码 3-13　为车牌图像添加椒盐噪声

```python
import cv2
from copy import copy
from numpy import *
from matplotlib import pyplot as plt

def pepper_salt_noise(src, percentage):
    NoiseImg = copy(src)
    NoiseNum = int(percentage * src.shape[0] * src.shape[1])
    for i in range(NoiseNum):
        randX = random.random_integers(0, src.shape[0] - 1)
        randY = random.random_integers(0, src.shape[1] - 1)
        if random.random_integers(0, 1) <= 0.5:
            NoiseImg[randX, randY] = 0
        else:
            NoiseImg[randX, randY] = 255
    return NoiseImg

img = cv2.imread('../data/0001.jpg', 0)
img1 = pepper_salt_noise(img, 0.2)

plt.subplot(121)
plt.imshow(img, cmap='gray')
plt.title('img')
plt.axis('off')
plt.subplot(122)
plt.imshow(img1, cmap='gray')
plt.title('img_pepper_salt_noise')
plt.axis('off')
plt.show()
```

图 3-32　原始图像和添加椒盐噪声后的车牌图像

图 3-32 中（a）为原始图像，（b）为添加椒盐噪声后的车牌图像，从图 3-32 中可以看出添加椒盐噪声后的图像上出现了许多椒盐粒状的小点。

本小节所述的噪声模型及其概率密度函数为解决图像噪声污染提供了有用的工具。例如在一幅图像当中，高斯噪声可能是电子线路的噪声以及由低照明度或者高温带来的传感器噪声；椒盐噪声主要为成像过程中短暂停留引入的，例如错误的开关操作。

3.3.2　复原只存在噪声的图像

对于只存在噪声的车牌图像，特别是只存在加性噪声的情况，可以利用空间滤波的方法复原车牌图像，主要可以使用均值滤波器、统计排序滤波器和自适应滤波器去除加性噪声。通过预估的先验噪声类型选择合适的滤波器，如果选错滤波器会造成图像的损坏。

均值滤波器主要包括算术均值滤波器、几何均值滤波器、谐波均值滤波器以及逆谐波均值滤波器等。统计排序滤波器主要包括中值滤波器、最大值和最小值滤波器、中点滤波器以及修正的阿尔法均值滤波器等。自适应滤波器主要包括自适应局部降低噪声滤波器、自适应中值滤波器等。本小节主要通过均值滤波器和自适应滤波器对车牌图像进行一定程度的复原。本小节所用的空间滤波器的原理与 3.1 节所述基本相同，但介绍的滤波器性能在许多情况下比 3.1 节所介绍的滤波器性能要好一些。

1. 均值滤波器

均值滤波也称作线性滤波，主要的算法思想是通过在图像上为目标区域给定一个器核，该核包括目标区域周围的 8 个像素，构成一个滤波器核，再用核中的全体像素的平均值来代替原来的像素值。本小节介绍的均值滤波器主要有算术均值滤波器、几何均值滤波器、谐波均值滤波器和逆谐波均值滤波器。

（1）算术均值滤波器

算术均值滤波器是常见的均值滤波器，通过计算邻域内像素的算术平均值来平滑车牌图像。设 S_{xy} 是核中心点 (x, y) 处、尺寸为 $m \times n$ 的矩形子图像邻域中的一组坐标。算术均值滤波器在 S_{xy} 定义的区域中计算车牌噪声图像 $g(x, y)$ 的像素的算术平均值，得到点 (x, y) 处的复原图像 $\hat{f}(x, y)$ 的值。这种操作可以使用一个尺寸为 $m \times n$ 的空间滤波器来实现，该滤波器的所有系数均为 $\dfrac{1}{mn}$。算术均值滤波器的表达式如式（3-31）所示，经过算术均值滤波器复原的车牌图像虽然会有些模糊，但是同样降低了噪声。

$$\hat{f}(x, y) = \frac{1}{mn} \sum_{(s,t) \in S_{xy}} g(s, t) \tag{3-31}$$

（2）几何均值滤波器

几何均值滤波器是指在复原图像的过程中通过计算子图像邻域中像素的乘积的 $\dfrac{1}{mn}$ 次幂得到复原的像素，其表达式如式（3-32）所示。与算术均值滤波器相比，几何均值滤波器能够更好地去除高斯噪声，并且能够保留更多的图像边缘信息和细节。但几何均值滤波器对 0 值是非常敏感的，在滤波器的核邻域内只要有一个像素的灰度值为 0，就会造成滤波器的输出结果为 0。

$$\hat{f}(x, y) = \left[\prod_{(s,t) \in S_{xy}} g(s,t)\right]^{\frac{1}{mn}} \tag{3-32}$$

（3）谐波均值滤波器

谐波均值滤波器用于处理高斯噪声一类的噪声，对盐粒噪声的处理效果比较好，对胡椒噪声的处理效果比较差。谐波均值滤波器的表达式如式（3-33）所示。

$$\hat{f}(x, y) = \frac{mn}{\sum_{(s,t) \in S_{xy}} \frac{1}{g(s,t)}} \tag{3-33}$$

（4）逆谐波均值滤波器

逆谐波均值滤波器基于式（3-34）来复原图像。

$$\hat{f}(x, y) = \frac{\sum_{(s,t) \in S_{xy}} g(s,t)^{Q+1}}{\sum_{(s,t) \in S_{xy}} g(s,t)^{Q}} \tag{3-34}$$

式（3-34）中，Q 称为滤波器的阶数，逆谐波均值滤波器可以通过 Q 的变化来获得一定的复原图像的效果。这种滤波器适合用于减少或消除椒盐噪声的影响，当 Q 值为正数时，滤波器用于消除胡椒噪声；当 Q 值为负数时，滤波器用于消除盐粒噪声。但是不能同时消除胡椒噪声与盐粒噪声的影响。同时观察式（3-34）可以发现，当 $Q=0$ 时，逆谐波均值滤波器退化为算术均值滤波器；当 $Q=-1$ 时，该滤波器退化为谐波均值滤波器。对车牌图像添加椒盐噪声并使用算术均值滤波去噪，如代码 3-14 所示，处理后的结果如图 3-33 所示。

代码 3-14　对车牌图像添加椒盐噪声并使用算术均值滤波去噪

```python
import cv2
from copy import copy
from numpy import *
from matplotlib import pyplot as plt


def meanBlur(img, kernel=(3, 3)):
    blur = cv2.blur(img, kernel)
    return blur


def pepper_salt_noise(src, percentage):
    NoiseImg = copy(src)
    NoiseNum = int(percentage * src.shape[0] * src.shape[1])
    for i in range(NoiseNum):
        randX = random.random_integers(0, src.shape[0] - 1)
        randY = random.random_integers(0, src.shape[1] - 1)
        if random.random_integers(0, 1) <= 0.5:
            NoiseImg[randX, randY] = 0
        else:
            NoiseImg[randX, randY] = 255
    return NoiseImg
```

```
img = cv2.imread('../data/0001.jpg', 0)
img1 = pepper_salt_noise(img, 0.2)
img1_meanBlur = meanBlur(img1)

plt.subplot(131)
plt.imshow(img, cmap='gray')
plt.title('img')
plt.axis('off')
plt.subplot(132)
plt.imshow(img1, cmap='gray')
plt.title('img_pepper_salt_noise')
plt.axis('off')
plt.subplot(133)
plt.imshow(img1_meanBlur, cmap='gray')
plt.title('img1_meanBlur')
plt.axis('off')
plt.show()
```

图 3-33　算术均值滤波去除车牌图像椒盐噪声结果

　　图 3-33 中（a）为原始车牌图像，（b）为添加椒盐噪声的车牌图像，（c）为经过均值滤波处理后的图像。从图 3-33 中可看出经均值滤波处理后的椒盐噪声图像得到了一定程度的修复，但仍存在明显的椒盐噪声痕迹。

2. 自适应滤波器

　　自适应滤波器是指根据环境的改变，使用自适应算法来改变滤波器的结构和参数的滤波器。一般情况下，不会改变滤波器的结构，而是通过自适应算法更新时变参数而使滤波器得到期望的响应。自适应滤波器的性能相较于其他本节介绍过的滤波器要更优越。在车牌图像复原当中，通过应用自适应局部降低噪声滤波器和自适应中值滤波器来进行图像复原。

　　自适应局部降低噪声滤波器的基础主要与随机变量的统计度量有关，其中最简单的统计度量就是随机变量的方差和均值。选取方差和均值作为自适应局部降低噪声滤波器的参数是非常合理的，因为这两个统计度量与图像外观紧密相关；均值可以表示在图像上计算均值的区域中平均灰度的度量，而方差可以表示该区域对比度的度量。自适应局部降低噪声滤波器的表达式如式（3-35）所示。

$$\hat{f}(x,y) = g(x,y) - \frac{\sigma_\eta^2}{\sigma_L^2}\big[g(x,y) - m_L\big] \tag{3-35}$$

式（3-35）中，滤波器作用于局部区域 S_{xy}，$\hat{f}(x,y)$ 表示滤波器在该区域中任意一点的响应；$g(x,y)$ 表示带噪图像在点 (x,y) 上的值，σ_η^2 表示污染 $f(x,y)$ 以形成 $g(x,y)$ 的噪声的方差，m_L 表示在 S_{xy} 中像素的局部均值，σ_L^2 表示在 S_{xy} 中像素的局部方差。

由式（3-35）可以得到以下期望：当 σ_η^2 为 0 时，滤波器返回 $g(x,y)$ 的值，此时表示图像是零噪声图像，$g(x,y)$ 等于 $f(x,y)$；如果局部方差与 σ_η^2 是高度相关的，则滤波器返回 $g(x,y)$ 的近似值，高局部方差主要与图像边缘有关，应当保护这些边缘细节；如果两个方差相等，则滤波器返回 S_{xy} 中像素的算术平均值，通过算术平均值来降低局部噪声，这种情况发生在局部区域与整个图像有相同的特性时。

在式（3-35）中，噪声的方差 σ_η^2 是唯一需要估计或者已知的量，其余参数可以通过 (x,y) 处的 S_{xy} 中的像素来计算；同时在滤波器的模型中隐含了图像噪声是加性的以及与位置无关的性质，即假设 $\sigma_\eta^2 \leqslant \sigma_L^2$。在实际情形当中，可能会出现 $\sigma_\eta^2 > \sigma_L^2$ 的情形，此时将比率设置为 1，这也导致该滤波器的非线性。然而，该滤波器可以防止由于缺失图像噪声方差信息而产生的无意义结果，或者可以选择当出现无意义结果（即负灰度值）时重新标定灰度值。因此，自适应局部降低噪声滤波器适用于去除均值和方差确定的加性高斯噪声。

统计排序滤波器中所描述的中值滤波器在不同场景中效果不一样，例如在脉冲噪声空间密度不大（根据经验，P_a 和 P_b 小于 0.2）的情况下，普通中值滤波器的效果不错，但是当噪声出现的概率比较大时，原来的中值滤波算法就不是很有效了。而自适应中值滤波器可以处理出现概率更大的脉冲噪声，在去除椒盐噪声的同时平滑非脉冲噪声并保留细节，减少诸如物体边界粗化或细化等失真。使用自适应中值滤波器的目的就是，根据预设好的条件，动态地改变中值滤波器的核尺寸，以同时兼顾去噪声作用和保护细节的效果。

自适应中值滤波器有两个进程，分别表示为进程 A 和进程 B，如表 3-4 所示。

表 3-4 进程 A 和进程 B 解析说明

进程 A	进程 B
$A_1 = z_{med} - z_{min}$ $A_2 = z_{med} - z_{max}$ 如果 $A_1 > 0$ 且 $A_2 < 0$，则转到进程 B，否则增大核尺寸。 如果核尺寸 $\leqslant S_{max}$，则重复进程 A，否则输出 z_{med}	$B_1 = z_{xy} - z_{min}$ $B_2 = z_{zy} - z_{max}$ 如果 $B_1 > 0$ 且 $B_2 < 0$，则输出 z_{xy}，否则输出 z_{med}

在表 3-4 中的两个进程当中，z_{min} 表示区域 S_{xy} 的最小灰度值，z_{max} 表示区域 S_{xy} 的最大灰度值，z_{med} 表示区域 S_{xy} 的灰度值的中值，z_{xy} 表示在坐标 (x,y) 处的灰度值，S_{max} 表示区域 S_{xy} 允许的最大尺寸。在自适应中值滤波算法当中，进程 A 首先判断当前区域的中值点是否是脉冲噪声点，判断条件是 $z_{min} < z_{med} < z_{max}$。一般来说满足此条件时，该中值

点不是脉冲噪声点，此时转入进程 B 进行测试。对于特殊情况，如果 $z_{min}=z_{med}$ 或者 $z_{med}=z_{max}$，则认为该中值点是噪声点，应该增大核尺寸，在一个更大的范围内寻找合适的非噪声点，随后跳转到 B，否则输出的中值点是噪声点。如果窗口尺寸超过最大尺寸 S_{max}，则算法返回 z_{med} 值，但不能保证该值不是脉冲噪声。噪声的概率 P_a 或 P_b 越大，或者 S_{max} 在允许的范围内越大，过早退出条件的可能性就越小。

在线程 B 当中，首先也要判断当前区域的中值点是否是脉冲噪声点，判断条件是 $z_{min}<z_{xy}<z_{max}$。一般来说满足此条件的像素点不是脉冲噪声点，在此情况下，算法输出一个不变的像素值 z_{xy}，以减少图像的失真；对于不满足条件的情况即 $z_{min}=z_{xy}$ 或者 $z_{xy}=z_{max}$，此时的像素值是一个极端值，认为这个像素点是一个噪声点，采用中值滤波的方式，输出中值 z_{med} 代替原始像素点，滤除噪声。算法每输出一个值，核 S_{xy} 就会移动到下一个位置，相比于普通中值滤波，自适应中值滤波的效果会更好。

给车牌添加椒盐噪声并使用自适应中值滤波处理，如代码 3-15 所示，自适应中值滤波处理后的结果如图 3-34 所示。

代码 3-15　给车牌图像添加椒盐噪声并使用自适应中值滤波处理

```python
import cv2
from copy import copy
import numpy as np
from numpy import *
from matplotlib import pyplot as plt

# from utils_cau import *

def AdaptProcess(src, i, j, minSize, maxSize):
    filter_size = minSize
    kernelSize = filter_size // 2
    rio = src[i - kernelSize:i + kernelSize + 1, j - kernelSize:j + kernelSize + 1]
    minPix = np.min(rio)
    maxPix = np.max(rio)
    medPix = np.median(rio)
    zxy = src[i, j]
    if (medPix>minPix) and (medPix<maxPix):
        if (zxy>minPix) and (zxy<maxPix):
            return zxy
        else:
            return medPix
    else:
        filter_size = filter_size + 2
        if filter_size <= maxSize:
            return AdaptProcess(src, i, j, filter_size, maxSize)
        else:
            return medPix

def adapt_median_filter(img, minsize, maxsize):
    borderSize = maxsize // 2
    src = cv2.copyMakeBorder(img, borderSize, borderSize, borderSize,
                             borderSize, cv2.BORDER_REFLECT)
```

```
    for m in range(borderSize, src.shape[0] - borderSize):
        for n in range(borderSize, src.shape[1] - borderSize):
            src[m, n] = AdaptProcess(src, m, n, minsize, maxsize)
    dst = src[borderSize:borderSize + img.shape[0], borderSize:borderSize + img.
shape[1]]

    return dst

def pepper_salt_noise(src, percentage):
    NoiseImg = copy(src)
    NoiseNum = int(percentage * src.shape[0] * src.shape[1])
    for i in range(NoiseNum):
        randX = random.random_integers(0, src.shape[0] - 1)
        randY = random.random_integers(0, src.shape[1] - 1)
        if random.random_integers(0, 1) <= 0.5:
            NoiseImg[randX, randY] = 0
        else:
            NoiseImg[randX, randY] = 255
    return NoiseImg

img = cv2.imread('../data/0001.jpg', 0)
img1 = pepper_salt_noise(img, 0.2)
img1_adapt_median = adapt_median_filter(img1, 10, 50)

plt.subplot(131)
plt.imshow(img, cmap='gray')
plt.title('img')
plt.axis('off')
plt.subplot(132)
plt.imshow(img1, cmap='gray')
plt.title('img_pepper_salt_noise')
plt.axis('off')
plt.subplot(133)
plt.imshow(img1_adapt_median, cmap='gray')
plt.title('img1_adapt_median')
plt.axis('off')
plt.show()
```

图 3-34　自适应中值滤波处理存在椒盐噪声的车牌图像结果

图 3-34 中（a）为原始车牌图像，（b）为只存在椒盐噪声的车牌图像，（c）为只存在椒盐噪声的车牌图像经自适应中值滤波处理后的结果。从图 3-34 中可以看出，经自适应中值滤波处理后的只存在椒盐噪声图像得到明显的修复，已无明显的椒盐噪声痕迹。

小结

本章主要介绍了空间滤波和频率域滤波的概念及应用。首先介绍了常见的空间滤波及其在图像增强中的应用，具体包括利用空间滤波实现图像的平滑、锐化、模糊等的处理。然后介绍了与空间滤波对应的频率域滤波，同样从常见的频率域滤波开始介绍，然后介绍了利用低通滤波平滑图像及利用高通滤波锐化图像等操作，最后介绍了常见的噪声模型及利用相应的滤波复原只存在噪声的车牌图像。

课后习题

1. 选择题

（1）（　　）适合去除椒盐噪声。

　　A. 均值滤波　　　　　　　　　B. 理想高通滤波

　　C. 理想低通滤波　　　　　　　D. 自适应中值滤波

（2）以下几个选项中，频率域滤波有（　　）。

　　A. 中值滤波　　　　　　　　　B. 高斯低通滤波

　　C. 理想高通滤波　　　　　　　D. 直方图均值滤波

（3）以下几个选项中，空间滤波有（　　）。

　　A. 均值滤波　　　　　　　　　B. 中值滤波

　　C. 理想低通滤波　　　　　　　D. 布特沃斯高通滤波

（4）中值滤波器可以（　　）。

　　A. 复原图像　　B. 锐化图像　　C. 平滑图像　　　　D. 模糊图像细节

（5）下列算法能用于图像锐化处理的是（　　）。

　　A. 低通滤波　　B. 加权平均法　　C. 高通滤波　　　D. 中值滤波

2. 填空题

（1）空间滤波按计算方式可划分为_____和_____。

（2）平滑滤波器属于_____的空间滤波技术，可以用于_____和_____。

（3）高通滤波通过_____，从而_____。

（4）双极脉冲噪声也称作_____。

（5）_____可以同时兼顾去噪声作用和保护细节的效果。

3. 操作题

（1）为图 3-35 所示的车牌图像添加椒盐噪声。

图 3-35　车牌图像

（2）分别利用中值滤波及均值滤波处理（1）中添加椒盐噪声后的车牌图像，并比较它们的处理效果，针对比较的结果做相应的分析说明。

第 4 章 形态学处理

　　形态学是生物学的一个分支，主要研究动植物的形态和结构。而数学形态学是一门建立在格论和拓扑学基础之上的图像分析学科，可以将数学形态学作为在图像中提取、表达和描绘目标区域中的边界、骨架和凸壳等常用分量的工具，常用的基本操作有腐蚀运算、膨胀运算、开操作和闭操作等。整合两门及两门以上的学科知识与思维模式可以推动认知能力进步，跨学科学习的核心目标是以解决日常生活中最实际的问题为出发点，寻找人们在各行各业工作时遇到的实际问题并给予解决办法。本章主要在这些形态学操作的基础上说明如何通过 Python 对目标图像进行形态学处理。

学习目标

（1）熟悉腐蚀运算与膨胀运算的实现方法。
（2）熟悉开操作与闭操作的实现方法。
（3）掌握使用基本形态学算法处理图像的方法。

4.1　腐蚀和膨胀车牌图像

　　腐蚀运算和膨胀运算是形态学处理的基础。在本章中，许多形态学算法都是以腐蚀运算和膨胀运算为基础的。

4.1.1　了解腐蚀与膨胀

　　腐蚀运算与膨胀运算可以理解为对目标区域的处理方法，以对一面白墙涂刷为例，腐蚀运算像针对墙上的目标区域有规则地刷白色，从而缩小目标区域的尺寸；膨胀运算则像针对墙上的目标区域有规则地刷彩色，从而扩大目标区域的尺寸。本小节主要介绍腐蚀与膨胀相关的基本概念。

1. 形态学基本概念

　　在介绍腐蚀与膨胀运算之前，先对集合、前景像素、背景像素和结构元等形态学基本概念进行介绍。

在二值图像中，集合是二维整数空间 Z^2 的成员，而在 Z^2 空间中，集合的每个元素都是一个元组（二维向量），元组的坐标是图像中目标（一般为前景）像素的坐标。灰度数字图像可以表示为集合，该集合的分量位于 Z^3 中。在灰度数字图像中，集合中每个元素的两个分量表示一个像素的坐标，第三个分量则表示此点的灰度值。在高维空间中的集合则包含更多的图像属性，比如彩色分量、时变分量等。

形态学运算是由集合定义的，在数字图像处理中，使用两类像素集合：目标和结构元。通常将目标定义为前景像素集合，图像中除前景像素外的其他像素称为背景像素集合。结构元可以理解为特殊的过滤器，因为结构元对不同前景像素或背景像素的处理比图像处理过滤器更具有针对性。结构元可以按照前景像素和背景像素以及具体运算所需要达到的要求进行针对性的定制，定制的内容包括结构元的尺寸以及结构元中不同位置的权值。结构元有时会包含"不关心"像素，表示为×，这意味着结构元中"不关心"像素位置所对应的特定像素的值无关紧要，因此可以忽略这个值，或在表达式的计算过程中使这个值与期望值匹配。

由于图像在计算机中表示为矩阵序列，并且目标集合的形状通常是任意的，因此在形态学的处理中，要求将集合嵌入矩阵中并且为所有不是目标集合成员的像素分配一个背景值。用不同表示方法表示的物体与结构元如图 4-1 所示。图 4-1 中第一行展示了表示为集合的物体、表示为图形图像的物体和数字图像；第二行则展示了表示为集合的结构元、表示为图形图像的结构元和数字图像对应的结构元。图 4-1（b）所示的表示为图形图像的物体是指将表示为集合的物体嵌入矩阵背景中，背景颜色为白色。图 4-1（c）所示数字图像则是带网格的数字图像，是用于处理数字图像的格式。

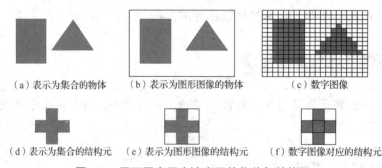

（a）表示为集合的物体　（b）表示为图形图像的物体　　　（c）数字图像

（d）表示为集合的结构元　（e）表示为图形图像的结构元　（f）数字图像对应的结构元

图 4-1　用不同表示方法表示的物体与结构元

2. 反射与平移

腐蚀运算和膨胀运算的形态学定义根据结构元和目标集合 A 或是根据结构元和包含 A 的图像 I 得到。为了使后续介绍图像的形态学处理更加方便，先引入集合的反射和平移。集合 A 相对于其原点的反射表示为 $\hat{A}$，定义如式（4-1）所示。

$$\hat{A} = \{w \mid w = -a, a \in A\} \qquad (4\text{-}1)$$

在式（4-1）中，当 A 是二维点集时，$\hat{A}$ 是集合 A 中坐标 (x,y) 被 $(-x,-y)$ 代替后的点集，w 表示反射后满足条件的像素点，a 则是反射前目标集合中的像素点。结构元及其相对于原点的反射如图 4-2 所示，图中黑点表示结构元的原点，反射只是将结构元相对于其原点旋转 180°，包括"不关心"像素与用白色表示的背景像素在内的所有像素都被旋转。存在背景像素一致，经过反射后看不出变化的情况，在实际的数字图像处理中，需要对部分区域像素进行标识。

图 4-2　结构元及其相对于原点的反射

集合 A 相对于其原点的平移表示为 $(A)_z$，定义如式（4-2）所示。

$$(A)_z = \{v \mid v = a + z, a \in A\} \tag{4-2}$$

在式（4-2）中，若 A 是一个二维像素集合，则 $(A)_z$ 是 A 中坐标 (x,y) 已被 $(x+z_1, y+z_2)$ 代替的点集，v 表示平移后满足条件的像素点，a 是反射前目标集合中的像素点，z 是平移单位的值。这一结构用于在一幅图像中平移结构元，并在结构元及其覆盖图像区域之间的每个位置上执行一次集合运算。

3. 腐蚀

腐蚀是一种收缩或细化目标集合的运算。假设在 Z^2 二维空间中有 A 和 B 两个集合，集合 B 腐蚀集合 A，则由结构元和目标集合组成的腐蚀运算的定义如式（4-3）所示。

$$A \ominus B = \{z \mid (B)_z \subseteq A\} \tag{4-3}$$

式（4-3）中，A 是目标集合，B 为结构元，z 是前景像素值，$(B)_z$ 是 B 中坐标 (x,y) 已被 $(x+z_1, y+z_2)$ 代替的点集。式（4-3）指出 B 对 A 进行腐蚀运算产生的结果是点 z 的集合，该集合的产生是平移 z 后的集合 B 包含 A 中所有的点 z 的集合。结构元 B 对集合 A 进行腐蚀运算的过程如图 4-3 所示，图 4-3 中左侧图像的前景像素代表集合 A，中间图像为结构元 B，右侧图像的前景像素代表被腐蚀后的集合 A。

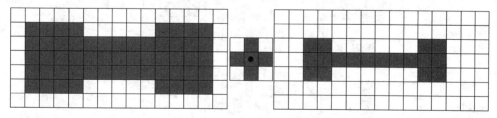

图 4-3　结构元 B 对集合 A 进行腐蚀运算的过程

一幅完整的图像由背景像素和前景像素组成。因此，形态学处理过程中的输入输出都以图像为单位，而不是以各个集合为单位。由腐蚀图像 I 的结构元集合 B 和包含集合 A 的图像 I 所组成的腐蚀运算的定义如式（4-4）所示。

$$I \ominus B = \{z \mid (B)_z \subseteq A, A \subseteq I\} \cup \{A^c \mid A^c \subseteq I\} \tag{4-4}$$

在式（4-4）中，I 是包含前景像素和背景像素的矩形阵列，B 是运算使用的结构元，z 是前景像素值，$(B)_z$ 是 B 中坐标 (x,y) 已被 $(x+z_1, y+z_2)$ 代替的点集，A 是目标集合，A^c 是目标集合 A 的补集。第一组花括号内的内容 $\{z \mid (B)_z \subseteq A, A \subseteq I\}$ 与式（4-3）中的相同，

数字图像处理实战

其中目标集合 A 是 I 的一个子集。对第一组花括号和第二组花括号 $\{A^c|A^c \subseteq I\}$ 进行并集运算，并集运算将不在子集 A 中的像素即背景像素集合 A^c 合并到第一组花括号的结果中，且要求背景像素是 I 定义的矩形的一部分。需要注意的是，腐蚀运算过程中结果阵列的尺寸与包含前景像素和背景像素的原矩形阵列 I 的尺寸相同。

两种腐蚀运算的定义有不同的应用情形。当运算只涉及前景像素时，形态学公式中使用集合 A；当运算还涉及背景像素和（或）"不关心"像素时，在形态学公式中使用图像 I。

对于式（4-3），由于 $(B)_z$ 包含 A，等同于 $(B)_z$ 与背景像素集合（即 A 的补集）没有任何共用像素，所以可将式（4-3）等效地写为式（4-5）。

$$A \ominus B = \{z\,|\,(B)_z \bigcap A^c = \varnothing\} \tag{4-5}$$

在式（4-5）中，A 是目标集合，B 为结构元，z 是前景像素值，$(B)_z$ 是 B 中坐标 (x,y) 已被 $(x+z_1, y+z_2)$ 代替的点集，A^c 是目标集合 A 的补集，$\varnothing$ 是空集。

不同结构元对集合进行腐蚀运算，如图 4-4 所示。在图 4-4 中，集合 A 是图像 I 中的目标集合，前景像素为灰色，背景像素为白色。图 4-4（a）～（e）分别是：包含集合 A 的图像 I，集合 A 的长、宽都为 d；正方形结构元 B，结构元中心黑点表示原点，正方形结构元的长、宽都为 $d/4$；正方形结构元 B 对图像 I 中目标集合进行腐蚀后的结果，虚线边界是 B 的原点位移界限，移动时超过这一界限会使得结构元 B 中的某些像素不再完全包含于 A；长方形结构元 B，结构元中心黑点表示原点，长方形结构元的长为 d、宽为 $d/4$；长方形结构元 B 对集合 A 的腐蚀情况。但需要注意的是，在这两个腐蚀过程中，要假设图像 I 已被填充，以便允许结构元 B 位移，并且在腐蚀运算结束后，结果图像被裁剪成与原图像同样的尺寸。

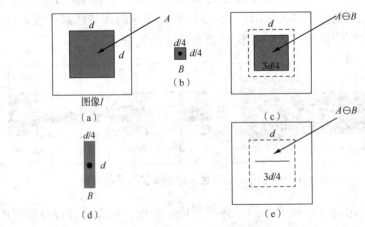

图 4-4　不同结构元对集合进行腐蚀运算

腐蚀运算可以通过调节结构元的尺寸来"删除"目标集合的特定部分，例如电路板的某些线路比元件更精细，可以选择尺寸合适的结构元对线路进行腐蚀，从而更清晰地展现元件的相对位置。因此，可以将腐蚀运算理解为细化或缩小二值图像中的目标，也可以视为形态学的滤波运算，这一运算将滤除图像中小于结构元的图像细节。

4. 膨胀

与腐蚀相对应，膨胀会扩展或粗化二值图像中的目标。粗化的方式和宽度与腐蚀一样受所使用的结构元的尺寸和形状控制。

假设 A 和 B 是 Z^2 中的两个集合，B 对 A 的膨胀如式（4-6）所示。

$$A \oplus B = \{z \,|\, (\hat{B})_z \cap A \neq \varnothing\} \tag{4-6}$$

在式（4-6）中，A 是目标集合，B 为结构元，z 是前景像素值，$(\hat{B})_z$ 是 $\hat{B}$ 中坐标 (x,y) 已被 $(x+z_1, y+z_2)$ 代替的点集，$\hat{B}$ 是 B 相对于其原点的反射，$\varnothing$ 是空集。B 对 A 的膨胀运算就是所有位移 z 的集合，要求 $\hat{B}$ 的前景像素与 A 至少有一个像素重叠。与腐蚀运算类似，将结构元 B 视为卷积核时，式（4-6）的定义会更加易于理解，相当于 B 首先相对其原点翻转，然后逐步经过集合 A，这一过程类似于空间卷积。但膨胀运算是以集合运算为基础的，是非线性运算，而卷积运算是乘积求和的过程，是线性运算。

不同结构元对集合进行膨胀运算如图 4-5 所示。图 4-5 中（a）～（e）分别是：包含集合 A 的图像 I，集合 A 的长、宽都为 d；正方形结构元 B，进行膨胀运算时是对 B 相对其原点的反射 $\hat{B}$ 进行运算的，图中 $\hat{B}=B$，结构元中心黑点表示原点，正方形结构元的长、宽都为 $d/4$；正方形结构元 B 对图像 I 中目标集合膨胀后的结果，图中虚线边界是原目标的边界，实线是一个界限，$\hat{B}$ 中原点的位移 z 超过这一界限时会使得结构元 $\hat{B}$ 和 A 的交集为空；长方形结构元 B，结构元中心黑点表示原点，长方形结构元的长为 d、宽为 $d/4$；长方形结构元 B 对集合 A 的膨胀情况。

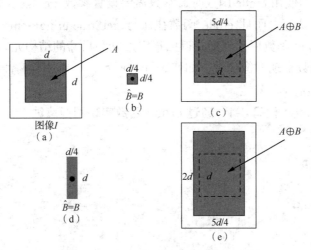

图 4-5　不同结构元对集合进行膨胀运算

4.1.2　腐蚀车牌图像

日常生活中不同拍摄设备的质量参差不齐，获取的图像的清晰度也不尽相同，大多数设备并不能达到理想目标。对车牌图像进行腐蚀、膨胀运算可以有效地对原始车牌图像进行优化，使其达到所需标准。

在实际的车牌图像获取中，车牌信息的模糊程度是不同的，往往会出现目标区域周围有干扰像素，这对后续的数字图像处理任务有较大影响，因此在进行正式的图像处理前，对目标图像进行腐蚀运算，细化出关键信息是有必要的。

本小节对数字图像处理所用的函数库为 OpenCV。OpenCV 中的 erode 函数可实现对图像进行腐蚀运算。

erode 函数的语法格式如下。

```
cv2.erode(src,kernel[,dst[,anchor[, iterations[, borderType[, borderValue]]]]])
```

erode 函数的参数及其说明如表 4-1 所示。

表 4-1　erode 函数的参数及其说明

参数名称	说明
src	接收 const GMat 类型。表示输入图像。无默认值
kernel	接收 const Mat 类型。表示进行运算的内核。默认使用参考点位于中心的 3×3 的内核
anchor	接收 const Point 类型。表示锚位于单元的中心。默认值为 Point(-1,-1)
iterations	接收 int 类型。表示迭代使用函数的次数。默认值为 1
borderType	接收 int 类型。表示用于推断图像外部像素的某种边界模式。默认值为 BORDER_CONSTANT
borderValue	接收 const Scalar 类型。表示当边界为常数时的边界值。默认值为 morphologyDefaultBorderValue()

需要注意的是，使用 erode 函数时通常只需要设置参数 src、kernel 和 anchor，anchor 后面的参数都有默认值，而且 erode 函数往往与 getStructuringElement 函数结合使用。getStructuringElement 函数用于创建并返回指定形状和尺寸的结构元。

通过 erode 函数实现图像腐蚀，如代码 4-1 所示，将原图与腐蚀车牌图像的结果进行对比，如图 4-6 所示。

代码 4-1　通过 erode 函数实现图像腐蚀

```
import cv2
import numpy as np

# 读取数据
img = cv2.imread('../data/ero.jpg', 1)

# 定义一个卷积核
kernel = np.ones((3, 3), np.uint8)

# 进行腐蚀运算（输入图像、卷积核、腐蚀次数）
erosion = cv2.erode(img, kernel, iterations=1)

# 在图像上添加文本，方便分清每个操作对应的图像
cv2.putText(img, 'original', (150, 230), cv2.FONT_HERSHEY_COMPLEX, 1, (0, 0, 255),
2, 8)
cv2.putText(erosion, 'erosion', (150, 230), cv2.FONT_HERSHEY_COMPLEX, 1, (0, 0,
255), 2, 8)
```

```
# 将原图像和经腐蚀运算后的图像放在同一个窗口内显示
glay = np.hstack((img, erosion))
cv2.imshow('glay', glay)
cv2.waitKey(0)
cv2.destroyAllWindows()
```

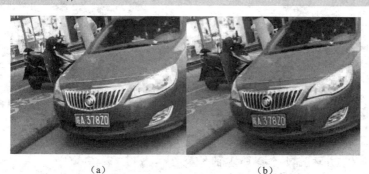

（a）　　　　　　　　　　　　（b）

图 4-6　原图与腐蚀车牌图像结果对比

从图 4-6 可以看出，在进行腐蚀运算前，（a）中原车牌图像的线条较粗，部分区域模糊；进行腐蚀运算后，（b）中的车牌图像明显更为精细，对信息获取有较大帮助。

4.1.3　膨胀车牌图像

在实际获取的车牌图像中，车牌图像的模糊程度是不同的，有时图像中车牌的字符部分会出现断裂，较难获取准确的车牌信息，对后续的数字图像处理任务有较大影响。因此在进行正式的图像处理前，对目标图像进行膨胀运算，提取出关键信息是有必要的。

对车牌图像进行膨胀运算需要使用 dilate 函数实现。

dilate 函数的语法格式如下。

```
cv2.dilate(src, kernel[,dst[, anchor[, iterations[, borderType[, borderValue]]]]])
```

dilate 函数的参数及其说明如表 4-2 所示。

表 4-2　dilate 函数的参数及其说明

参数名称	说明
src	接收 const GMat 类型。表示输入图像。无默认值
kernel	接收 const Mat 类型。表示进行运算的内核。默认使用参考点位于中心的 3×3 的内核
anchor	接收 const Point 类型。表示锚位于单元的中心。默认值为 Point(-1,-1)
iterations	接收 int 类型。表示迭代使用函数的次数。默认值为 1
borderType	接收 int 类型。表示用于推断图像外部像素的某种边界模式。默认值为 BORDER_CONSTANT
borderValue	接收 const Scalar 类型。表示当边界为常数时的边界值。默认值为 morphologyDefaultBorderValue()

dilate 函数的用法与 erode 函数的类似。

通过 dilate 函数实现图像膨胀，如代码 4-2 所示，将原图与膨胀车牌图像结果进行对比，如图 4-7 所示。

代码 4-2　通过 dilate 函数实现图像膨胀

```python
import cv2
import numpy as np

pic = '../data/01.jpg'
src = cv2.imread(pic, cv2.IMREAD_UNCHANGED)

kernel = np.ones((5, 5), np.uint8)
# 第三个参数，膨胀次数默认为1
dst = cv2.dilate(src, kernel)

# 在图像上添加文本，方便分清每个操作对应的图像
cv2.putText(src, 'src', (150, 230), cv2.FONT_HERSHEY_COMPLEX, 1, (0, 0, 255), 2, 8)
cv2.putText(dst, 'dst', (150, 230), cv2.FONT_HERSHEY_COMPLEX, 1, (0, 0, 255), 2, 8)

cv2.imshow('origin', src)
cv2.imshow('dst', dst)

cv2.waitKey(0)
cv2.destroyAllWindows()
```

（a）　　　　　　　　　　　（b）

图 4-7　原图与膨胀车牌图像结果对比

从图 4-7 可以看出，在进行膨胀运算前，（a）中原车牌图像的线条较细，部分区域存在断裂；进行膨胀运算后，（b）中车牌图像的线条明显"增长"，整体更为平滑。

4.2　使用开/闭操作处理车牌图像

在 4.1 节中讲述了腐蚀、膨胀运算在形态学处理中对目标区域的影响效果，腐蚀运算会细化集合的相关部分，膨胀运算会扩展集合的相关部分。形态学处理中的基本运算除了膨胀与腐蚀运算还有开操作和闭操作。

4.2.1 了解开操作与闭操作

开操作通常用于平滑物体的轮廓，可断开狭颈、消除细长的突出物；闭操作同样用于平滑轮廓，但是与开操作的不同点在于，闭操作通常弥合狭颈和细长的沟壑、消除小孔，并填充轮廓中的缝隙。

1. 开操作

开操作和闭操作的形态学定义也是根据结构元和目标集合得到的。假设在 Z^2 二维空间中有 A 和 B 两个集合，集合 B 表示结构元，集合 A 为目标集合，结构元 B 对集合 A 的开操作的定义如式（4-7）所示。

$$A \circ B = (A \ominus B) \oplus B \tag{4-7}$$

在式（4-7）中，结构元 B 对集合 A 进行开操作，首先结构元 B 对集合 A 进行腐蚀运算，然后结构元 B 对腐蚀之后的集合 A 进行膨胀运算。

式（4-7）的几何解释：结构元 B 对集合 A 的开操作是 B 所有平移的并集，使结构元 B 的移动完全和集合 A 拟合。与式（4-7）的几何解释对应的公式如式（4-8）所示。

$$A \circ B = \cup \{(B)_z \mid (B)_z \subseteq A\} \tag{4-8}$$

在式（4-8）中，$(B)_z$ 是 B 中坐标 (x,y) 已被 $(x+z_1, y+z_2)$ 代替的点集，$\cup$ 表示花括号内所有集合的并集，可理解为所有 $(B)_z$ 的并集，条件是 $(B)_z$ 完全与集合 A 拟合。

结构元 B 对集合 A 进行开操作如图 4-8 所示。图 4-8（a）～（d）分别是：包含集合 A 的图像 I，集合 A 为不规则图形；圆形结构元 B 的中心黑点表示原点；圆形结构元 B 在集合 A 内部平移的过程；圆形结构元 B 对集合 A 进行开操作后的结果。通过图 4-8 可以看出，删除目标更窄区域的能力是形态学开操作的关键特征之一。

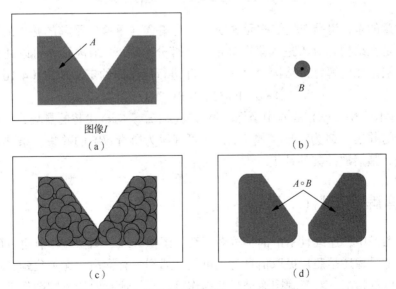

图 4-8 结构元 B 对集合 A 进行开操作

2．闭操作

与开操作类似，结构元 B 对集合 A 的闭操作的定义如式（4-9）所示。

$$A \bullet B = (A \oplus B) \ominus B \qquad (4\text{-}9)$$

在式（4-9）中，A 是目标集合，B 为结构元。结构元 B 对集合 A 进行闭操作，可以理解为结构元 B 首先对集合 A 进行膨胀运算，然后对膨胀之后的结构进行腐蚀。

闭操作的几何解释也与开操作的类似。结构元 B 对集合 A 进行闭操作如图 4-9 所示。图 4-9（a）～（d）分别是：包含集合 A 的图像 I，集合 A 为不规则形状；圆形结构元 B 中心黑点表示原点；圆形结构元 B 在集合 A 外部平移的过程；圆形结构元 B 对集合 A 进行闭操作后的结果。

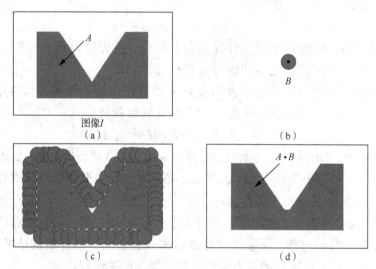

图 4-9　结构元 B 对集合 A 进行闭操作

需要注意的是，闭操作是结构元 B 所有不与集合 A 重叠的平移的并集的补集，起决定作用的点是在结构元 B 不进入集合 A 的任何部分前提下，结构元 B 可以到达的最远的点。所以，根据几何解释，结构元 B 对集合 A 进行闭操作的定义如式（4-10）所示。

$$A \bullet B = [\cup\{(B)_z \mid (B)_z \cap A = \varnothing\}]^c \qquad (4\text{-}10)$$

在式（4-10）中，$(B)_z$ 是 B 中坐标 (x,y) 已被 $(x+z_1, y+z_2)$ 代替的点集，$\cup$ 表示花括号内所有集合的并集，$\varnothing$ 为空集。式（4-10）可理解为所有 $(B)_z$ 的并集，条件是 $(B)_z$ 不与集合 A 相交，最后取并集的补集。

4.2.2　对车牌图像进行开操作

在车牌图像中，连续且平滑的字符对后续的图像处理、图像应用有更好的效果，而实际中不管是录像还是照片提取信息时，可能会遇到含有噪声、无关狭颈、不平整等不利于信息提取的情况。对车牌图像进行开操作可以有效地对原始车牌图像进行优化，使图像达到后续操作所需的条件。

对车牌图像进行开操作使用 morphologyEx 函数实现，morphologyEx 函数的语法格式如下。

```
cv2.morphologyEx(src,op, kernel[,dst[,anchor[,iterations[,borderType
[,borderValue]]]]])
```

morphologyEx 函数的参数及其说明如表 4-3 所示。

表 4-3　morphologyEx 函数的参数及其说明

参数名称	说明
src	接收 const GMat 类型。表示输入图像。无默认值
op	接收 MorphTypes 类型。表示形态学运算的类型。无默认值
kernel	接收 const Mat 类型。表示进行运算的内核。默认使用参考点位于中心的 3×3 的内核
anchor	接收 const Point 类型。表示锚位于单元的中心。默认值为 Point(-1,-1)
iterations	接收 int 类型。表示迭代使用函数的次数。默认值为 1
borderType	接收 int 类型。表示用于推断图像外部像素的某种边界模式。默认值为 BORDER_CONSTANT
borderValue	接收 const Scalar 类型。表示当边界为常数时的边界值。默认值为 morphologyDefaultBorderValue()

使用 morphologyEx 函数时通常只需要设置参数 src、op、kernel 和 anchor。在设置 op 参数时，由于要进行开操作，所以参数值设置为 MORPH_OPEN。

通过 morphologyEx 函数对图像进行开操作，如代码 4-3 所示，将原图与进行开操作后的车牌图像结果进行对比，如图 4-10 所示。

代码 4-3　通过 morphologyEx 函数对图像进行开操作

```
import cv2
import numpy as np

img = cv2.imread('../data/01.jpg', 1)
kernel = np.ones((3, 3), np.uint8)

# 开操作
mor = cv2.morphologyEx(img, cv2.MORPH_OPEN, kernel)

# 在图像上添加文本，方便分清每个操作对应的图像
cv2.putText(img, 'original', (150, 230), cv2.FONT_HERSHEY_COMPLEX, 1, (0, 0, 255),
2, 8)
cv2.putText(mor, 'mor', (150, 230), cv2.FONT_HERSHEY_COMPLEX, 1, (0, 0, 255), 2,
8)

cv2.imshow('origin', img)
cv2.imshow('mor', mor)

cv2.waitKey(0)
cv2.destroyAllWindows()
```

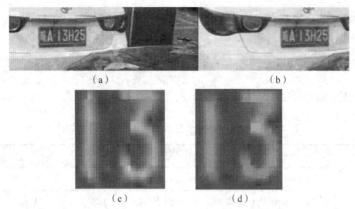

图 4-10 将原图与进行开操作后的车牌图像结果进行对比

从图 4-10 中可以看出，在进行开操作前，（a）中原车牌图像线条不平滑，有细小突出；进行开操作后，（b）中的车牌图像线条明显平滑，消除了细小突出。若图中的平滑效果不够明显，则可以将图像放大至像素级别来比较开操作前后图像的平滑程度。例如，截取车牌部分的图像，图 4-10 中（c）为原图像，（d）为进行开操作后的图像。可以明显看出进行开操作后，将图像放大至像素级别，平滑程度增大，对后续提取车牌信息有较大帮助。

4.2.3　对车牌图像进行闭操作

在实际中不管是录像还是从照片中提取信息，都可能会遇到含有字符内断痕、像素小孔等不利于信息提取的情况。对车牌图像进行闭操作可以有效地对原始车牌图像进行优化，使图像达到后续操作所需的条件。

对车牌图像进行闭操作也使用 morphologyEx 函数。进行闭操作时，将 op 参数值设置为 MORPH_CLOSE 即可。

通过 morphologyEx 函数对图像进行闭操作，如代码 4-4 所示，将原图与进行闭操作后的车牌图像的结果进行对比，如图 4-11 所示。

代码 4-4　通过 morphologyEx 函数对图像进行闭操作

```
import cv2
import numpy as np

img = cv2.imread('../data/iclose.jpg', 1)
kernel = np.ones((3, 3), np.uint8)

# 闭操作
clo = cv2.morphologyEx(img, cv2.MORPH_CLOSE, kernel, iterations=1)

# 在图像上添加文本，方便分清每个操作对应的图像
cv2.putText(img, 'original', (150, 230), cv2.FONT_HERSHEY_COMPLEX, 1, (0, 0, 255),
2, 8)
cv2.putText(clo, 'close', (150, 230), cv2.FONT_HERSHEY_COMPLEX, 1, (0, 0, 255),
2, 8)
cv2.imshow('origin', img)
```

```
cv2.imshow('clo', clo)

# imwirte 可以实现选择运算结果保存到本地
cv2.imwrite('../tmp/close.jpg', clo)
cv2.waitKey(0)
cv2.destroyAllWindows()
```

（a） （b）

图 4-11 将原图与进行闭操作后的车牌图像结果进行对比

从图 4-11 中可以看出，在进行闭操作前，（a）中的原车牌图像线条不平滑，有细小断裂；进行闭操作后，（b）中的车牌图像线条明显平滑，更有利于后续的数据提取。

4.3 使用基本的形态学算法处理图像

在 4.1 节中介绍了腐蚀、膨胀运算的组合运算。在形态学处理中，还有很多运算是以腐蚀与膨胀运算为基础的。本节将介绍一些除腐蚀和膨胀之外的基本形态学算法以及对应的应用效果。

4.3.1 了解基本的形态学算法

在处理二值图像时，基本的形态学算法有孔洞填充、骨架提取和提取连通分量等。形态学的主要作用是改变目标集合的形态以及提取图像中用于表示和描述形状的有用成分，例如形态学算法中骨架提取的应用，可以使用骨架提取获得车牌图像中的文本信息。为了更清晰地说明形态学算法的原理，将会讲述腐蚀、膨胀运算时带有前景像素和背景像素的图像集合，其中前景像素值为 1、背景像素值为 0。

用于形态学处理的结构元如图 4-12 所示，图 4-12 中深色的像素是前景像素，白色像素是背景像素，×是"不关心"像素。

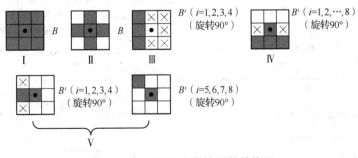

图 4-12 用于形态学处理的结构元

数字图像处理实战

本章所使用的形态学运算的公式及其说明如表 4-4 所示，其中第三列说明中的罗马数字指的是图 4-12 中对应的结构元。A 是包含于二值图像 I 的目标集合，B 是结构元。A 的像素标识为 1，其他像素标识为 0。

表 4-4　形态学运算公式及其说明

运算名称	公式	说明
反射	$\hat{A} = \{w \mid w = -a, a \in A\}$	相对于 A 的原点反射
平移	$(A)_z = \{v \mid v = a + z, a \in A\}$	将 A 的原点平移到点 z
腐蚀	$A \ominus B = \{z \mid (B)_z \cap A^c = \varnothing\}$	腐蚀 A 的边界（ I ）
膨胀	$A \oplus B = \{z \mid (\hat{B})_z \cap A \neq \varnothing\}$	膨胀 A 的边界（ I ）
开操作	$A \circ B = (A \ominus B) \oplus B$ $A \circ B = \cup\{(B)_z \mid (B)_z \subseteq A\}$	平滑轮廓，断开狭窄区域，删除"小孤岛"和尖刺（ I ）
闭操作	$A \bullet B = (A \oplus B) \ominus B$ $A \bullet B = [\cup\{(B)_z \mid (B)_z \cap A = \varnothing\}]^c$	平滑轮廓，弥合狭窄断裂和细长沟道，删除小孔洞（ I ）
孔洞填充	$X_k = (X_{k-1} \oplus B) \cap A^c, k = 1,2,3 \cdots$	填充 A 中的孔洞。X_0 的尺寸与 I 相同，在每个孔洞中填充 1，在其他位置填充 0（ II ）
连通分量	$X_k = (X_{k-1} \oplus B) \cap I, k = 1,2,3 \cdots$	寻找 I 中的连通分量。X_0 的尺寸与 I 相同，在每个连通分量中像素为 1，在其他位置像素为 0（ I ）
凸壳	$X_k^i = (X_{k-1}^i \circledast B^i) \cup X_{k-1}^i,$ $i = 1,2,3,4$ 和 $k = 1,2,3 \cdots$ $C(A) = \bigcup_{i=1}^{4} D^i$	寻找图像 I 中目标集合 A 的凸壳 $C(A)$。X_{conv}^i 意味着 $X_k^i = X_{k-1}^i$（ III ）
细化	$A \otimes B = A - (A \circledast B) = A \cap (A \circledast B)^c$ $A \otimes \{B\} = ((\cdots((A \otimes B^1) \otimes B^2) \cdots) \otimes B^n)$ $\{B\} = \{B^1, B^2, B^3, \cdots, B^n\}$	细化集合 A。第一个公式是细化的基本定义。后两个公式表示使用一系列结构元的细化。实际工作中通常使用后两个公式与结构元（ IV ）的组合方法
粗化	$A \bullet B = A \cup (A \circledast B)$ $A \odot \{B\} = ((\cdots((A \odot B^1) \odot B^2) \cdots) \odot B^n)$	使用方形结构元粗化集合 A。使用（ IV ），但颠倒 0 和 1
骨架	$S(A) = \bigcup_{k=0}^{K} S_k(A)$ $S_k(A) = (A \ominus kB) - (A \ominus kB) \circ B$	寻找集合 A 的骨架 $S(A)$。最后一个公式指出 A 可由其骨架子集 $S_k(A)$ 重建。K 是集合 A 被腐蚀为空集前最后一个迭代步骤。$A \ominus kB$ 表示 A 被 B 连续腐蚀 k 次（ I ）
裁剪	$X_1 = A \otimes \{B\}$ $X_2 = \bigcup_{k=1}^{8} (X_1 \circledast B^k)$ $X_3 = (X_2 \oplus H) \cap A$ $X_4 = X_1 \cup X_3$	X_4 是裁剪集合 A 后的结果。规定必须使用第一个公式得到 X_1 的次数。结构元（ V ）用于前两个公式。在第三个公式中，H 表示结构元（ I ）

1. 孔洞填充

像素孔是目标集合不连贯的像素区域，而孔洞是被前景像素连成的边框所包围的背景区域。本小节将解释图像中的孔洞填充原理，并通过实现孔洞填充算法，将未填充前图像与填充后的图像进行对比，分析算法效果。

使用集合的方式解释孔洞填充算法的原理，孔洞填充运算的准备如图 4-13 所示。假设有目标集合 A，且目标集合 A 是 8 连通的边界，在已知每个孔洞中的某一个点后，利用前景像素（值为 1）填充孔洞。

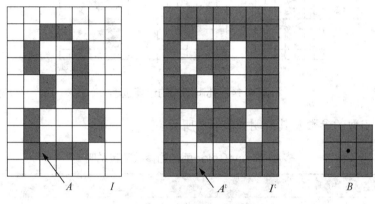

图 4-13　孔洞填充运算的准备

首先形成一个全为背景像素（值为 0）的阵列 X_0，其尺寸与包含 A 的图像 I 相同，但是 X_0 中与目标集合 A 中对应孔洞区域的像素值为 1，填充孔洞的迭代过程如式（4-11）所示。

$$X_k = (X_{k-1} \oplus B) \cap I^c, k = 1,2,3,\cdots \qquad （4-11）$$

在式（4-11）中，X_k 为第 k 步的运算结果，B 为运算使用的结构元，I^c 表示图像 I 的补集。图 4-13 中的 B 是对目标集合 A 进行膨胀的结构元，若 $X_k = X_{k-1}$，则算法迭代的第 k 步结束，此时，X_k 包含所有被填充的孔洞以及孔洞的边界。对于式（4-11）中的过程，如果不加以控制，式（4-11）中的膨胀运算会填满整个区域，如果膨胀结果与 I^c 取交集，那么会使膨胀结果被限制在可控的理想范围内，这种膨胀方法也称为条件膨胀。

孔洞填充的运算过程如图 4-14 所示。首先获得一个包含已知点的阵列 X_0，使用结构元对 X_0 进行膨胀运算并与 I^c 取交集获得阵列 X_1，然后对 X_1 进行膨胀运算并与 I^c 取交集获得图 4-14 中的阵列 X_2，最后对初始图像与 X_8 取并集获得最终结果。

对图像进行孔洞填充运算基于 dilate 函数，但实现孔洞填充运算的过程与实现膨胀运算的过程不同，仅使用 dilate 函数无法解决问题。

选择效果易于展现的显微镜下的细胞二值图像进行孔洞填充。要获得二值图像首先要通过 cvtColor 函数将输入图像转为灰度图像。

cvtColor 函数的语法格式如下。

```
cv2.cvtColor(src,code,dstCn)
```

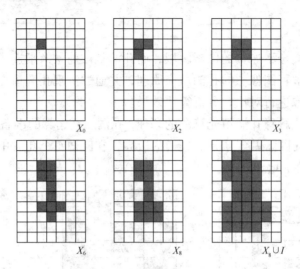

图 4-14 孔洞填充的运算过程

cvtColor 函数的参数及其说明如表 4-5 所示。

表 4-5 cvtColor 函数的参数及其说明

参数名称	说明
src	接收 const GMat 类型。表示输入图像。无默认值
code	接收 int 类型。表示所使用的颜色映射类型。默认值为 COLOR_RGB2GRAY，表示转为灰度图像
dstCn	接收 int 类型。表示输出的通道数。默认值为 0

得到灰度图像后使用 threshold 函数获得灰度图像的二值图像，二值图像中只有黑白像素。

threshold 函数的语法格式如下。

```
cv2.threshold(src,thresh,maxval,type)
```

threshold 函数的参数及其说明如表 4-6 所示。

表 4-6 threshold 函数的参数及其说明

参数名称	说明
src	接收 const GMat 类型。表示输入图像。无默认值
thresh	接收 Double 类型。表示转换过程中使用的阈值。无默认值
maxval	接收 Double 类型。表示当参数为 CV_THRESH_BINARY 和 CV_THRESH_BINARY_INV 时的最大值。无默认值
type	接收 int 类型。表示生成二值图像所选用的方法。无默认值

随后获取二值图像的垂直尺寸和水平尺寸，构造进行膨胀运算所需的阵列 F，最后将结果与原图像的补集进行与运算。原理是以原图像的补集作为掩模，用来限制膨胀结果，以带有白色边框的黑色图像作为初始标记集合，用结构元对其进行连续膨胀，直至

收敛；最后对标记集合取补集得到最终图像，将最终图像与原图相减可得到填充图像。

实现孔洞填充的具体过程如代码 4-5 所示，孔洞填充图像的结果如图 4-15 所示。

代码 4-5　实现孔洞填充

```python
import numpy as np
import cv2

img = cv2.imread('../data/hole.jpg')

# 转为灰度图像
gray = cv2.cvtColor(img, cv2.COLOR_BGR2GRAY)
# 灰度图像转二值图像
ret, thresh = cv2.threshold(gray, 50, 250, cv2.THRESH_BINARY_INV)
# 二值图像的补集
thresh_not = cv2.bitwise_not(thresh)

# 定义 3×3 的结构元
kernel = cv2.getStructuringElement(cv2.MORPH_ELLIPSE, (3, 3))

# 构建阵列，将补集写入 F
F = np.zeros(thresh.shape, np.uint8)
F[:, 0] = thresh_not[:, 0]
F[:, -1] = thresh_not[:, -1]
F[0, :] = thresh_not[0, :]
F[-1, :] = thresh_not[-1, :]

# 对 F 进行膨胀运算，将结果与原图像补集进行与运算
for i in range(200):
    F_dilation = cv2.dilate(F, kernel, iterations=2)
    F = cv2.bitwise_and(F_dilation, thresh_not)

# 对结果执行非运算
result = cv2.bitwise_not(F)

# 图像展示
cv2.imshow('original', img)
cv2.imshow('thresh', thresh)
cv2.imshow('result', result)
cv2.waitKey(0)
cv2.destroyAllWindows()
```

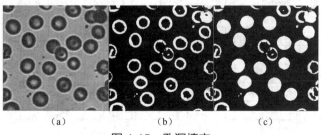

（a）　　　　　　　（b）　　　　　　　（c）

图 4-15　孔洞填充

图 4-15 中（a）～（c）依次为原图、二值化结果、孔洞填充后的结果。在图 4-15 中可以看到使用孔洞填充算法可以将一个近圆形整体的细胞补充完整，更有利于后续的目标集合提取。

2. 连通分量

从图像中提取连通分量是许多自动图像分析应用的核心。自动检测应用会频繁使用连通分量，例如检测图像中的异物并提取异物图像。本小节将利用包含前景像素和背景像素的矩阵图像变换解释提取连通分量的原理。

从集合角度考虑，假设目标集合 A 是由一个或多个连通分量组成的前景像素集合，目标集合 A 在图像 I 中。对目标集合 A 提取连通分量形成一幅尺寸与图像 I 相同的图像 X_0，其中图像 X_0 的背景像素值为 0 且包含对应目标集合 A 每个连通分量内的一个已知点，已知点的像素值取前景像素 1。使用迭代的方法，从 X_0 开始，找到图像 I 中的所有连通分量。在迭代的过程中，集合的定义如式（4-12）所示。

$$X_k = (X_{k-1} \oplus B) \cap I, k = 1, 2, 3, \cdots \qquad (4\text{-}12)$$

在式（4-12）中，X_k 为第 k 步的运算结果，B 为运算使用的结构元，I 表示原图像。当 $X_{k-1} = X_k$ 时，迭代过程结束，此时 X_k 包含图像中前景像素的所有连通分量。式（4-12）与孔洞填充运算的式（4-11）相同，都通过条件膨胀（此处取交集）来限制膨胀，不同的是，式（4-12）使用原图像 I 进行条件膨胀而不使用 I^c，因为在提取连通分量时只寻找前景像素点，所以不需要用图像 I 的补集进行条件膨胀。

使用集合变换的方式解释孔洞填充算法的原理时要注意，在提取连通分量过程中的结构元与图像中的目标集合都是 8 邻域，并且式（4-12）展现的迭代过程适用于包含于图像 I 的任何有限数量的连通分量。

提取连通分量运算的过程如图 4-16 所示。首先获得一个包含原图像已知点的阵列 X_0，使用结构元对 X_0 进行膨胀运算并与 I 取交集获得阵列 X_1，然后对 X_1 进行膨胀运算并取交集获得阵列 X_2，循环至 $X_{k-1} = X_k$ 即可获得最终结果。

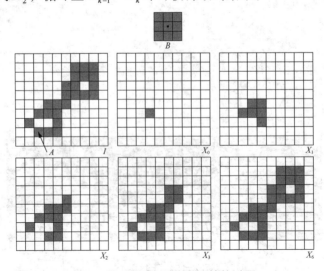

图 4-16　提取连通分量运算的过程

对图像进行提取连通分量运算同样基于 dilate 函数，实现提取连通分量算法的过程是综合膨胀运算与交集运算的过程，本小节中关于 dilate 函数的使用不再给出，主要介绍提取连通分量算法在代码框架方面的实现步骤，具体包含如下 3 步。

（1）对输入图像进行二值化处理，创建一个输入图像的副本 A 以及与输入图像尺寸相同的空白图像 B。

（2）在遍历循环中，统计副本 A 中的前景像素即待统计的连通分量并计入图像 B 中。进行完一次连通分量提取后，对已知点进行公式中的循环膨胀运算，循环至副本 A 中的像素全变为 0，循环结束。

（3）输出每个连通分量中的像素数。

对图像进行提取连通分量运算选择几何图像作为原图像，易于观察提取效果。提取几何图像的连通分量，如代码 4-6 所示。

代码 4-6　提取几何图像的连通分量

```python
import cv2
import numpy as np

img = cv2.imread('../data/test0.jpg')

# 先获得灰度图像再将其转为二值图像
gray_A = cv2.cvtColor(img, cv2.COLOR_BGR2GRAY)
ret, thresh_A = cv2.threshold(gray_A, 50, 255, cv2.THRESH_BINARY_INV)

# 获得一个输入图像的副本 A，以及一个空白图像 B
thresh_A_copy = thresh_A.copy()
thresh_B = np.zeros(gray_A.shape, np.uint8)

kernel = cv2.getStructuringElement(cv2.MORPH_ELLIPSE, (3, 3))
count = []

# 循环，直到 A_copy 中的像素值都变为 0，即检索完毕
while thresh_A_copy.any():
    # 二值图像中大于 0 的像素值即 255
    Xa_copy, Ya_copy = np.where(thresh_A_copy > 0)
    # 将值为 255 的像素赋给 B
    thresh_B[Xa_copy[0]][Ya_copy[0]] = 255

    # 连通分量算法，先膨胀再进行与运算
    for i in range(200):
        dilation_B = cv2.dilate(thresh_B, kernel, )
        thresh_B = cv2.bitwise_and(thresh_A, dilation_B)

    # 通过连通算法运算后，值为 255 的像素点将 A_copy 中对应位置的像素点置 0
    Xb, Yb = np.where(thresh_B > 0)
    thresh_A_copy[Xb, Yb] = 0

    # 输出提取文本结果
```

103

```
count.append(len(Xb))
if len(count) == 0:
    print('无连通分量')
if len(count) == 1:
    print('第1个连通分量像素数为{}'.format(count[0]))
if len(count) >= 2:
    print('第{}个连通分量像素数为{}'.format(len(count), count[-1] - count[-2]))

# 在图像上添加文本，方便分清操作对应的图像
cv2.putText(img, 'original', (150, 230), cv2.FONT_HERSHEY_COMPLEX, 1, (0, 0, 255),
2, 8)
cv2.imshow('origin', img)
cv2.imshow('threshA_COPY', thresh_A_copy)
cv2.imshow('threshB', thresh_B)

# 保存图像至本地
cv2.imwrite('../tmp/ccc.jpg', thresh_B)
cv2.waitKey(0)
cv2.destroyAllWindows()
```

提取连通分量的结果：一个是展现图像的二值化，另一个是展现由二值图像提取出的每个连通分量的像素数（只截取部分）。其中，每个连通分量的像素数可以通过PhotoShop 软件进行核对读取。提取连通分量的结果如图 4-17 所示。

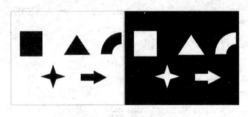

第1个连通分量像素数为17073
第2个连通分量像素数为12752
第3个连通分量像素数为10832
第4个连通分量像素数为5112
第5个连通分量像素数为6330

图 4-17　提取连通分量结果

在图 4-17 中，5 个几何图形的像素数量可以使用 PhotoShop 软件对保存在本地的图像进行几何形状提取来获取，从而核对连通分量的提取效果。此外，遇到复杂的图像集合时，可以采用提取连通分量的方法提取目标集合并使用代码 4-6 所示代码进行连通分量中的像素数核对。

3. 凸壳

在数字图像处理过程中，需要基于像素的算法找到物体的质心来代表该物体，但是在实际中，环境不理想或相机捕捉不稳定等原因，可能会导致在图像二值化时物体本身形状发生缺损，像素化算法就无法找到物体真正的质心。面对无法找到真正质心的情况，可适当进行凸壳处理，弥补凹损，凸壳算法能够找到包含物体原始形状的最小凸多边形。凸壳算法的定义如式（4-13）所示。

$$X_k^i = (X_{k-1}^i \circledast B^i) \cup X_{k-1}^i, i = 1,2,3,4 \text{和} k = 1,2,3,\cdots \qquad (4\text{-}13)$$

在式（4-13）中，X_k^i 表示使用结构元 B^i 进行第 k 步运算的结果，$\circledast$ 表示击中-击不中变换，B^i 表示凸壳处理的 4 个不同的结构元，其中 $i = 1,2,3,4$，如图 4-18 所示。

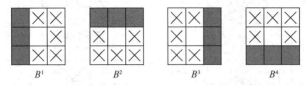

图 4-18　凸壳处理的不同结构元

构建一个与原图像尺寸相同的 X_0^i，使用第 i 个结构元进行凸壳运算，当 $X_k^i = X_{k-1}^i$ 时，认为此时算法收敛。令 $D^i = X_k^i$，得到目标集合 A 的凸壳为 4 个结构元进行运算后结果的并集，定义如式（4-14）所示。

$$C(A) = \bigcup_{i=1}^{4} D^i \qquad (4\text{-}14)$$

式（4-13）的计算方法是先反复使用 B^1 对图像 I 做击中-击不中变换，直到图像收敛为止，令 $D^1 = X_k^1$，k 是图像收敛时的步骤数。再使用 B^2 对图像 I 重复式（4-14）中的过程，直到不再出现变化为止，重复这一操作后得到的 4 个 D^i 的并集就是目标集合 A 的凸壳。需要注意的是，每次使用的结构元发生变化时，都使用 $k = 0$ 和 $X_0^i = I$ 来初始化此算法。凸壳运算的过程如图 4-19 所示。

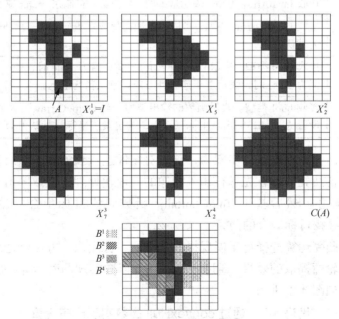

图 4-19　凸壳运算的过程

图 4-19 所示的过程有一个明显的缺点，凸壳会超出目标集合的边界，这样不仅凸壳的效果不佳而且有违凸壳的定义。可以设定用于限制凸壳不超过目标集合的边界像素，限制凸壳增长后的效果，如图 4-20 所示，可以看出添加这一限制条件后图像不失去其凸性。

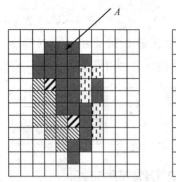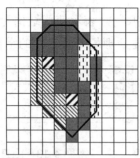

图 4-20　限制凸壳增长后的效果

对图像进行凸壳运算基于 convexHull 函数，先介绍 convexHull 函数的语法格式以及参数，再介绍实现凸壳运算的具体步骤。

convexHull 函数的语法格式如下。

```
cv2.convexHull(points,hull,clockwise,returnPoints)
```

convexHull 函数在使用时一般只需设置输入的二维点集。convexHull 函数的参数及其说明，如表 4-7 所示。

表 4-7　convexHull 函数的参数及其说明

参数名称	说明
points	接收 InputArray 类型。表示输入的二维点集，存储在 vector 或 Mat 中。无默认值
hull	接收 OutputArray 类型，可以为整型向量或点集向量。表示凸壳的二维坐标值。无默认值
clockwise	接收 bool 类型。表示凸壳方向的标志位，值为 True 时，表示基于顺时针方向；值为 False 时，表示基于逆时针方向。默认值为 False
returnPoints	接收 bool 类型。表示函数的输出类型，当 OutputArray 是一个矩阵变量时，值设置为 True，输出点坐标，否则，输出索引坐标。默认值为 True

实现图像的凸壳运算的整体步骤为，首先对图像进行预处理，然后获取图像轮廓，最后调用函数获得凸壳。即首先进行输入图像的二值化处理，在取阈值时基于灰度直方图取最合适的阈值。然后基于 findContours 函数寻找目标集合的轮廓，最后利用 convexHull 函数寻找目标集合的凸壳。

对图像进行凸壳运算选择易于展现提取效果的手势图像，方便清楚地看到带有不规则结构的图像中轮廓提取的效果。通过 convexHull 函数实现凸壳运算，如代码 4-7 所示。凸壳运算的效果如图 4-21 所示。

代码 4-7　通过 convexHull 函数实现凸壳运算

```
import cv2

# 读取图像并转至灰度图
imagepath = '../data/4-7finger.jpg'
img = cv2.imread(imagepath, 1)
```

```
gray = cv2.cvtColor(img, cv2.COLOR_BGR2GRAY)

# 创建副本用于展示
img1 = cv2.imread(imagepath, 1)

# 二值化，取阈值为235
ret, thresh = cv2.threshold(gray, 235, 255, cv2.THRESH_BINARY)

# 寻找图像中的轮廓
contours, hierarchy = cv2.findContours(thresh, 2, 1)

# 寻找物体的凸壳并绘制凸壳的轮廓
for cnt in contours:
hull = cv2.convexHull(cnt)
    length = len(hull)
    # 如果凸壳点集中的点个数大于5
    if length > 5:
        # 绘制图像凸壳的轮廓
        for i in range(length):
            cv2.line(img, tuple(hull[i][0]), tuple(hull[(i + 1) % length][0]), (0,
0, 255), 2)

# 展示结果图像
cv2.imshow('origin', img1)
cv2.imshow('finger', img)
cv2.waitKey(0)
cv2.destroyAllWindows()
```

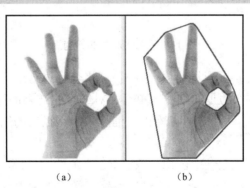

（a） （b）

图 4-21 凸壳运算

图 4-21 中（a）为目标图像，（b）为结果图像。在目标图像中绘制了两个凸壳，一个是整个手势外围的凸壳，刚好包围整只手的外侧；另一个是两根手指形成的内部图形，类似于"O"形的凸壳，符合进行凸壳运算想要达到的效果。

4．细化

在计算机对图像进行识别或特征值提取的过程中，过于粗的线条会对识别造成一定程度的干扰，而细化操作可以获得一个特征值明显的目标图像，进一步选择适当的特征进行分类，从而得到理想的结果。

在细化运算中，假设运算的目标是结构元 B 对目标集合 A 进行细化，根据击中-击不中变换，细化运算定义如式（4-15）所示。

$$A \otimes B = A - (A \circledast B) = A \cap (A \circledast B)^{c} \tag{4-15}$$

在式（4-15）中，A 是目标集合，B 是运算使用的结构元，$(A \circledast B)^{c}$ 表示对结果求补集。最后一步的转换可以由差集的定义得到。对称地细化目标集合 A 可以使用一个更好理解的定义。首先将结构元 B 改为式（4-16）所示的形式。

$$\{B\} = \{B^{1}, B^{2}, B^{3}, \cdots, B^{n}\} \tag{4-16}$$

在式（4-16）中，B^{n} 表示第 n 种结构元，然后用一个结构元序列将细化定义为式（4-17）所示的形式。

$$A \otimes \{B\} = ((\cdots((A \otimes B^{1}) \otimes B^{2}) \cdots) \otimes B^{n}) \tag{4-17}$$

式（4-17）的处理过程是集合不断被细化的过程，首先目标集合 A 被 B^{1} 细化一次，第一次细化后的结果被 B^{2} 细化，重复这一过程，直到 A 被 B^{n} 细化。重复式（4-17）的整个过程，直到所有结构元遍历完成后结果不再出现变化为止，使用式（4-15）执行每次细化。

使用包含前景像素和背景像素的矩阵图像的变换过程来解释细化操作的原理。首先，给定一组用于细化的结构元。细化运算的结构元如图 4-22 所示。可以发现，结构元 B^{i} 是由结构元 B^{i-2} 顺时针旋转 90° 后得到的。

图 4-22　细化运算的结构元

使用图 4-22 中的结构元对图 4-23 中的目标集合 A 进行细化操作，细化运算的过程如图 4-23 所示。需要注意的是，细化结束后，对细化的结果进行了一次 m 连通的转换，转换的效果为消除了多个路径。可以看出，消除多个路径后的结果更贴合原目标集合 A 的细化。

在细化运算过程中，A_{8} 与 A_{7} 图像一致，A_{10}、A_{11} 与 A_{9} 图像一致，因此在图 4-23 所示过程中没有展示 A_{8}、A_{10} 和 A_{11}。A_{14} 过后目标图像不再发生变化，于是将结果转为 m 连通。对图像进行细化运算主要针对二值图像，因此在进行图像细化操作之前需要对图像进行预处理，获得原图像的二值图像。

进行细化运算常用的算法是基于映射矩阵的查表法，基本原则是从原图像中去掉部分图像，但整体要保持原来的形状，实际上指保持原图的骨架，后文会介绍骨架提取的相关内容。判断一个点 P 是否能被删除是以 8 个相邻点（8 连通）的情况作为判断依据的，具体的判断依据有如下 4 条。

（1）内部点不能删除。

（2）孤立点不能删除。

（3）直线端点不能删除。

（4）当 P 是边界点时，如果去掉 P 后连通分量不增加，则可将 P 去除。

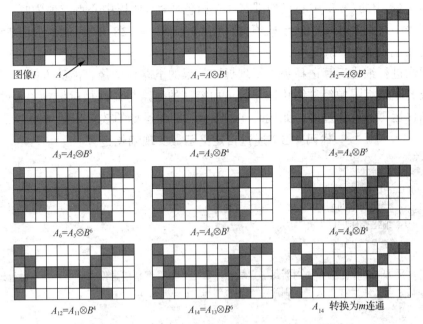

图 4-23　细化运算的过程

列举细化运算中的 6 种取点情况，如图 4-24 所示。

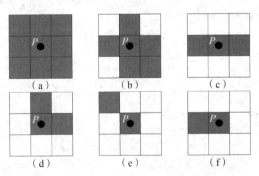

图 4-24　细化运算中的 6 种取点情况

需要注意的是，此处列举的 6 种不同情况的点 P 均为 8 连通区域的中心点。在图 4-24 中，（a）与（b）的中心点 P 不能去除，因为该中心点是内部点；（c）的中心点 P 也不能去除，因为去除后会使原来相连的部分断开；（d）的中心点 P 可以去除，因为该点满足判定依据；（e）与（f）的中心点 P 不能去除，因为它们皆为端点。

因为图像中像素的分布情况比较复杂，所以需要建立算法映射，将所有可能出现的情况用表格的形式列举出来。定义如下的矩阵，假设中心点为前景像素（黑色），对于中心点周围的 8 个点，赋予不同的权值。若周围为黑色，则赋予中心点像素权值为 0；若周围为白色，则中心点像素权值取九宫格中对应的权值。因此，判断某个点是否需要被细化，只需要将中心点周围的 8 个点都列出来，形成一个矩阵，对于每个位置的点，赋予不同的权值，即可将每一种情况列举出来。

如图 4-24 中的（b），中心点周围有 3 个白色像素，所以中心点权值为 $1+4+32=37$，对应索引表中第三十八项。对于权值为 $[1,2,4,8,16,32,64,128]$ 的矩阵所对应的 $0 \sim 255$ 索引表，将在代码 4-8 中给出。

对图像进行细化运算选择易于展现提取效果的电路板图像，能够方便、清楚地看到结构复杂的电路板图像经过细化操作后更加突显的线路与元件相对位置。通过自定义函数实现细化运算的具体过程，如代码 4-8 所示。细化运算的效果如图 4-25 所示。

代码 4-8　通过自定义函数实现细化运算

```python
import cv2

def VThin(image, array):
    # image: 需要细化的图像
    # array: 细化操作的映射矩阵
    h, w = image.shape
    NEXT = 1
    # 进行水平方向图像扫描。先判断每一点的左右邻居，如果都是前景像素，则该点不做处理
    # 如果某个前景像素被删除了，则跳过它的右邻居，处理下一点
    for i in range(h):
        for j in range(w):
            if NEXT == 0:
                NEXT = 1
            else:
                if 0 < j < w - 1:
                    M = image[i, j - 1] + image[i, j] + image[i, j + 1]
                else:
                    M = 1
                if image[i, j] == 0 and M != 0:
                    a = [0] * 9
                    for k in range(3):
                        for L in range(3):
                            if -1 < (i - 1 + k) < h and -1 < (j - 1 + L) < w and \
                                image[i - 1 + k, j - 1 + L] == 255:
                                a[k * 3 + L] = 1
                    # 对连通区域像素值求和
                    sum = a[0] * 1 + a[1] * 2 + a[2] * 4 + a[3] * 8 + a[5] * 16 + \
                        a[6] * 32 + a[7] * 64 + a[8] * 128
                    image[i, j] = array[sum] * 255
                    if array[sum] == 1:
                        NEXT = 0

    return image

def HThin(image, array):
    # image: 需要细化的图像
    # array: 细化操作的映射矩阵
```

```
    h, w = image.shape
    NEXT = 1
    # 再做垂直方向扫描，方法与水平方向扫描相同
    for j in range(w):
        for i in range(h):
            if NEXT == 0:
                NEXT = 1
            else:
                if 0 < i < h - 1:
                    M = image[i - 1, j] + image[i, j] + image[i + 1, j]
                else:
                    M = 1
                if image[i, j] == 0 and M != 0:
                    a = [0] * 9
                    for k in range(3):
                        for L in range(3):
                            if -1 < (i - 1 + k) < h and -1 < (j - 1 + L) < w and \
                                image[i - 1 + k, j - 1 + L] == 255:
                                a[k * 3 + L] = 1
                    # 对连通区域像素值求和
                    sum = a[0] * 1 + a[1] * 2 + a[2] * 4 + a[3] * 8 + a[5] * 16 + \
                        a[6] * 32 + a[7] * 64 + a[8] * 128
                    image[i, j] = array[sum] * 255
                    if array[sum] == 1:
                        NEXT = 0

    return image


# 定义细化操作函数
def Xihua(image, array, num=10):
    # image: 需要细化的图像
    # array: 细化操作的映射矩阵
    # num: 初始检索变量
    iXihua = image
    for i in range(num):
        VThin(iXihua, array)
        HThin(iXihua, array)
    return iXihua


# 定义二值化函数
def Two(image):
    # image:需要细化的图像
    w, h = image.shape
    size = (w, h)
    iTwo = image
    for i in range(w):
        for j in range(h):
            if image[i, j] < 150:
                iTwo[i, j] = 0
```

```
            else:
                iTwo[i, j] = 255
        return iTwo

# 细化运算的映射数组
array = [0, 0, 1, 1, 0, 0, 1, 1, 1, 1, 0, 1, 1, 1, 0, 1, \
        1, 1, 0, 0, 1, 1, 1, 1, 0, 0, 0, 0, 0, 0, 0, 1, \
        0, 0, 1, 1, 0, 0, 1, 1, 1, 1, 0, 1, 1, 1, 0, 1, \
        1, 1, 0, 0, 1, 1, 1, 1, 0, 0, 0, 0, 0, 0, 0, 1, \
        1, 1, 0, 0, 1, 1, 0, 0, 0, 0, 0, 0, 0, 0, 0, 0, \
        0, 0, 0, 0, 0, 0, 0, 0, 0, 0, 0, 0, 0, 0, 0, 0, \
        1, 1, 0, 0, 1, 1, 0, 0, 1, 1, 0, 1, 1, 1, 0, 1, \
        0, 0, 0, 0, 0, 0, 0, 0, 0, 0, 0, 0, 0, 0, 0, 0, \
        0, 0, 1, 1, 0, 0, 1, 1, 1, 1, 0, 1, 1, 1, 0, 1, \
        1, 1, 0, 0, 1, 1, 1, 1, 0, 0, 0, 0, 0, 0, 0, 1, \
        0, 0, 1, 1, 0, 0, 1, 1, 1, 1, 0, 1, 1, 1, 0, 1, \
        1, 1, 0, 0, 1, 1, 1, 1, 0, 0, 0, 0, 0, 0, 0, 1, \
        1, 1, 0, 0, 1, 1, 0, 0, 0, 0, 0, 0, 0, 0, 0, 0, \
        1, 1, 0, 0, 1, 1, 1, 1, 0, 0, 0, 0, 0, 0, 0, 0, \
        1, 1, 0, 0, 1, 1, 0, 0, 1, 1, 0, 1, 1, 1, 0, 0, \
        1, 1, 0, 0, 1, 1, 1, 0, 1, 1, 0, 0, 1, 0, 0, 0]

# 读取目标图像
image = cv2.imread('../data/elc.jpg', 0)
# 对图像进行二值化
iTwo = Two(image)
# 对图像进行细化操作
iThin = Xihua(iTwo, array)

# 图像结果展示
cv2.imshow('image', image)
cv2.imshow('Thin', iThin)
cv2.waitKey(0)
cv2.destroyAllWindows()
```

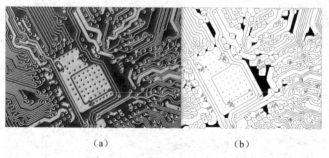

（a） （b）

图 4-25　细化运算的效果展示

　　图 4-25 中（a）为原图像，（b）为结果图像。电路板上元件数目繁多，很难一眼看出线路大体纹理与元件分布，转为二值图像再细化之后，纹理与布局相对清晰。可以看出图像经过细化之后，达到了较为理想的效果。

5. 粗化

粗化是细化的形态学对偶，粗化的定义同样基于击中-击不中变换，粗化的定义如式（4-18）所示。

$$A \odot B = A \cup (A \circledast B) \qquad (4\text{-}18)$$

在式（4-18）中，A 是目标集合，B 是粗化运算中的结构元，$\circledast$ 为击中-击不中变换。与细化类似，粗化的处理过程同样可以定义为一系列结构元序列化的处理，如式（4-19）所示。

$$A \odot \{B\} = ((\cdots((A \odot B^1) \odot B^2) \cdots) \odot B^n) \qquad (4\text{-}19)$$

在式（4-19）中，B^n 表示第 n 种结构元，用于粗化处理的结构元与图 4-22 中的相同，但粗化运算的实现过程与细化运算的过程略有不同，在粗化处理前，需要先将结构元中的前景像素与背景像素互换。粗化运算的处理过程为先获取集合 A^c，即获取 A 在图像 I 中的补集，然后对目标集合进行细化，最后求结果的补集。粗化运算的过程如图 4-26 所示。

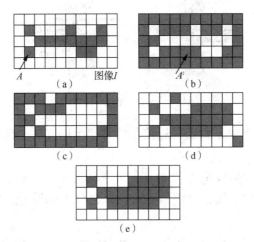

图 4-26 粗化运算的过程

在图 4-26 中，（a）（b）（c）（d）（e）是：带有目标集合 A 的图像 I；图像 I 的补集；对补集进行细化后的图像；对细化后的图像再求补集的图像；去除断点的最终结果。

从图 4-26 中可以看出，粗化处理的过程可能会产生断点。所以在粗化处理获得结果前，需要进行断点的删除。对补集中目标集合的细化处理形成了粗化处理的边界。边界这一限制特性对于获得效果较为理想的粗化图像是有利的，但是边界不会在进行粗化处理时直接出现，因此可以对背景像素进行细化运算来实现原目标集合的粗化运算。

对图像进行粗化运算的实现基于击中-击不中变换的二值图像补集操作，因此不再单独给出实现过程，并且现在更常使用膨胀运算对图像进行粗化，效果明显的同时效率更高。

6. 骨架

骨架可以理解为图像的中轴，如一个长方形的骨架是长方形上的中轴线；圆的骨架是圆的圆心；直线的骨架是直线自身；孤立点的骨架也是自身。

有效理解数字图像处理中骨架的方法主要有如下两种。

（1）基于烈火模拟的方法。设想在同一时刻，将目标的边缘线都"点燃"，火的前沿匀速向内部蔓延，当前沿相交时火焰熄灭，火焰熄灭点的集合就是骨架。这种方法有一定的局限性。

（2）基于最大圆盘的表述。目标图像的骨架是由目标内所有最大圆盘的圆心组成的，基于最大圆盘的骨架提取如图 4-27 所示。

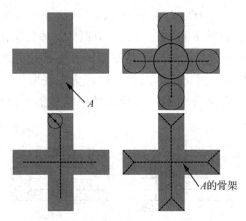

图 4-27　基于最大圆盘的骨架提取

基于内切圆的骨架提取是目前普遍使用的骨架提取方法。使用这一方法有两点需要注意。

（1）定义集合 A 的骨架表示为 $S(A)$，若 z 是 $S(A)$ 中的一点，$(D)_z$ 是 A 内以 z 为圆心的最大圆盘，则不存在位于集合 A 内的更大的包含 $(D)_z$ 的圆盘。满足条件的圆盘 $(D)_z$ 被称为最大圆盘。

（2）若 $(D)_z$ 是一个最大圆盘，则最大圆盘会在两个或多个不同位置与 A 的边界接触。

第二点类似于最大圆盘的性质。对于目标集合 A 的估计提取可以用腐蚀和开操作进行公式的表示。首先给出 $S(A)$ 的表示形式，定义如式（4-20）所示。

$$S(A) = \bigcup_{k=0}^{K} S_k(A) \tag{4-20}$$

在式（4-20）中，$S(A)$ 是最终结果，$S_k(A)$ 为每一步中的子骨架。需要说明的是，K 是目标集合 A 被腐蚀为空集前的最后一个迭代步骤。可以看出目标集合 A 的骨架子集 $S(A)$ 是每一步中的骨架的并集，第 k 步的骨架提取的具体定义如式（4-21）所示。

$$S_k(A) = (A \ominus kB) - (A \ominus kB) \circ B \tag{4-21}$$

在式（4-21）中，B 是对目标集合 A 进行骨架提取的结构元，$S_k(A)$ 为这一步中的子骨架。$(A \ominus kB)$ 表示使用结构元 B 对 A 进行 k 次连续的腐蚀；经过式（4-21）重复步骤后得到的结果再被 B 腐蚀，以此类推，直到腐蚀 k 次。连续腐蚀的定义如式（4-22）所示。

$$(A \ominus kB) = ((\cdots((A \ominus B) \ominus B) \cdots) \ominus B) \tag{4-22}$$

利用含有前景像素与背景像素的集合来展现对目标集合 A 进行骨架提取的过程，如图 4-28 所示，结构元 B 为 3×3 的前景像素。其中第一列是结构元 B 对原目标集合 A 进行不断腐蚀的结果，当 $k = 2$ 时，前景像素数量为 1。第二列是用结构元 B 对第一列中的集合进行开操作后的结果。第三列是第一列和第二列的差集，同时，得到目标集合 A 的骨架分别是 $S_0(A)$、$S_1(A)$ 和 $S_2(A)$。第四列包含两部分的骨架，最底部是最终的骨架结果。第五列显示了 $S_0(A)$ 和 $S_1(A)$ 与结构元 B 膨胀后的运算结果。第六列显示的是第五列所示膨胀后的骨架子集的并集。

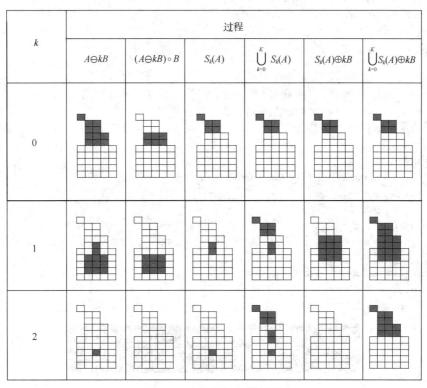

图 4-28　骨架提取的过程

实现骨架提取运算如代码 4-9 所示。首先，对图像进行转灰度图像、转二值图像的预处理，获得阈值图像时，建议先分析图像的灰度直方图以选择合适的阈值。然后，对图像进行开操作，即进行腐蚀运算与膨胀运算，因为进行开操作会导致某些像素被删除，这些被删除的像素其实是骨架的一部分。随后，使用 bitwise_or 函数对二进制数据进行或运算。最后，当腐蚀后的图像不存在前景像素时结束循环，得到目标图像的骨架。原图像与骨架提取的结果的对比如图 4-29 所示。

代码 4-9　实现骨架提取运算

```python
import os
import numpy as np
import cv2
import sys
```

```
img = cv2.imread('../data/4-9cut.jpg', 1)
im = cv2.imread('../data/4-9cut.jpg', 0)
cv2.imshow('original', img)

# 对图像进行预处理
ret, im = cv2.threshold(im, 127, 255, cv2.THRESH_BINARY)
element = cv2.getStructuringElement(cv2.MORPH_CROSS, (3, 3))

# 生成给定形状和类型的数组
skel = np.zeros(im.shape, np.uint8)
erode = np.zeros(im.shape, np.uint8)
temp = np.zeros(im.shape, np.uint8)

i = 0
while True:
    erode = cv2.erode(im, element)
    temp = cv2.dilate(erode, element)
    # 消失的像素是骨架的一部分
    temp = cv2.subtract(im, temp)
    # 使用函数进行或运算
    skel = cv2.bitwise_or(skel, temp)
    im = erode.copy()
    if cv2.countNonZero(im) == 0:
        break;
    i += 1

cv2.imshow('Skeleton', skel)
cv2.waitKey()
cv2.destroyAllWindows()
```

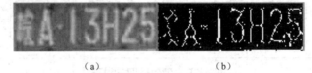

(a)   (b)

图 4-29　原图像与骨架提取结果的对比

图 4-29（a）为原图像，（b）为结果图像。由图 4-29 可以看出，即使原图像较为模糊，转为二值图像再进行骨架提取后，数字与字母部分清晰度提高。不足之处在于，当原始目标图像较模糊时，结构较复杂的中文在骨架提取上效果不理想。骨架提取后可以借助图像识别等其他技术去噪以获取更好的效果。

7. 裁剪

裁剪运算本质上是对细化和骨架提取运算的补充，因为细化和骨架提取过程可能会留下需要再次处理的成分。例如，在手写体字符的自动识别应用中，有一种基于提取每个字的骨架进行分析的方法，然而在提取的骨架中会有细小的突刺、断痕等影响图像的使用。使用裁剪则可以截去对图像有负面作用的"噪声"或不均匀区域。

图 4-31 中包含一个手写体字符的骨架,可以看出图像中包含影响字符识别的"噪声"像素区域。通过不断消除骨架中的分支端点达到想要的效果,在定义上可以理解为不断对集合 A 进行细化处理,定义如式(4-23)所示。

$$X_1 = A \otimes \{B\} \tag{4-23}$$

在式(4-23)中,A 是目标集合,B 是裁剪运算使用的结构元。裁剪过程使用的结构元集合 $\{B\}$ 如图 4-30 所示。由图 4-30 可以看出,每种结构元都可以使除中心像素外的 8 个元素旋转 $90°$,使每个结构元可以检测特定方向的某个端点。

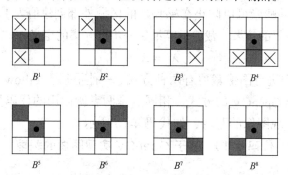

图 4-30 裁剪过程使用的结构元集合 $\{B\}$

裁剪运算的过程如图 4-31 所示,对目标集合多次使用式(4-23),因为进行裁剪运算减少了部分原本应存在的像素集合,所得到的最终的结果如图 4-31 中第三排的阵列所示。

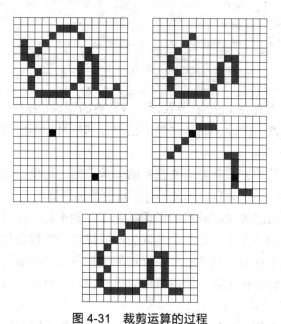

图 4-31 裁剪运算的过程

利用式(4-23)生成一个包含 X_1 中所有端点的集合 X_2,定义如式(4-24)所示。

$$X_2 = \bigcup_{n=1}^{8}(X_1 \circledast B^n) \tag{4-24}$$

在式（4-24）中，X_k 表示第 k 步的运算结果，B^n 表示第 n 种结构元，结构元来自图 4-30 中的结构元集合。对端点进行膨胀运算时需要注意，膨胀的次数要小于即将删除的端点的数量，以降低某些细枝因为膨胀运算再度出现的可能性。使用条件膨胀限制边界的定义如式（4-25）所示。

$$X_3 = (X_2 \oplus H) \cap A \tag{4-25}$$

在式（4-25）中，X_k 表示第 k 步的运算结果，A 是目标集合，使用 A 作为定界膨胀端点 3 次，H 是像素值为 1 的尺寸为 3×3 的结构元，在进行每一步膨胀运算后与 A 进行交集操作。使用这样的条件膨胀可以防止在感兴趣的区域外部创建值为 1 的像素。最后对 X_3 与 X_1 取并集即可得到想要的效果。裁剪运算最后一步取并集的定义如式（4-26）所示。

$$X_4 = X_1 \cup X_3 \tag{4-26}$$

在 Python 环境中进行图像裁剪有两种方式，一种是基于 Pillow 库中的 crop() 方法的方式，另一种是基于 OpenCV 的方式，相同点是两者所使用的代码量都不大。

基于 OpenCV 实现图像的裁剪，如代码 4-10 所示。

代码 4-10　基于 OpenCV 实现图像的裁剪

```
import cv2

img = cv2.imread('../data/01.jpg')
print(img.shape)

# 裁剪坐标为[y0: y1, x0: x1]，配合 MATLAB 获取图像坐标
cropped = img[430: 652, 357: 812]

cv2.imshow('original', img)
cv2.imshow('image', cropped)
cv2.imwrite('../tmp/01cut.jpg', cropped)
cv2.waitKey(0)
cv2.destroyAllWindows()
```

在代码 4-10 中，首先用 imread 函数读取待裁剪的图像，并使用图像的 shape 属性查看目标图像的相关属性，图像 shape 属性的输出分别是目标图像高度、目标图像宽度、目标图像通道数。

然后利用数组切片的方式获取需要裁剪的图像范围，这里给出的坐标为目标裁剪区域在原图像上的坐标，顺序为 $[y_0 : y_1, x_0 : x_1]$，其中目标图像的左上角是坐标原点。

最后，使用 imwrite() 方法将裁剪的图像结果保存到本地，该方法的第一个参数为图像路径以及需要保存的图像名，第二个参数为需要保存的图像在代码中的变量名称。

在选择目标图像坐标时，具体某个目标点的坐标位置并不能被直接读出来，可以利用 MATLAB 工具进行坐标读取，使得裁剪时可以快速、有效地选取最佳的位置。读取图像坐标如图 4-32 所示。

图 4-32（a）为获取车牌左上角坐标的结果，（b）为获取车牌右下角坐标的结果。从图 4-32 中可以看出，使用 MATLAB 工具可以准确定位并读出车牌图像中某点的坐标，用于目标车牌的裁剪。需要注意的是，在 MATLAB 工具中，图像的左上角为坐标原点。

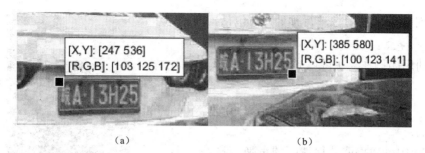

图 4-32 读取图像坐标

运行代码 4-10 所示代码，获得裁剪操作后的图像，与原图像进行对比，如图 4-33 所示。

图 4-33 裁剪操作后的图像与原图像对比

从图 4-33 中可以看出，经过裁剪运算，目标图像中想要提取的车牌图像已经被准确裁剪，这为后续的图像形态学处理做了铺垫。

4.3.2 使用形态学算法处理车牌图像

当获取到一幅车牌图像时，图像中常含有许多无关要素，例如行人、植物等，若不先进行车牌图像的提取，则会对图像中的无关要素进行与车牌图像同样的操作，而对无关要素的操作是无效的。对理论知识的综合运用从一定程度可以反映对实际问题的理解程度，现实生活中的很多视觉问题，需要调用对问题的审视、剖析能力，进而选择合适的理论方法解决问题。综合使用形态学算法可以实现从选择目标图像的目标区域开始，经过一系列操作的组合，达到提取目标车牌图像中车牌信息的效果。

本小节使用到的算法基本源于本章所介绍的形态学处理中的基本算法，由于每个图像的处理有其独特性，所以真正使用时还需要读者思考应选择的算法及其组合方式。

需综合使用形态学算法处理的原图像如图 4-34 所示。提取图像中的车牌信息，步骤包含如下 6 步。

（1）对图像进行裁剪操作，选出需要处理的区域，这样做的目的是减少后期图像处理中的无效、无关处理。

（2）对裁剪后的图像进行预处理，包括二值化和去除噪点。

（3）利用闭操作对去除噪点后的图像进行断痕拟合。

（4）利用开操作平滑图像，可以达到很好的平滑效果。

（5）利用骨架提取获得清晰的车牌信息。

（6）因为提取过程中包含腐蚀运算，所以需在骨架提取运算后添加闭操作，再次拟合图像以便获得更好的效果。

图 4-34　需综合使用形态学算法处理的原图像

综合使用形态学算法处理车牌图像，如代码 4-11 所示。

代码 4-11　综合使用形态学算法处理车牌图像

```python
# 导入函数库
import numpy as np
import cv2
import sys
import os

# 读取输入图像
img = cv2.imread('../data/project.jpg')
# 裁剪坐标为[y0: y1, x0: x1]，配合 MATLAB 获取图像坐标
cut_img = img[497: 532, 302: 399]
cv2.imshow('cut_img', cut_img)

# 对图像进行预处理，最终获得二值图像
gray_img = cv2.cvtColor(cut_img, cv2.COLOR_BGR2GRAY)
# 此处使用自适应大津法优于固定阈值法
ret, thresh_img = cv2.threshold(gray_img, 0, 255, cv2.THRESH_BINARY | cv2.THRESH_OTSU)
cv2.imshow('thresh_image', thresh_img)

# 对获得的二值图像先进行腐蚀以去除噪点
kernel_1 = np.ones((2, 2), np.uint8)
erosion_img = cv2.erode(thresh_img, kernel_1, iterations=1)
# 使用 namedWindow 和 resizeWindow 的组合可以调节窗口尺寸
cv2.namedWindow('erosion_image', 0);
cv2.resizeWindow('erosion_image', 90, 5);
cv2.imshow('erosion_image', erosion_img)

# 定义闭操作使用的卷积核
kernel_2 = np.ones((2, 2), np.uint8)

# 对裁剪并腐蚀后的图像进行闭操作
# 这里选取的 2×2 结构元迭代 2 次的效果优于 3×3 结构元迭代 1 次的效果
```

```
close_img = cv2.morphologyEx(erosion_img, cv2.MORPH_CLOSE, kernel_2, iterations=2)
cv2.namedWindow('close_img', 0)
cv2.resizeWindow('close_img', 90, 5)
cv2.imshow('close_img', close_img)

# 使用开操作平滑图像
kernel_3 = np.ones((2, 2), np.uint8)
open_img = cv2.morphologyEx(close_img, cv2.MORPH_OPEN, kernel_2, iterations=1)
cv2.namedWindow('open_img', 0)
cv2.resizeWindow('open_img', 90, 5)
cv2.imshow('open_img', open_img)
cv2.imwrite('../tmp/open_project.jpg', open_img)

# 对图像进行骨架提取
element = cv2.getStructuringElement(cv2.MORPH_CROSS, (3, 3))
skel = np.zeros(open_img.shape, np.uint8)
erode = np.zeros(open_img.shape, np.uint8)
temp = np.zeros(open_img.shape, np.uint8)

i = 0
while True:
    erode = cv2.erode(open_img, element)
    temp = cv2.dilate(erode, element)
    # 消失的像素是骨架的一部分
    temp = cv2.subtract(open_img, temp)
    skel = cv2.bitwise_or(skel, temp)
    open_img = erode.copy()
    if cv2.countNonZero(open_img) == 0:
        break;
    i += 1

cv2.namedWindow('skel_img', 0)
cv2.resizeWindow('skel_img', 90, 5)
cv2.imshow('skel_img', skel)

# 图像经骨架提取后再次进行闭操作
close_img2 = cv2.morphologyEx(skel, cv2.MORPH_CLOSE, kernel_2, iterations=2)
cv2.namedWindow('close_img2', 0)
cv2.resizeWindow('close_img2', 90, 5)
cv2.imshow('close_img2', close_img2)

# 将结果图像保存到本地
# cv2.imwrite('../tmp/cut_project.jpg', cut_img)
cv2.waitKey(0)
cv2.destroyAllWindows()
```

在代码 4-11 中，需要注意的是，在获取二值图像时，本案例中使用自适应的大津法获取二值图像的效果要优于使用固定阈值法获得的效果，读者在处理图像时选择更适合具体场景的方法即可。在选取结构元尺寸以及迭代次数时，可以多次尝试以达到更好的效果。例如，在代码 4-11 中对裁剪并腐蚀后的图像进行闭操作时选择 2×2 尺寸的结构元和次数为 2 的迭代，实际效果要优于选择其他结构元尺寸与迭代次数组合的效果。使用腐蚀去除噪点，虽然能达到更好的去噪效果，但是导致连通性下降，为后续车牌信息识别增加了难度，因此需使用闭操作增加连通性。

综合使用形态学算法处理的车牌图像的结果如图 4-35 中所示，图 4-35（a）～（g）为代码 4-11 中各步骤对应的结果。

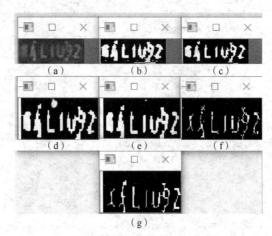

图 4-35　综合使用形态学算法处理的车牌图像的结果

可以看出，除了图 4-34 中的车牌图像中较为模糊的汉字与字母 "A"，其他的车牌信息均被成功提取出来，效果较为明显。

小结

本章介绍了形态学基本概念和提取图像特征、预处理图像的技术。形态学基本操作的一个显著优点表现为腐蚀和膨胀运算是各类形态学操作的基础，部分形态学操作可以由腐蚀或膨胀实现。形态学算法虽然由简单的基本运算组成，但是可以完成图像平滑处理、纹理分割、顶帽变换和底帽变换等有利于数字图像处理的复杂操作。

课后习题

1. 选择题

（1）图 4-36 中左侧 I 为初始结构元，其经过反射后的结果为（　　　　）。

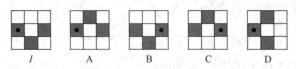

图 4-36　选择题（1）中的初始结构元与选项

（2）选择使用图 4-37 中左侧初始结构元 N 腐蚀目标图像 I 后的结果为（　　）。

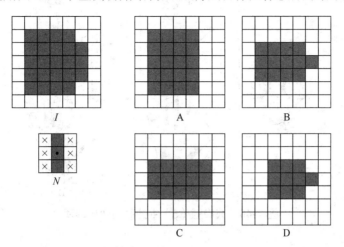

图 4-37　选择题（2）中的目标图像、初始结构元与选项

（3）图 4-38 中目标图像为 8 连通，图中连通分量的个数为（　　）。

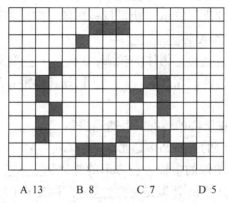

A 13　　　B 8　　　C 7　　　D 5

图 4-38　选择题（3）中的目标图像与选项

（4）在图 4-39 中，依据细化运算的原则，可以删除中心点的图像为（　　）。

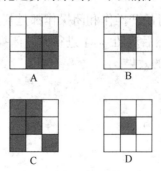

图 4-39　选择题（4）的选项

（5）对于凸壳运算，图 4-40 中原图像 I 理想的凸壳运算后的结果为（　　）。

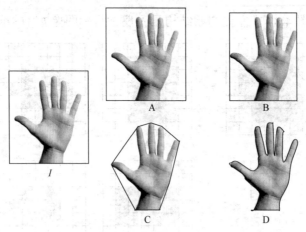

图 4-40　选择题（5）中的原图像与选项

2. 填空题

（1）开操作与闭操作是膨胀与腐蚀运算的不同顺序的组合，根据这一规律，开操作的公式为_____，闭操作的公式为_____。

（2）假设使用形态学处理运算 A，获得目标图像，需要先求目标图像的补集，进行运算 B 后再求补集，则运算 A 为_____。

（3）开操作通常用于_____物体的轮廓，可_____狭颈、消除细长的突出物；闭操作通常用于_____物体的轮廓、_____狭颈和沟壑、消除小孔，并填充轮廓中的缝隙。

（4）面对无法找到真正质心的情况，可适当进行_____，弥补凹损，找到包含原始形状的最小凸多边形。

（5）骨架可以理解为图像的中轴，长方形的骨架是_____；圆的骨架是_____；直线的骨架是_____；孤立点的骨架是_____。

3. 操作题

在正文中，对车牌图像进行的开操作和闭操作都是基于 3×3 的核，改变核的形状为 3×10，然后对图 4-41 进行开、闭操作，观察不同形状的核会产生什么不同的效果。

图 4-41　车牌图像

第 **5** 章 图像特征提取

为了实现目标检测等检测相关的任务，需要先从图像中提取具有代表性的特征，然后采用适当的计算方法比较这些特征的相似度，从而达到检测的目的，目标检测等算法的应用可以为建设科技强国贡献力量。在理想情况下，应该提取与人类的相似性判断的基准相对应的一些特征。由于视觉内容和图像的高级语义之间也存在一定的关联性，因此利用基于图像低层特征提取的检索算法，不仅可以检索出一些在人类视觉上相似的图像，也会检索出一些语义上存在关联性的图像。本章采用一些稳定且易于提取的低层特征来描述图像的视觉内容，如颜色、纹理、轮廓和形状等，每种特征都具有多种描述方式。

学习目标

（1）掌握提取图像颜色特征的方法。
（2）掌握提取图像纹理特征的方法。
（3）掌握提取图像轮廓特征的方法。
（4）掌握提取图像形状特征的方法。

5.1 提取图像的颜色特征

颜色特征是在图像检索中广泛应用的视觉特征，也是人们识别图像时主要的感知特征，这主要是因为颜色往往和图像中所包含的场景和物体有非常强的相关性。自然界中，同种物体一般有相同的颜色特征，不同的物体可能有着不同的颜色特征。

5.1.1 了解图像的颜色特征

相对于其他图像特征，颜色特征对图像方向、尺寸和视角等的依赖性较小，具有较高的鲁棒性，许多图像检索系统以颜色特征作为图像检索的主要手段。常用的颜色特征包括颜色直方图、颜色矩、颜色聚合向量和颜色相关图等。

1. 颜色直方图

颜色直方图是被广泛应用在许多图像检索系统中的颜色特征，只包含图像中各颜色值出现的频率，可以描述不同色彩在整幅图像中所占的比例。如果图像可以分为多个区域，且前景与背景颜色的分布具有明显差异，那么颜色直方图呈现双峰形。但是颜色直方图丢失了像素所在的空间位置信息，即其无法描述图像中存在的对象或物体。

任意一幅图像都有唯一一幅与之对应的颜色直方图，但不同的图像可能有相同的颜色分布，从而具有相同的颜色直方图，因此颜色直方图与图像是一对多的关系。

在获取颜色直方图前，会对图像颜色空间的颜色分量进行分割，常用的颜色空间包含 RGB、HSV 颜色空间等。颜色直方图对图像几何变换中的旋转、翻转不敏感，具有一定的稳定性。

通过 OpenCV 中的 calcHist 函数可以计算颜色直方图，语法格式如下。注意 calcHist 函数不实现直方图的绘制。

```
cv2.calcHist(images, channels, mask, histSize, ranges[, hist[, accumulate]])
```

calcHist 函数的参数及其说明如表 5-1 所示。

表 5-1　calcHist 函数的参数及其说明

参数名称	说明
images	接收 array 类型常量，表示需要进行直方图绘制的图像，无默认值
channels	接收 int 类型常量，表示用于计算直方图的通道，无默认值
mask	接收 array 类型，表示用于凸显区域或掩盖区域的掩模，与输入图像具有相同的尺寸，无默认值
histSize	接收 int 类型常量，表示直方图分成多少个区间，无默认值
ranges	接收 float 类型常量，表示统计像素值的区间，无默认值
hist	接收 array 类型，表示输出的直方图，无默认值
accumulate	接收 bool 类型，表示存在多个图像时，是否累计像素值的个数，默认值为 False

calcHist 函数参数接收的数据类型有所不同，例如，images 参数不能直接接收图像数组，需要将图像数组转换为列表的形式，即[img_bgr]，img_bgr 表示 RGB 颜色空间的图像数组。同时将 histSize 参数的值设置为 256，表示统计每个像素值的数量。

通过 calcHist 函数计算颜色直方图，然后使用绘图库实现颜色直方图绘制，如代码 5-1 所示。得到的 RGB 颜色空间的颜色直方图如图 5-1 所示。

代码 5-1　颜色直方图绘制

```python
import cv2
import matplotlib.pyplot as plt

# 彩色图像的颜色直方图
img_bgr = cv2.imread('../data/timg3.jpg')
# cv2.imshow('', img_bgr)  # 显示图像

plt.figure(figsize=(13, 4))  # 设置画布的尺寸
fs = 17  # 字体大小
plt.suptitle('颜色直方图', fontsize=fs)
```

```
lab = ['B', 'G', 'R']
col = ['blue', 'green', 'red']
tit = ['蓝色', '绿色', '红色']
for i in range(3):
    # 获取各颜色的直方图
    hist = cv2.calcHist([img_bgr], [i], None, [256], [0, 256])
    # 创建子图
    ax1 = plt.subplot(131 + i)
    plt.bar(x=[i for i in range(256)], height=[int(j) for j in hist], label=lab[i],
color=col[i])
    ax1.set_title(tit[i], fontsize=fs)  # 子图标题
    ax1.set_xlabel('像素值', fontsize=fs)  # 子图 x 轴标签
    ax1.set_ylabel('数量', fontsize=fs)  # 子图 y 轴标签
    plt.ylim(0, 20300)  # 子图 y 轴刻度范围

plt.tight_layout()
# plt.savefig('../tmp/颜色直方图.png', dpi=1080)
plt.show()
```

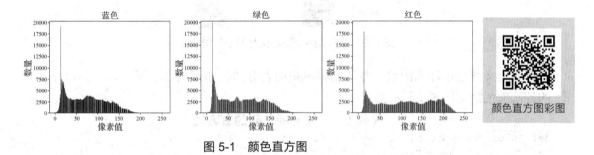

图 5-1　颜色直方图

从图 5-1 中可以看出，3 种颜色的颜色直方图的数量峰值都分布在像素值较低的位置，表明图像的颜色总体偏暗色调。不同颜色对应像素值数量的变化趋势在 0 到 150 的区间内基本相同，在 150 后红色像素的数量明显高于其他两种颜色的数量，表明在图像中存在一部分的鲜红区域。

2. 颜色矩

颜色矩是一种简单、有效的颜色特征表示方法。颜色矩的优点在于，不需要颜色空间量化，特征向量维度低。但在实验中发现颜色矩的检索效率比较低，因而在实际应用中往往用于过滤图像以缩小检索范围。

由于图像的颜色信息主要分布于低阶矩中，所以常用一阶矩、二阶矩和三阶矩表达图像的颜色分布。其中，一阶矩描述平均颜色，反映图像整体的明暗程度；二阶矩描述颜色标准差，反映图像颜色的分布范围；三阶矩描述颜色的偏移性，反映图像颜色分布的对称性。一阶矩、二阶矩、三阶矩的计算公式分别如式（5-1）～式（5-3）所示。

$$\mu_i = \frac{1}{N} \sum_{j=1}^{N} P_{ij} \qquad (5\text{-}1)$$

127

$$\sigma_i = \left[\frac{1}{N}\sum_{j=1}^{N}\left(P_{ij} - \mu_i\right)^2\right]^{\frac{1}{2}} \tag{5-2}$$

$$S_i = \left[\frac{1}{N}\sum_{j=1}^{N}\left(P_{ij} - \mu_i\right)^3\right]^{\frac{1}{3}} \tag{5-3}$$

公式中的 N 为像素数量，P_{ij} 表示第 i 个颜色分量的第 j 个像素值。

从颜色矩的计算公式可以看出，颜色矩也受图像的像素数量影响。但是在实际的应用中，摄像设备的不同会导致获取的图像的尺寸不同。因此，在特定的情况下，对比两图的颜色矩时，可以通过在原图中切割出相同尺寸的图像，从而消除图像尺寸不统一的影响，如图 5-2 所示。

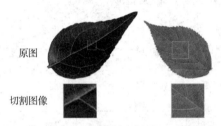

原图

切割图像

图 5-2　在原图中切割出相同尺寸的图像

自定义颜色矩计算函数，并绘制颜色矩的直方图，如代码 5-2 所示。得到两片叶子的各阶颜色矩如图 5-3 所示。

代码 5-2　绘制颜色矩的直方图

```python
def color_moments(img, trans_hsv=False):
    if trans_hsv == True:
        img = cv2.cvtColor(img, cv2.COLOR_BGR2HSV)
    # 颜色分割
    f, s, t = cv2.split(img)
    # 创建特征存放列表
    color_feature = []
    # 一阶
    f_mean = np.mean(f)
    s_mean = np.mean(s)
    t_mean = np.mean(t)
    color_feature.extend([f_mean, s_mean, t_mean])
    # 二阶
    f_std = np.std(f)
    s_std = np.std(s)
    t_std = np.std(t)
    color_feature.extend([f_std, s_std, t_std])
    # 三阶
    f_skewness = np.mean(abs(f - f.mean()) ** 3)
    s_skewness = np.mean(abs(s - s.mean()) ** 3)
    t_skewness = np.mean(abs(t - t.mean()) ** 3)
    f_thirdMoment = f_skewness ** (1. / 3)
```

```
    s_thirdMoment = s_skewness ** (1. / 3)
    t_thirdMoment = t_skewness ** (1. / 3)
    color_feature.extend([f_thirdMoment, s_thirdMoment, t_thirdMoment])

    return color_feature

img1 = cv2.imread('../data/leaf1.jpg')
img2 = cv2.imread('../data/leaf2.jpg')

img1 = img1[188: 238, 275: 325, :]
img2 = img2[69: 119, 108: 158, :]
# 调用函数获取颜色矩
img1_feature = color_moments(img1)
img2_feature = color_moments(img2)

x = np.arange(9)
labels = [i + j for i in ['一阶', '二阶', '三阶'] for j in ['B', 'G', 'R']]
fs = 15
plt.figure(figsize=(7, 4))  # 设置画布的尺寸
plt.bar(x - 0.15, img1_feature, width=0.3)
plt.bar(x + 0.15, img2_feature, width=0.3)
plt.xticks(x, labels, fontsize=fs)
plt.xlabel('各阶颜色矩', fontsize=fs)
plt.legend(['leaf1', 'leaf2'])
plt.tight_layout()
# plt.savefig('../tmp/颜色矩.png', dpi=1080)
plt.show()
```

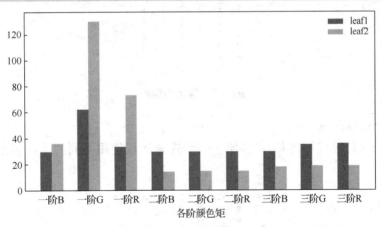

图 5-3 两片叶子的各阶颜色矩

在图 5-3 中，柱形表示各阶颜色矩的数值，由此可知，两片叶子的一阶颜色矩存在较大的不同，主要体现在绿色分量和红色分量中，第二片叶子的绿色、红色分量接近第一片叶子的绿色、红色分量的两倍，因此第二片叶子的色彩在总体上更加艳丽。在二阶矩和三阶矩中，第一片叶子的各阶颜色矩的数值均高于第二片叶子的，表明在总体上第二片叶子的颜色分布更均匀。

3. 颜色聚合向量

针对颜色直方图和颜色矩无法表达图像像素的空间位置的缺点,提出了图像的颜色聚合向量。颜色聚合向量是颜色直方图的一种演变,其核心思想是将属于颜色直方图每个区间的像素分为两部分。如果区间内的像素所占据的连续区域的面积大于给定的阈值,那么该区域内的像素作为聚合像素,否则作为非聚合像素。从而得到每个区间内聚合像素的数量 α_n 和非聚合像素的数量 β_n,则颜色聚合向量可以表示为 $<(\alpha_1, \beta_1), (\alpha_2, \beta_2), \cdots, (\alpha_n, \beta_n)>$。

颜色聚合向量的计算主要包含量化、划分连通区域、判断聚合性和得到结果 4 个步骤。待计算颜色聚合向量的数据如图 5-4 所示。

```
22  10  21  22  15  16
24  21  13  20  14  17
23  17  38  23  17  16
25  25  22  14  15  21
27  22  12  11  21  20
24  21  10  12  22  23
```

图 5-4　待计算颜色聚合向量的数据

计算图 5-4 中数据的颜色聚合向量的过程如下。

（1）量化

首先对数据进行量化,以 10 作为一个区间的宽度,将 10～19 的数据划分为区间 1,将 20～29 的数据划分为区间 2,并以此类推直到全部区间划分完毕。量化的结果如图 5-5 所示。

```
2  1  2  2  1  1
2  2  1  2  1  1
2  1  3  2  1  1
2  2  2  1  1  2
2  2  1  1  2  2
2  2  1  1  2  2
```

图 5-5　量化的结果

（2）划分连通区域

连通区域的计算使用的是 8 邻域,每个连通区域使用不同的字母表示,如图 5-6 所示。

```
B  C  B  B  A  A
B  B  C  B  A  A
B  C  D  B  A  A
B  B  B  A  A  E
B  B  A  A  E  E
B  B  A  A  E  E
```

图 5-6　划分连通区域

（3）判断聚合性

结合图 5-5 和图 5-6 所示统计连通区域中的像素数量,如表 5-2 所示。

表 5-2 连通区域中的像素数量

连通区域	A	B	C	D	E
颜色区间	1	2	1	3	2
像素数量	12	15	3	1	5

设定一个阈值 τ，作为判断连通区域中的像素是聚合还是非聚合的依据。如果连通区域中的像素数量大于阈值 τ，那么该区域中的像素是聚合的，否则像素是非聚合的。

设阈值为 4，在颜色区间为 1 的情况下，像素数量大于 4 的为 12，小于等于 4 的为 3，因此颜色区间为 1 时，$\alpha=12$、$\beta=3$。如果同一区间内有多个符合条件的像素数量，那么需要将像素数量相加。例如，在颜色区间为 2 时，像素数量大于 4 的有 15 和 5，则 $\alpha=15+5=20$。计算得到 3 个颜色区间的聚合性如表 5-3 所示。

表 5-3 3 个颜色区间的聚合性

颜色区间	1	2	3
α	12	20	0
β	3	0	1

（4）得到结果

根据表 5-3 中的统计结果，可以得到图 5-4 中数据的颜色聚合向量为 $<(12,3),(20,0),(0,1)>$。

计算颜色聚合向量如代码 5-3 所示。

代码 5-3 计算颜色聚合向量

```python
from skimage import measure
from collections import Counter
import pandas as pd

img = np.asarray([[22, 10, 21, 22, 15, 16],
                  [24, 21, 13, 20, 14, 17],
                  [23, 17, 38, 23, 17, 16],
                  [25, 25, 22, 14, 15, 21],
                  [27, 22, 12, 11, 21, 20],
                  [24, 21, 10, 12, 22, 23]])
# 量化
lianghua = img / 10
lianghua = lianghua.astype(np.uint8)
arr = np.zeros((3, 2))  # 量化的范围
n_data = pd.DataFrame(arr, columns=['聚合', '非聚合'])

# 划分连通区域
label_image = measure.label(lianghua)
label_image_ = label_image.reshape(36, )
list_jh = Counter(label_image_)
# {1: 15, 2: 3, 3: 12, 4: 1, 5: 5}
```

```
# 构建映射
quyu_bin = {}
for i in range(len(list_jh)):
    a = np.argwhere(label_image == i + 1)[0]
    jianming = lianghua[a[0], a[1]]
    quyu_bin[i + 1] = jianming
# {1: 2, 2: 1, 3: 1, 4: 3, 5: 2}
# 判断聚合性
juhe = []  # [{1, 3, 5}
feijuhe = []  # {2, 4}
tao = 4
for i in list_jh.keys():
    if list_jh[i] > tao:
        juhe.append(i)
    else:
        feijuhe.append(i)

# 得到结果
for i in juhe:
    n_data.iloc[quyu_bin[i] - 1, 0] = n_data.iloc[quyu_bin[i] - 1, 0] + list_jh[i]
for i in feijuhe:
    n_data.iloc[quyu_bin[i] - 1, 1] = n_data.iloc[quyu_bin[i] - 1, 1] + list_jh[i]
print(n_data)
```

运行代码 5-3 所示代码得到的结果如下，可以看出代码的运行结果与表 5-3 所示的结果相同。

```
   聚合   非聚合
0  12.0  3.0
1  20.0  0.0
2  0.0   1.0
```

4. 颜色相关图

颜色相关图是图像颜色分布的另一种表达方式，不但刻画了某种颜色的像素占比，表达了颜色随距离变换的空间关系，还反映了颜色之间的空间关系。如果还要考虑颜色之间的相关性，那么颜色相关图将会非常复杂、庞大。颜色相关图的一种简化方式是颜色自动相关图，仅仅考虑具有相同颜色的像素之间的空间关系。

假设图像 I 被量化为 m 种（$c_1, c_2, \cdots, c_m$）颜色值。对于图像 I 中的任意两个像素点 $p_a(x_a, y_a)$ 和 $p_b(x_b, y_b)$，定义两点的距离为 $|p_a - p_b| = \max\{|x_a - x_b|, |y_a - y_b|\}$，距离集合表示为 $\{n\}$，则对于固定距离 $d \in \{n\}$、$i, j \in \{m\}$、$k \in \{d\}$，图像 I 的颜色相关图如式（5-4）所示。

$$r_{c_i, c_j}^{(k)}(I) = \sum_{p_a \in I_{c_i}, p_b \in I} \left\{ p_b \in I_{c_j} \mid |p_a - p_b| = k \right\} \tag{5-4}$$

在式（5-4）中，$r_{c_i, c_j}^{(k)}(I)$ 表示图像 I 中与像素点 p_a 距离为 k 且颜色值为 c_i 的像素点的个数。

自定义函数绘制颜色相关图，如代码 5-4 所示，得到颜色相关图如图 5-7 所示。

代码 5-4　绘制颜色相关图

```python
def is_vaild(X, Y, point):  # 判断像素分布点是否超出图像范围，超出则返回 False
    if point[0] < 0 or point[0] >= X:
        return False
    if point[1] < 0 or point[1] >= Y:
        return False
    return True


def getNeighbours(X, Y, x, y, dist):    # 输入图像的一个像素点的位置，返回该点的 8 邻域
    cn1 = (x + dist, y + dist)
    cn2 = (x + dist, y)
    cn3 = (x + dist, y - dist)
    cn4 = (x, y - dist)
    cn5 = (x - dist, y - dist)
    cn6 = (x - dist, y)
    cn7 = (x - dist, y + dist)
    cn8 = (x, y + dist)
    point = (cn1, cn2, cn3, cn4, cn5, cn6, cn7, cn8)
    Cn = []
    for i in point:
        if is_vaild(X, Y, i):
            Cn.append(i)
    return Cn


def corrlogram(img, dist):
    xx, yy, tt = img.shape
    cgram = np.zeros((256, 256), np.uint8)
    for x in range(xx):
        for y in range(yy):
            for t in range(tt):
                color_i = img[x, y, t]   # 输入图像的某一个通道的像素值
                neighbours_i = getNeighbours(xx, yy, x, y, dist)
                for j in neighbours_i:
                    j0 = j[0]
                    j1 = j[1]
                    color_j = img[j0, j1, t]   # 输入图像的某一个邻域像素点的某一个通道的像素值
                    cgram[color_i, color_j] += 1  # 统计像素值 i 和像素值 j 的个数
    return cgram


img = cv2.imread('../data/GW3.jpg')
crgam = corrlogram(img, 4)
plt.imshow(crgam, cmap=plt.cm.gray)
plt.savefig('../tmp/颜色相关图.png', dpi=1080)
plt.show()
```

　　在颜色相关图中，明亮部分表示存在符合条件的像素点，越明亮则表示符合条件的像素点越多。从图 5-7 中可以看出，图像中像素值在 0～130 的像素点有较广泛的分布，

说明图像整体偏暗，颜色相对斑驳。但是像素值在 150～200 的像素点亦有不少的分布，说明图像存在明亮部分。

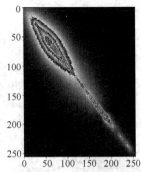

图 5-7　颜色相关图

5.1.2　提取水质图像的颜色特征

在环境监测中，对水资源的监测至关重要。一张取样后拍摄的水质图像如图 5-8 所示。在光照条件下，由于不同质量的水中含有的物质不同，对光的反射情况也不同，导致水的颜色看起来不同。提取水质图像的颜色特征可以对水质进行分类。

图 5-8　水质图像

在拍摄水质图像时，需要保证拍摄条件是相对统一的，从而保证水的颜色特征可以作为分类依据。但是拍摄的水质图像不可避免地包含杯子、纸张、草地等背景，因此需要对原始图像进行切割，保留相同尺寸的水质部分的图像并提取颜色矩，如代码 5-5 所示。得到的水质部分分割后的图像如图 5-9 所示。

代码 5-5　切割图像并提取颜色矩

```python
import os
import numpy as np
import cv2

path = '../data/images/'
filenames = os.listdir(path)
n = len(filenames)
data = np.zeros([n, 9])  # 保存数据
labels = np.zeros([n])  # 保存标签

def color_moments(img, trans_hsv=False):
    if trans_hsv == True:
        img = cv2.cvtColor(img, cv2.COLOR_BGR2HSV)
    # 颜色分割
    f, s, t = cv2.split(img)
    # 创建特征存放列表
    color_feature = []
    # 一阶
    f_mean = np.mean(f)
    s_mean = np.mean(s)
```

```
    t_mean = np.mean(t)
    color_feature.extend([f_mean, s_mean, t_mean])
    # 二阶
    f_std = np.std(f)
    s_std = np.std(s)
    t_std = np.std(t)
    color_feature.extend([f_std, s_std, t_std])
    # 三阶
    f_skewness = np.mean(abs(f - f.mean()) ** 3)
    s_skewness = np.mean(abs(s - s.mean()) ** 3)
    t_skewness = np.mean(abs(t - t.mean()) ** 3)
    f_thirdMoment = f_skewness ** (1. / 3)
    s_thirdMoment = s_skewness ** (1. / 3)
    t_thirdMoment = t_skewness ** (1. / 3)
    color_feature.extend([f_thirdMoment, s_thirdMoment, t_thirdMoment])

    return color_feature

for i in range(n):
    img = cv2.imread(path + filenames[i])   # 图像读取
    a, b, c = img.shape  # 图像尺寸
    img = img[int(a / 2 - 50): int(a / 2 + 50), int(b / 2 - 50): int(b / 2 + 50), :]
    # 图像切割
    # cv2.imwrite('../tmp/test/'+filenames[i], img)
    data[i] = color_moments(img)
labels[i] = filenames[i][0]

import matplotlib.pyplot as plt

for j in range(5):
    plt.plot([np.mean(data[labels == j + 1][:, i]) for i in range(9)])
x = np.arange(9)
lab = [i + j for i in ['一阶', '二阶', '三阶'] for j in ['B', 'G', 'R']]
plt.xticks(x, lab, fontsize=15)
plt.title('5类水质图像各阶颜色矩均值折线图', fontsize=15)
plt.savefig('../tmp/5类水质图像各阶颜色矩均值折线图.png', dpi=1080)
```

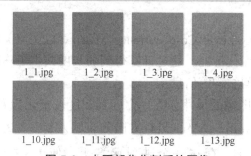

图 5-9　水质部分分割后的图像

　　提取全部水质图像的颜色矩后，根据标签对颜色矩进行分类，并绘制 5 类水质图像
各阶颜色矩均值折线图，如图 5-10 所示。

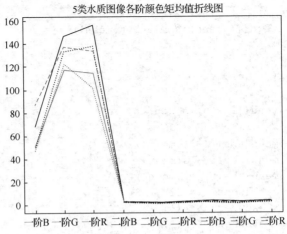

图 5-10　5 类水质图像各阶颜色矩均值折线图

从图 5-10 中可以看出，不同水质图像的颜色矩的差距主要体现在一阶颜色矩中，二阶颜色矩和三阶颜色矩的差距不大。因此，可以选择一阶颜色矩作为水质图像分类模型的特征数据，以创建水质图像分类模型。

5.2　提取图像的纹理特征

图像的纹理特征在图像检索中有着重要的地位，与图像的颜色、形状等特征相比，图像的纹理特征对图像具有更强的描述能力且更加稳定。纹理表现为物体表面某种重复性出现的微观结构，能够反映出图像的灰度变化和空间结构。

5.2.1　了解图像的纹理特征

20 世纪 70 年代，随着对纹理的深入分析，灰度共生矩阵的概念被提出。在此之后，基于纹理基元提出了局部二值模式。灰度共生矩阵和局部二值模式常被用于提取图像的纹理特征。

1. 灰度共生矩阵

灰度共生矩阵（Gray-Level Co-occurrence Matrix，GLCM）可以反映出图像灰度在一定方向和一定间隔的变化情况。通过计算得到的灰度共生矩阵能够较好地反映出图像的灰度变化关系以及空间结构等信息。

假设一张二维灰度图像的尺寸为 $N_x \times N_y$，其灰度被量化为 N_g 级，则灰度共生矩阵水平方向分布域为 $L_x = \{1, 2, \cdots, N_x\}$，竖直方向分布域为 $L_y = \{1, 2, \cdots, N_y\}$，量化后灰度的分布域为 $H = \{1, 2, \cdots, N_g\}$。存在一个映射函数 I，使 $L_x \times L_y \to H$。灰度共生矩阵 $P(i, j, d, \theta)$ 的定义如式（5-5）所示。

$$P(i, j, d, \theta) = \#\{(x_1, y_1), (x_2, y_2) \in L_x \times L_y \mid I(x_1, y_1) = i, I(x_2, y_2) = j\} \quad （5-5）$$

在式（5-5）中，#{} 指计算集合中元素的个数；d 和 θ 分别表示点 (x_1, y_1) 到点 (x_2, y_2) 的距离和方向。θ 的常见取值有 0°（水平方向）、45°、90°（竖直方向）和 135°，如图 5-11 所示。

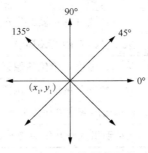

图 5-11　θ 的常见取值

待计算灰度共生矩阵的数据如图 5-12（a）所示，该数据被量化后包含 3 个量级，灰度共生矩阵的尺寸为 3×3。当 $d = 1$、$\theta = 0°$、$L_x \times L_y = (1, 2)$ 时，表示统计一个元素为 1、另一个元素为 2 且两个元素在水平方向上距离为 1 的组合的个数，如图 5-12（b）所示，需要注意的是，两个元素的位置无先后之分。

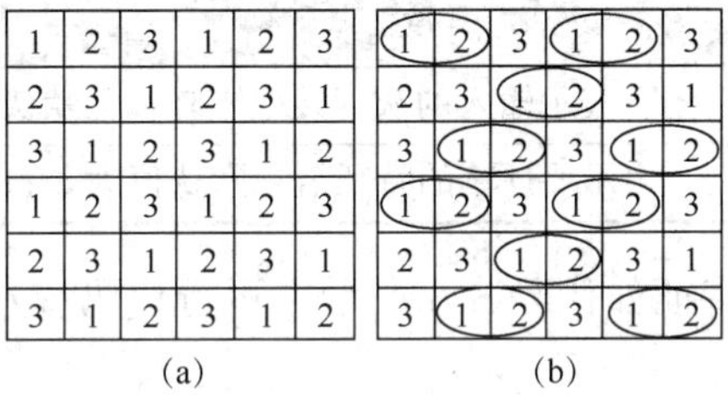

图 5-12　计算灰度共生矩阵

从图 5-12（b）中可以看出，符合条件的组合共有 10 个。则在灰度共生矩阵中，第 "1" 行第 "2" 列上元素的值为 10。同理，一个元素为 2、另一个元素为 3 且两个元素在水平方向上距离为 1 的组合的个数为 10。

统计 $L_x \times L_y$ 集合中所有组合的个数即可得到完整的灰度共生矩阵，如图 5-13 所示。

$$\begin{bmatrix} 0 & 10 & 10 \\ 10 & 0 & 10 \\ 10 & 10 & 0 \end{bmatrix}$$

图 5-13　灰度共生矩阵

灰度共生矩阵虽然提供图像灰度方向、间隔和变化幅度的信息，但不能直接提供能区别纹理的特性，因此需要在灰度共生矩阵的基础上计算特征。常见的特征有均值、方差、标准差、同质度、对比度、非相似性、熵、能量、角二阶矩等。

通过 scikit-image 中的 graycomatrix 函数可以计算灰度共生矩阵，语法格式如下。

```
skimage.feature.graycomatrix(image, distances, angles, levels=256, symmetric=
False, normed=False)
```

数字图像处理实战

graycomatrix 函数的参数名称及其说明如表 5-4 所示。

表 5-4　graycomatrix 函数的参数名称及其说明

参数名称	说明
image	接收 array 类型，表示需要计算灰度共生矩阵的二维图像，无默认值
distances	接收 array 类型，表示像素对距离偏移量，无默认值
angles	接收 array 类型，表示以弧度为单位的像素对角度，无默认值
levels	接收 int 类型，表示计数的灰度级，默认值为 256
symmetric	接收 bool 类型，表示输出灰度共生矩阵是否需要对称，默认值为 False
normed	接收 bool 类型，表示输出灰度共生矩阵是否需要归一化，默认值为 False

通过 scikit-image 中的 graycoprops 函数可以计算部分灰度共生矩阵特征，语法格式如下。

```
skimage.feature.graycoprops(P, prop='contrast')
```

graycoprops 函数的参数名称及其说明如表 5-5 所示。

表 5-5　graycoprops 函数参数名称及其说明

参数名称	说明
P	接收 array 类型，表示输入的灰度共生矩阵，无默认值
prop	接收 str 类型，表示要计算的特征值，默认值为 contrast

计算灰度共生矩阵和特征如代码 5-6 所示。运行代码 5-6 所示代码得到灰度共生矩阵的特征如表 5-6 所示。

代码 5-6　计算灰度共生矩阵和特征

```
import cv2
import numpy as np
from skimage.feature import graycomatrix, graycoprops

img = cv2.imread('../data/GW3.jpg', cv2.IMREAD_GRAYSCALE)
# 灰度共生矩阵
glcm = graycomatrix(img, [1], [0], 256, symmetric=True, normed=True)

# 灰度纹理特征统计
prop = ['contrast', 'dissimilarity', 'homogeneity', 'energy', 'correlation',
'ASM']
temp = [graycoprops(glcm, i) for i in prop]
```

表 5-6　灰度共生矩阵的特征

参数名称	contrast（对比度）	dissimilarity（非相似性）	homogeneity（同质度）	energy（能量）	correlation（相关性）	ASM（角二阶矩）
值	84.510	5.331	0.413	0.043	0.983	0.001

138

从表 5-6 中可以看出，该图像并不具备较为明显的纹理特征。同时，能量和角二阶矩的值较小，表明图像灰度分布不均匀，像素随机性比较大。

2. 局部二值模式

局部二值模式（Local Binary Pattern，LBP）通过计算固定窗口中心像素点灰度值与该点周围邻域像素点灰度值的大小关系来反映图像的微观结构。LBP 方法已经成为纹理特征提取和人脸特征提取的主要方法之一，并在这两个问题中得到了充分的研究和应用。

原始的 LBP 方法定义在某中心像素及其周围尺寸为 3×3 的矩形邻域系统上。为保留图像中像素间的信息，以中心像素的灰度值为阈值，对邻域内所有像素的灰度值进行二值化。大于或等于阈值的像素值编码为 1，小于阈值的像素值编码为 0，因此该方法被称为局部二值模式。以邻域内左上角的元素为起始点，顺时针或逆时针依次读取二值化后的像素值，从而构成一个 8 位的二进制数字。将得到的二进制数字转为十进制数字，并作为中心像素的新值。LBP 的计算过程如图 5-14 所示。

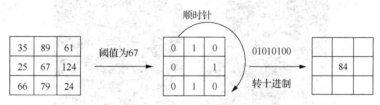

图 5-14 LBP 的计算过程

针对 3×3 的矩形邻域中，无法捕获大尺度的纹理结构和特征不具备旋转不变性的情况，提出了具有不同尺寸的圆形邻域和旋转不变 LBP，此处不进行展开介绍。

使用原始 LBP 提取图像特征如代码 5-7 所示，原图和得到的纹理特征图像如图 5-15 所示，其中图 5-15（a）为原图，图 5-15（b）为纹理特征图像。

代码 5-7 使用原始 LBP 提取图像特征

```
def lbp(src):
    height, width = src.shape[: 2]
    dst = np.zeros((height, width), dtype=np.uint8)
    lbp_value = np.zeros((1, 8), dtype=np.uint8)
    neighbours = np.zeros((1, 8), dtype=np.uint8)
    for row in range(1, height - 1):
        for col in range(1, width - 1):
            center = src[row, col]
            neighbours[0, 0] = src[row - 1, col - 1]
            neighbours[0, 1] = src[row - 1, col]
            neighbours[0, 2] = src[row - 1, col + 1]
            neighbours[0, 3] = src[row, col + 1]
            neighbours[0, 4] = src[row + 1, col + 1]
            neighbours[0, 5] = src[row + 1, col]
            neighbours[0, 6] = src[row + 1, col - 1]
            neighbours[0, 7] = src[row, col - 1]
            for i in range(8):
```

```
            if neighbours[0, i] > center:
                lbp_value[0, i] = 1
            else:
                lbp_value[0, i] = 0
        # 转成十进制数
        lbp = lbp_value[0, 0] * 1 + lbp_value[0, 1] * 2 + lbp_value[0, 2] * 4
            + lbp_value[0, 3] * 8 \
            + lbp_value[0, 4] * 16 + lbp_value[0, 5] * 32 \
            + lbp_value[0, 6] * 64 + lbp_value[0, 7] * 128
        dst[row, col] = lbp
    return dst


img1 = cv2.imread('../data/lena.jpg', cv2.IMREAD_GRAYSCALE)
lbp_1 = lbp(img1)
cv2.imwrite('../tmp/LBP.jpg', lbp_1)
```

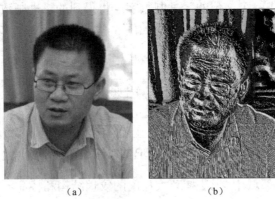

(a)   (b)

图 5-15   原图和纹理特征图像

从图 5-15（b）中可以看出，图像中包含一个戴着眼镜的人，并且人物眼睛、鼻子、嘴巴均被较为清晰地表现了出来。

5.2.2   提取组织切片图像的纹理特征

全面推进健康中国建设充分体现了以人民为中心的发展思想，是关系我国社会主义现代化建设全局的战略任务。在医学领域中，需要通过对组织病理切片的显微图像进行分析，从而了解病灶的详细情况。组织切片图像可能具有大量的层间变异、结构形态多样性导致的丰富的几何结构和复杂的纹理。4 张组织切片图像如图 5-16 所示，其中（a）（b）所示图像来自同一幅图像，（c）（d）所示图像来自同一幅图像。

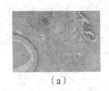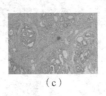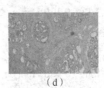

（a）   （b）   （c）   （d）

图 5-16   组织切片图像

从图 5-16 中可以看出，（a）（b）所示图像中不同的区域具有较为清晰的边界，同一区域中颜色分布均匀；（c）（d）所示图像各区域分布混乱、没有规律。因此可以通过计算图像的纹理特征对这些图像进行分类。

计算组织切片图像灰度共生矩阵，提取纹理特征并计算相关矩阵，如代码 5-8 所示，得到的特征值相关矩阵如表 5-7 所示。

代码 5-8　提取纹理特征并计算相关矩阵

```
import cv2
import numpy as np
import pandas as pd
from skimage.feature import graycomatrix, graycoprops

def GLCM(s):
    img = cv2.imread(s, cv2.IMREAD_GRAYSCALE)
    # 灰度共生矩阵
    glcm = graycomatrix(img, [1], [0], 256, symmetric=True, normed=True)
    # 灰度纹理特征统计
    prop = ['contrast', 'dissimilarity', 'homogeneity', 'energy', 'correlation',
'ASM']
    temp = [graycoprops(glcm, i) for i in prop]
    return [round(float(i), 4) for i in temp]

fil_name = ['../data/' + i + '.png' for i in ['1', '2', '3', '4']]
unstrtf_lst = [GLCM(i) for i in fil_name]
column_lst = ['a', 'b', 'c', 'd']

# 计算列表两两间的相关系数
data_dict = {}  # 创建数据字典，为生成 DataFrame 做准备
for col, gf_lst in zip(column_lst, unstrtf_lst):
    data_dict[col] = gf_lst
unstrtf_df = pd.DataFrame(data_dict)
cor1 = unstrtf_df.corr()  # 计算相关系数，得到一个矩阵
print(cor1)
```

表 5-7　特征值相关矩阵

	1	2	3	4
1	1.000000	0.999969	0.999747	0.999711
2	0.999969	1.000000	0.999719	0.999686
3	0.999747	0.999719	1.000000	0.999999
4	0.999711	0.999686	0.999999	1.000000

从表 5-7 中可以看出，4 张图像的特征值都是高度相关的，均超过了 99%，表明在本案例中采用灰度相关矩阵计算特征值并不能较好地对图像进行分类。但是，除与自身的相关系数外，第 1 张图像与第 2 张图像的相关系数高于与第 3、4 张图像的相关系数，第 3 张图像与第 4 张图像的相关系数高于与第 1、2 张图像的相关系数。因此可以得到结

论：第 1 张图像与第 2 张图像更加相似，第 3 张图像与第 4 张图像更加相似。该结论与实际情况相符。

5.3 提取图像的轮廓特征

从人类认知事物的角度来看，目标的特征描述和相似性评价是目标识别中的两个关键环节。轮廓描述作为描述目标特征的一种主要方式，在目标识别中发挥着重要作用。因此，如何有效描述轮廓特征以及合理评价特征的相似程度对于获得目标识别的最佳结果至关重要。

5.3.1 了解图像的轮廓特征

轮廓检测得到的是一系列相连的点组成的曲线，代表物体的基本外形。相对于边缘，轮廓是连续的，边缘并不全部连续。

轮廓是图像目标的典型特征，可以简单地解释为连接具有相同颜色或强度的所有连续点（沿边界）的曲线，是用于形状分析以及对象检测和识别的关键工具。轮廓检测是计算机视觉领域的重要研究方向，在一些实际问题中（如场景理解等）起到了重要作用。

在 OpenCV 中，定义了轮廓彼此之间具有某种关系，用于指定一个轮廓内部如何相互连接，例如，轮廓的子轮廓、父轮廓等。这种关系的表示称为轮廓的层次结构，如图 5-17 所示。

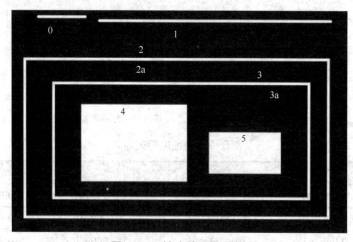

图 5-17　轮廓的层次结构

在图 5-17 中，0～5 的编号代表不同的轮廓。轮廓 2 和 2a 表示最外面的矩形框的外部和内部轮廓。轮廓 0、1、2 不被其他任何轮廓包括，因此处于相同级别的层次结构中。轮廓 2a 可以视为轮廓 2 的子级或将轮廓 2 视为轮廓 2a 的父级。同样，轮廓 3 是轮廓 2a 的子级，位于下一个级别的层次结构中。轮廓 4、5 是轮廓 3a 的子级，位于最后级别的层次结构中。

通过 OpenCV 中的 findContours 函数可以检测图像的轮廓，语法格式如下。

```
cv2.findContours(image,mode,method[,contours[,hierarchy [, offset]]])
```

findContours 函数的参数及其说明如表 5-8 所示。

表 5-8 findContours 函数的参数及其说明

参数名称	说明
image	接收 array 类型，表示用于提取轮廓的图像，常接收二值图像，无默认值
mode	接收 int 类型或检测模式，表示轮廓的检测模式，无默认值
method	接收 int 类型或近似模式，表示轮廓的近似方法，无默认值
contours	接收点的向量集合，表示轮廓检测的其中一个输出，每一组点集就是一个轮廓，无默认值
hierarchy	接收 array 类型，表示轮廓检测的另一个输出，记录轮廓之间的关系，4 个元素分别代表同级后一个轮廓的序号、同级上一个轮廓的序号、第一个子轮廓序号和父轮廓序号，无默认值
offset	接收 int 类型，表示轮廓相对于原始图像对应点的偏移量，无默认值

通过 OpenCV 中的 drawContours 函数可以绘制出检测到的轮廓，语法格式如下。

```
cv2.drawContours(image,contours,contourIdx,color[,thickness[,lineType[,hierarchy
[,maxLevel[, offset]]]]])
```

drawContours 函数的参数及其说明如表 5-9 所示。

表 5-9 drawContours 函数的参数及其说明

参数名称	说明
image	接收 array 类型，表示待绘制轮廓的原图像，无默认值
contours	接收点的向量集合，表示轮廓的集合，无默认值
contourIdx	接收 int 类型，表示待绘制的轮廓的索引，无默认值
color	接收 Scalar 类型，表示绘制轮廓的线条的颜色，无默认值
thickness	接收 int 类型，表示绘制轮廓的线条的粗细，默认值为 1
lineType	接收 int 类型，表示绘制轮廓的线条的类型，默认值为 LINE_8
hierarchy	接收 array 类型，表示轮廓级别序号的列表，无默认值
maxLevel	接收 int 类型，表示绘制轮廓的最大级别，默认值为轮廓中的最大级别
offset	接收 int 类型，表示轮廓相对于原始图像对应点的偏移量，无默认值

基于 OpenCV 实现轮廓检测如代码 5-9 所示，得到的结果如图 5-18 所示。

代码 5-9 基于 OpenCV 实现轮廓检测

```
import cv2
import numpy as np

img = cv2.imread('../data/cqc.png')
mask = np.zeros(img.shape)
```

```
# 转灰度图
gray_img = cv2.cvtColor(img, cv2.COLOR_BGR2GRAY)
# 阈值分割
ret, bin_img = cv2.threshold(gray_img, 0, 255, cv2.THRESH_OTSU)
# 寻找轮廓
contours, hierarchy = cv2.findContours(bin_img, cv2.RETR_EXTERNAL, cv2.CHAIN_
APPROX_SIMPLE)
# 绘制轮廓
cv2.drawContours(mask, contours, -1, (0, 255, 0), 1)
cv2.imshow('', mask)
```

图 5-18　轮廓检测

在图 5-18 中，检测得到的仅是图像的外轮廓，可以通过修改 findContours 函数中的
mode 参数以检测不同层级的图像轮廓，如全部层级的轮廓、仅外层轮廓等。

5.3.2　提取电容器零件图像的轮廓特征

智能分拣系统是智能制造中物料搬运系统的一个重要分
支，广泛应用于各个行业的生产物流系统或物流配送中心，是
智能制造的重要组成部分，也是推动制造业高端化、智能化、
绿色化发展的重要部分。自动分拣有着效率高、准确率高、节
省人力等优点，相比于人工分拣有着更大的优势。实现电容器
零件自动分拣的前提是对电容器零件定位，电容器零件的图像
如图 5-19 所示。

图 5-19　电容器零件的图像

通过检测轮廓可以辅助零件定位，如代码 5-10 所示，得到的结果如图 5-20 所示。

代码 5-10　电容器零件的轮廓检测

```
import cv2
import matplotlib.pyplot as plt
import numpy as np


img = cv2.imread('../data/capacitance.png')
a = np.zeros(img.shape)
```

```
# 轮廓检测
# 转灰度图
gray_img = cv2.cvtColor(img, cv2.COLOR_BGR2GRAY)
# 阈值分割
ret, bin_img = cv2.threshold(gray_img, 90, 255, cv2.THRESH_BINARY_INV)
# 寻找轮廓
contours, hierarchy = cv2.findContours(bin_img, cv2.RETR_EXTERNAL, cv2.CHAIN_
APPROX_NONE)
# 绘制轮廓
cv2.drawContours(a, contours, -1, (0, 255, 0), 1)
cv2.imwrite('../tmp/capacitance_lunk.png', a)
```

从图 5-20 中可以看出，待定位的电容器零件的轮廓被较为准确地检测到，并显示出明显的矩形，但是由于零件的原图较为模糊，导致零件与零件的轮廓融合为一个整体。因为零件的俯视图是一个较为规则的矩形，所以在后续的定位步骤中，重点便在于该矩形的 4 个角点的定位，可以通过对轮廓图像进行直线检测来实现角点的定位，两对平行线段相互垂直的交点即角点。

图 5-20　电容器零件的轮廓检测

5.4 提取图像的形状特征

形状通常与图像中的特定目标对象有关，是人们的视觉系统对目标的最初认识，有一定的语义信息，被认为是比颜色特征和纹理特征更高一级的特征。形状特征是图像的核心特征之一，图像的形状信息不随图像颜色的变化而变化，是物体的稳定特征。

5.4.1　了解图像的形状特征

形状特征可以非常直观地区分不同的物体，是用于对图像进行分类的主要特征之一。通过构建不同尺寸的检测窗口或生成不同图像，不同尺寸的形状特征均可被检测到。在人脸检测、目标检测中常用的形状特征包括 HOG 特征、SIFT 特征、Haar 特征等。

1. HOG 特征

方向梯度直方图（Histogram of Oriented Gradient，HOG）特征在对象识别与模式匹配中是一种常见的特征描述子，基于像素块进行特征直方图提取，对于对象局部的变形与光照影响有很好的稳定性。其主要思想是在一幅图像中，局部目标的表象和形状（Appearance and Shape）能够被梯度或边缘的方向密度分布很好地描述。HOG 特征提取的流程主要包括以下 4 个步骤。

（1）伽马校正

首先将彩色图像转为灰度图像，减少计算特征时所需的计算资源。转为灰度图像是可选操作，对于彩色图像，可以分别对 3 个颜色通道进行特征计算。然后进行伽马

（Gamma）校正，以增强图像的暗部细节。伽马校正通过非线性变换，使图像从对曝光强度的线性响应变为更接近人眼感受到的响应。

（2）图像梯度计算

为了衡量图像的灰度变化率，还需要计算图像的梯度，梯度的计算分为水平和垂直两个方向。图像中像素点 (x, y) 的水平和垂直方向的梯度如式（5-6）所示，其中 $H(x, y)$ 表示 (x, y) 处的像素值。

$$
\begin{aligned}
g_x &= H(x+1, y) - H(x-1, y) \\
g_y &= H(x, y+1) - H(x, y-1)
\end{aligned}
\tag{5-6}
$$

梯度幅值的计算公式如式（5-7）所示，方向的计算公式如式（5-8）所示。

$$
g = \sqrt{g_x^2 + g_y^2}
\tag{5-7}
$$

$$
\theta = \arctan \frac{g_y}{g_x}
\tag{5-8}
$$

（3）计算梯度直方图

首先将图像划分成若干个块（Block），每个块由 4（2×2）个细胞单元（Cell）组成，每个细胞单元由 64（8×8）个单位像素（Pixel）组成。图像中块和细胞单元的划分如图 5-21 所示。

在 HOG 特征提取中，将一个块视为一个滑动窗口，滑动步长为一个细胞单元。假设一幅原始图像的尺寸为 64×128，则从左到右滑动窗口 7 次即可滑到图像的最右边，从上往下滑动窗口 15 次即可滑到图像的最下边，因此整个可以分为 105（7×15）个块。HOG 特征提取窗口的滑动过程如图 5-22 所示。

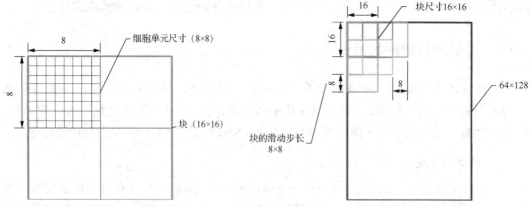

图 5-21　图像中块和细胞单元的划分　　　图 5-22　HOG 特征提取窗口的滑动过程

通过计算得到一个细胞单元像素的梯度值和方向值如图 5-23 所示。

在计算像素的梯度直方图时，将角度范围分成 9 个，对应的角度为 0°、20°、40°、60°、80°、100°、120°、140°、160°。需要注意的是，角度的范围为 0° 到 180°，而不是 0° 到 360°，被称为"无符号"梯度，两个相反的方向被认为是相同方向。梯度直方图的计算过程如图 5-24 所示。

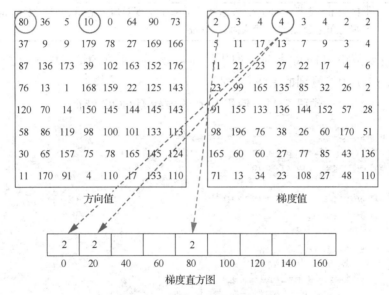

2	3	4	4	3	4	2	2
5	11	17	13	7	9	3	4
11	21	23	27	22	17	4	6
23	99	165	135	85	32	26	2
91	155	133	136	144	152	57	28
98	196	76	38	26	60	170	51
165	60	60	27	77	85	43	136
71	13	34	23	108	27	48	110

梯度值

80	36	5	10	0	64	90	73
37	9	9	179	78	27	169	166
87	136	173	39	102	163	152	176
76	13	1	168	159	22	125	143
120	70	14	150	145	144	145	143
58	86	119	98	100	101	133	113
30	65	157	75	78	165	145	124
11	170	91	4	110	17	133	110

方向值

图 5-23　梯度值和方向值计算结果

图 5-24　梯度直方图计算过程

在图 5-24 中，角度为 80° 的像素的梯度值为 2，所以在直方图 80° 对应的区间加上 2。角度为 10° 的像素的梯度值为 4，由于 10° 介于 0° 和 20° 之间，所以梯度值 4 被按比例分给 0° 和 20° 对应的区间，即各区间加 2。

（4）特征向量归一化

将一个块内所有细胞单元的特征向量串联即可得到该块的 HOG 特征。为消除光照变化和前后景对比度的变化带来的影响，对每个块进行 L2 归一化。归一化后的块描述符（向量）称为 HOG 描述符，则 64×128 的图像共有 $7 \times 15 \times 4 \times 9 = 3780$ 个特征描述符。

通过 scikit-image 中的 hog 函数可以提取 HOG 特征，语法格式如下。

```
skimage.feature.hog(image, orientations=9, pixels_per_cell=(8, 8), cells_per_block=(3, 3), block_norm='L2-Hys', visualize=False, transform_sqrt=False, feature_vector=True, multichannel=None, *, channel_axis=None)
```

hog 函数的参数名称及其说明如表 5-10 所示。

表 5-10　hog 函数的参数名称及其说明

参数名称	说明
image	接收 array 类型，表示输入的图像，无默认值
orientations	接收 int 类型，表示梯度方向划分的个数，默认值为 9
pixels_per_cell	接收 tuple 类型，表示一个细胞单元的尺寸，默认值为(8,8)
cells_per_block	接收 tuple 类型，表示一个块中有多少细胞单元，默认值为(3,3)
block_norm	接收 "L1" "L1-sqrt" "L2" "L2-Hys"，表示归一化的方法，默认值为 L2-Hys
visualize	接收 bool 类型，表示是否同时返回 HOG 的图像，默认值为 False
transform_sqrt	接收 bool 类型，表示是否在处理之前应用幂律压缩来规范化图像，默认值为 False
feature_vector	接收 bool 类型，表示是否将数据作为特征向量返回，默认值为 True
multichannel	接收 bool 类型或 None，如果为 True，表示最后一个图像维度视为颜色通道，否则视为空间通道，默认值为 None
channel_axis	接收 int 类型或 None，表示数组的哪个维度对应于通道，如果为 None，表示图像视为单通道图像，默认值为 None

使用 hog 函数检测 HOG 特征，如代码 5-11 所示，得到的结果如图 5-25 所示，其中（a）为原图，（b）为检测到的 HOG 特征。

代码 5-11　使用 hog 函数检测 HOG 特征

```
import cv2
import numpy as np
import matplotlib.pyplot as plt
from skimage.feature import hog

image = cv2.imread('../data/lena.jpg', 0)
image = np.float32(image) / 255.0  # 归一化
# 提取特征
fd, hog_image = hog(image,
                    orientations=8,
                    pixels_per_cell=(16, 16),
                    cells_per_block=(1, 1),
                    visualize=True,
                    multichannel=False)  # multichannel=True 是针对 3 通道颜色
# 可视化 HOG 特征
plt.imshow(hog_image, cmap=plt.cm.gray)
plt.axis('off')
plt.show()
plt.savefig('../tmp/hog.png', dpi=1080)
```

（a）　　　　　（b）

图 5-25　原图及 HOG 特征

从图 5-25 中可以看出，提取的 HOG 特征像一根根细小的针，特征主要分布在图像的边缘处，图像边缘处像素的变化越大，则特征的颜色越深。

2. SIFT 特征

尺度不变特征转换（Scale-Invariant Feature Transform，SIFT）算法由戴维·洛（David Lowe）在 1999 年发表并于 2004 年完善，常用于侦测和描述图像中的局部特征，应用于物体识别、机器人地图感知与导航和图像追踪等。SIFT 算法包括以下 4 个步骤。

（1）构建高斯金字塔

使用高斯金字塔表示尺度空间，尺度空间将传统的单尺度图像信息处理技术纳入尺度不断变化的动态分析框架中，更容易获取图像的本质特征。尺度空间中各尺度图像的模糊程度逐渐变大，能够模拟人在距离目标由近到远时目标图像在视网膜上的形成过程。

高斯金字塔的建立包括：对图像做不同尺度的高斯模糊；对图像做降采样。通过对原始图像不断地进行降采样，可得到一系列尺寸不一的图像，由大到小、从下到上构成金字塔状的模型，如图 5-26 所示。

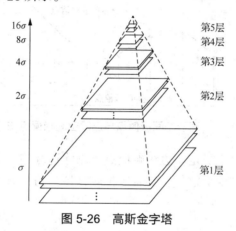

图 5-26　高斯金字塔

在图 5-26 中，σ 是尺度空间因子，其值越小表示图像被平滑得越少。金字塔的每层含有多幅高斯模糊图像，将金字塔中每层内的多幅图像合称为一组图像，金字塔每层只有一组图像，总的组数和金字塔的层数相等。

尺度归一化的高斯拉普拉斯函数的极大值和极小值能够产生较为稳定的图像特征，高斯差分（Difference of Gaussian，DoG）函数（DoG 算子）与尺度归一化的高斯拉普拉斯函数非常近似。将高斯金字塔每层中相邻的两幅图像相减，即可生成高斯差分金字塔，如图 5-27 所示。

（2）关键点检测

关键点是由高斯差分金字塔的局部极值点组成的，关键点的初步探查通过高斯差分金字塔同一组内相邻两幅图像的比较来完成。

为了寻找极值点，每一个像素点要和它所有的相邻点进行比较，如图 5-28 所示。中间的检测点与它同尺度的 8 个相邻点和上下相邻尺度对应的 18（9×2）个点共 26 个点进行比较，以确保在尺度空间和二维离散空间都能检测到极值点。

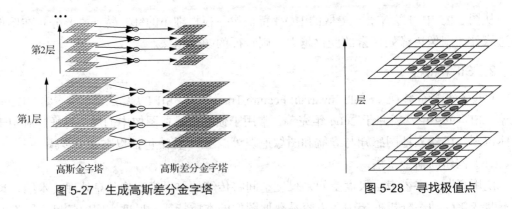

图 5-27 生成高斯差分金字塔 　　　　　图 5-28 寻找极值点

在高斯差分金字塔中检测到的极值点是二维离散空间的极值点。离散空间极值点与连续空间极值点的差别如图 5-29 所示。其中竖线与 x 轴相连的点为离散空间的点。使用子像素插值的方法，在离散空间插值得到连续空间极值点，从而精确确定关键点的位置和尺度。

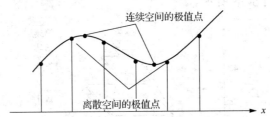

图 5-29 离散空间极值点与连续空间极值点的差别

关键点检测需要剔除不稳定的边缘响应点。剔除边缘响应点主要有两个原因：一方面图像边缘上的点难以被精准定位，具有定位歧义性；另一方面边缘点很容易受到噪声的干扰而变得不稳定。

（3）确定关键点方向

为了使描述符具有旋转不变性，需要利用图像的局部特征为每一个关键点分配一个基准方向。使用直方图统计邻域内像素的幅值和方向，方向直方图将 0°～360° 的方向范围分为 36 个区间（柱），其中每个区间 10°。直方图的峰值方向代表关键点的主方向，一个简化的方向直方图如图 5-30 所示，图中只画了 8 个方向的直方图。

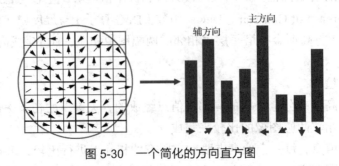

图 5-30 一个简化的方向直方图

方向直方图的峰值则代表该特征点处邻域梯度的方向，以直方图中最大值作为该关键点的主方向。为了增强匹配的鲁棒性，保留峰值大于主方向峰值 80%的方向作为该关键点的辅方向。

（4）特征描述符

通过以上 3 个步骤，检测到的关键点即图像的 SIFT 特征点。对于检测到的特征点需要进行数学层面的特征描述，即构建特征描述符，用于后续的图像匹配。构建特征描述符主要包括以下几个步骤。

① 确定计算描述子所需的区域。

② 计算特征点邻域范围内各点的梯度方向和梯度的幅值。

③ 将关键点的周围区域分成 16（4×4）个块，分别计算每个块的梯度直方图。

④ 对梯度直方图进行归一化处理，减小光照对描述子的影响。

在 OpenCV 中，通过 SIFT_create 函数创建特征检测对象，其语法格式如下。

```
cv2.SIFT_create([, nfeatures[, nOctaveLayers[, contrastThreshold[, edgeThreshold
[, sigma]]]]])
```

SIFT_create 函数的参数及其说明如表 5-11 所示。

表 5-11　SIFT_create 函数的参数及其说明

参数名称	说明
nfeatures	接收 int 类型。表示保留最佳特征的数量。默认值为 0
nOctaveLayers	接收 int 类型。表示高斯金字塔最小层级数。默认值为 3
contrastThreshold	接收 double 类型。表示对比度阈值，用于过滤区域中的弱特征。默认值为 0.04
edgeThreshold	接收 double 类型。表示用于过滤类似边缘特征的阈值。默认值为 10
sigma	接收 double 类型。表示高斯输入层级。默认值为 1.6

在 OpenCV 中，通过 detectAndCompute 函数实现在图像上检测 SIFT 特征点，其语法格式如下。

```
cv2.detectAndCompute(image, mask[, descriptors[, useProvidedKeypoints]])
```

detectAndCompute 函数会返回 kp 和 des 两个对象，kp 表示检测到的 SIFT 特征点，des 表示计算的描述符，detectAndCompute 函数的参数及其说明如表 5-12 所示。

表 5-12　detectAndCompute 函数的参数及其说明

参数名称	说明
image	接收 array 类型。表示输入的图像。无默认值
mask	接收 array 类型。表示输入的掩模。无默认值
descriptors	接收 array 类型。表示计算描述符。无默认值
useProvidedKeypoints	接收 bool 类型。表示使用提供的关键点。默认值为 False

使用 SIFT_create 函数和 detectAndCompute 函数检测 SIFT 特征，如代码 5-12 所示，得到的结果如图 5-31 所示，其中（a）为原图，（b）为绘制了 SIFT 特征的图像。

代码 5-12　检测 SIFT 特征

```python
import numpy as np
import cv2

# 使用 SIFT_create()检测特征
img = cv2.imread('../data/GW1.jpg')
sift = cv2.SIFT_create()
# 找出关键点
kp, des = sift.detectAndCompute(img, None)
# 对关键点进行绘制
ret = cv2.drawKeypoints(img, kp, img)
cv2.imwrite('../tmp/GW1_SITF.jpg', ret)  # 保存图像
```

　　（a）　　　　　　　　　　　　　　（b）

图 5-31　原图及绘制了 SITF 特征的图像

　　从图 5-31 中可以看出，被检测到的 SIFT 特征点主要分布在色彩斑驳的绿色植被覆盖区域，背景的天空基本没有 SIFT 特征点。

3. Haar 特征

　　Haar 特征是一种用于目标检测或识别的图像特征描述子，Haar 特征通常和 AdaBoost 分类器组合使用，是人脸检测以及识别领域中较为经典的算法。

　　（1）Haar 特征概述

　　Haar 特征最早由帕帕乔治奥（Papageorigiou）等人提出。在 2001 年薇奥拉（Viola）和琼斯（Jones）在原基础上提出了多种形式的 Haar 特征，将 Haar 拓展成为 Haar-Like。最终林哈特（Lienhart）等人对 Haar 矩形特征做了进一步的扩展，加入了旋转 45° 的矩形特征，形成了现在的 OpenCV 中的 Haar 分类器。目前常用的 Haar-Like 特征如图 5-32 所示，主要分为边缘特征、线特征、点特征和对角线特征等。

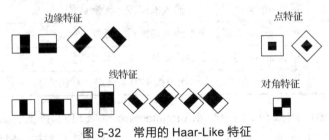

图 5-32　常用的 Haar-Like 特征

特征模板内有白色和黑色两种矩形，并定义该模板的特征值为白色矩形中像素值之和与黑色矩形中像素值之和的差值，其中白色区域的权值为正值，黑色区域的权值为负值。同时，权值与矩形区域的面积成反比，从而抵消两种矩形区域面积不等造成的影响，保证 Haar 特征值在灰度分布均匀的区域内趋近于 0。

由边缘检测算子的相关知识可知，Haar 特征值反映了图像的灰度变化情况。因此脸部的一些特征能够依据矩形特征进行检测，例如，使用点特征检测眼睛，使用边缘特征检测鼻梁。Haar 特征在眼睛、鼻梁上检测的示例如图 5-33 所示。

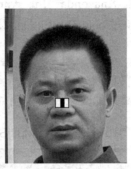

图 5-33　Haar 特征在眼睛、鼻梁上检测的示例

（2）积分图

Haar 特征拥有多种类别，并且可用于检测图像中的任一位置，尺寸也可任意变化。在 Haar 特征的取值受到类别、位置和尺寸 3 种因素的影响下，从固定尺寸的图像窗口内可以提取出大量的 Haar 特征。在一个 24×24 的检测窗口内，矩形特征的数量可以超过10 万个，导致需要大量的计算资源，因此提出积分图的概念。

积分图是一种快速计算矩形特征的方法，其主要思想是将图像中的起始像素点到每一个像素点之间所形成的矩形区域的像素值的和作为一个元素保存下来。在求某一矩形区域的像素值之和时（如图 5-34 所示），只需索引矩形区域 4 个角点在积分图中的像素值之和，进行普通的加减运算，如式（5-9）所示，即可求得 Haar 特征值。

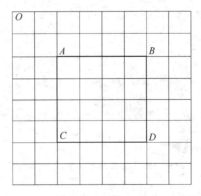

图 5-34　待求像素值之和的矩形区域

$$矩形ABCD = 矩形OD - 矩形OC - 矩形OB + 矩形OA \qquad （5-9）$$

由式（5-9）可知，图像中任一矩形的像素值之和可以通过有限次的加减运算得到。对一个灰度图而言，事先将其积分图构建好，当需要计算某个区域内所有像素点的像素值之和时，通过矩形的 4 个角点的索引，利用积分图进行查表运算，可以迅速得到结果。这可以避免计算特征时需要遍历图像导致重复对矩形区域求和。

在使用 Haar 特征的人脸检测任务中，将得到的 Haar 特征值与级联的 AdaBoost 分类器结合，即可实现简单的人脸检测。即便使用积分图和级联分类器的方法，训练一个可以用于人脸检测的算法仍需要大量的时间。OpenCV 中提供已经训练完毕的可用于人脸检测的模型，并保存在 Anaconda→Lib→site-packages→cv2→data 中。

在 OpenCV 中，通过 detectMultiScale 函数实现多个尺度空间上的人脸检测，其语法格式如下。

```
cv2.CascadeClassifier.detectMultiScale(image[,scaleFactor[,minNeighbours[,min
Size[, maxSize]]]])
```

detectMultiScale 函数的参数及其说明如表 5-13 所示。

表 5-13　detectMultiScale 函数的参数及其说明

参数名称	说明
image	接收 array 类型。表示输入的图像，为灰度图。无默认值
scaleFactor	接收 double 类型。表示尺度变换的比例。默认值为 1.1
minNeighbours	接收 int 类型。表示候选矩形保留相邻矩形的数量。默认值为 3
minSize	接收 tuple 类型。表示最小的矩形框的尺寸。无默认值
maxSize	接收 tuple 类型。表示最大的矩形框的尺寸。无默认值

使用基于 Haar 特征的人脸检测器实现人脸检测，如代码 5-13 所示，得到的结果如图 5-35 所示，其中（a）为原图，（b）为检测到人脸的图像。

代码 5-13　使用基于 Haar 特征的人脸检测器实现人脸检测

```python
import cv2
import numpy as np

def face(img, scaleFactor, minNeighbours):
    # 创建副本
    copy_img = img.copy()
    # 转灰度图
    gray = cv2.cvtColor(img, cv2.COLOR_BGR2GRAY)
    # 级联分类器获取文件
    face_detector = cv2.CascadeClassifier('../data/haarcascade_frontalface_
default.xml')
    # 在多个尺度空间上进行人脸检测
    faces = face_detector.detectMultiScale(gray, scaleFactor, minNeighbours)
    # 绘制人脸框
    for x, y, w, h in faces:
        cv2.rectangle(copy_img, (x, y), (x + w, y + h), (255, 0, 0), 2)
    # 显示图像
```

```
    cv2.imshow('', copy_img)
    return copy_img


imge = cv2.imread('../data/three.jpg')  # 读取图像
face_img = face(img=imge, scaleFactor=1.025, minNeighbours=20)
```

（a） （b）

图 5-35 人脸检测

从图 5-35 中可以看出，Haar 人脸检测器可以较为理想地检测到人脸所在的区域。

5.4.2 提取车牌图像的形状特征

在智能化高速发展的现在，使用电子设备代替人工对车辆信息进行管理已逐步成为常态。在生活中较为常见的莫过于车辆号牌的检测和识别系统，该系统可以用于检测被盗或属于搜查对象的车辆，将检测到的车牌与需要查找的车辆的车牌进行比较，即可实现简单的车牌检测。

检测车牌的 SIFT 特征并匹配，如代码 5-14 所示，得到的结果如图 5-36 所示。

代码 5-14 检测车牌的 SIFT 特征并匹配

```
import cv2

img1 = cv2.imread('../data/plate.jpg')
img2 = cv2.imread('../data/car.jpg')
sift = cv2.SIFT_create()

# 利用 sift.detectAndCompute()函数找到特征点，计算描述符
kp1, des1 = sift.detectAndCompute(img1, None)
kp2, des2 = sift.detectAndCompute(img2, None)

# 创建匹配对象
bf = cv2.BFMatcher()
# 暴力匹配
matches = bf.match(des1, des2)
# 排序
matches = sorted(matches, key=lambda x: x.distance)
```

数字图像处理实战

```
# 绘制匹配图像
img3 = cv2.drawMatches(img1, kp1, img2, kp2, matches[: 50], None, flags=2)
cv2.imwrite('../tmp/BF.jpg', img3)
```

从图 5-36 中可以看出，车牌图像与车辆中的车牌实现了基本一一对应的匹配，并且车牌图像的方向不影响匹配的效果。通过该方法可以实现快速的匹配，也可以利用匹配结果获取车牌的所在区域，为车牌的精确识别做准备。

图 5-36　检测车牌的 SIFT 特征并匹配

小结

本章主要介绍了图像特征提取的技术。在目标检测、图像分类、图像分割等众多图像相关的应用中，对于特征的提取必不可少。常见的图像特征包括颜色、纹理、轮廓、形状等，不同的特征可以应用于不同的场景，同时也可以提取多种特征实现同一任务，例如使用轮廓特征和形状特征实现目标检测。

课后习题

1. 选择题

（1）下列哪个特征属于图像的纹理特征（　　　）。

    A. 颜色相关图　　　　　　　　　B. 灰度共生矩阵

    C. HOG 特征　　　　　　　　　　D. Haar 特征

（2）在颜色矩中，反映图像整体的明暗程度的是（　　　）。

    A. 一阶矩　　　　B. 二阶矩　　　　C. 三阶矩　　　　D. 四阶矩

（3）Laplace 算子的特点不包括（　　　）。

    A. 在边缘处产生极值响应　　　　　B. 具有旋转不变性

    C. 对噪声有敏感的响应　　　　　　D. 相对于一阶微分算子需要更大的计算量

（4）下列哪种特征的提取涉及图像金字塔（　　　）。

    A. HOG 特征　　B. SIFT 特征　　C. Haar 特征　　D. LBP 特征

（5）在 HOG 特征的梯度直方图中，角度的范围是（　　　）。

    A. 0°～90°　　　B. 0°～180°　　C. 0°～270°　　　D. 0°～360°

2. 填空题

（1）颜色相关图刻画了某种颜色的_____，还表达了颜色随距离变换的_____。

（2）伽马校正用于增强图像，主要增强图像的_____细节。

（3）在 HOG 特征中，每个块由_____个细胞单元组成，每个细胞单元由_____个单位像素组成。

（4）在 SIFT 特征中，关键点是由高斯差分金字塔的_____组成的。

（5）提取 HOG 特征的主要流程包括：_____、_____、_____、_____。

3．操作题

（1）对如图 5-37 所示的图像提取颜色直方图和颜色相关图，对该图像的颜色分布进行探索。

（2）在 skimage 库中，local_binary_pattern 函数可以用于提取多种类型的圆的 LBP 特征，请使用该函数提取图 5-37 所示图像的 LBP 特征。

（3）对代码 5-9 中轮廓检测函数的参数进行修改，使得图像的全部轮廓均被检测出，如图 5-38 所示。

图 5-37　lena.jpg

图 5-38　图像的全部轮廓

（4）修改 hog 函数的细胞单元尺寸为 6×6，使得提取的 HOG 特征如图 5-39（细胞单元尺寸为 6×6 的 HOG 特征）所示。

图 5-39　细胞单元尺寸为 6×6 的 HOG 特征

第 6 章 图像分割

图像分割是数字图像处理中非常重要的任务，在工业自动化、遥感图像分析、医学图像分析等实践应用中往往是核心流程。图像分割将图像分成若干互不相交的连通区域，每个区域内部满足灰度、纹理、颜色等特征之一或特征组上的某种相似性准则，而不同区域之间的差异尽可能大。图像分割是图像分析过程中最重要的步骤之一，分割出的区域可以作为后续特征提取和目标检测的对象。图像分割的难点主要有两个方面：一是目标对象本身过于复杂，其各个部分本身的差异较大或与图像其余部分相似，难以通过单一的分割处理得到完整的对象；二是原始图像中存在干扰因素，如不均匀的环境照明或较大差异的物体表面反射率所引起的图像亮度变化，使得没有适用于整幅图像的统一的分割标准。本章主要介绍如何使用阈值方法、边缘检测方法和区域生长算法实现图像分割，通过剖析每种方法的原理、实现方式和应用案例，培养认真思考、追根溯源、勇于探索的精神。

学习目标

（1）掌握图像的阈值分割方法。
（2）掌握常见的图像边缘检测方法和检测直线的 Hough 变换方法。
（3）掌握基于区域生长的图像分割方法。

6.1 使用阈值分割图像

图像分割算法一般基于像素取值的不连续性或相似性，于是产生了两大类方法。以阈值分割为代表的方法基于同一区域内部的像素在某些特征上的相似性来将图像划分为更小的区域，区域生长算法也属于这类方法。阈值分割方法是一种简单且较为常用的图像分割方法。以边缘检测为代表的方法基于像素取值的不连续性，根据图像中不同区域的边界处像素取值的突变来分割图像。

6.1.1 阈值分割方法的基本原理

阈值分割根据像素灰度值与一个阈值的大小关系对图像进行分割。记图像中的像

素点 (x, y) 的灰度值为 $f(x, y)$，假设该图像由一个高亮目标和一个暗淡背景组成，该图像的灰度直方图如图 6-1 所示，呈现明显的双峰分布，两个峰值分别对应背景和目标。分离目标和背景的一个直观想法是，选取位于两个峰值之间的谷值 T 作为阈值，图像中灰度值 $f(x, y) > T$ 的像素点被标记为目标，否则被标记为背景。如果图像中存在不同灰度级的多个目标，可以推广上述方法到多级阈值分割，来获取处于不同灰度级的多个目标。

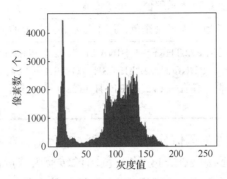

图 6-1　灰度直方图

基于一个固定的阈值 T 对图像中的所有像素进行划分的方法称为全局阈值分割方法。有时因为光照不均匀，图像中目标的不同局部和背景的灰度值大小不一致，无法找到适合所有像素的、区分目标和背景的统一阈值。处理这种情况有两种不同的思路：一种是先对图像进行相应的处理，消除不均匀光照的影响，再应用全局阈值分割方法进行处理；另一种是根据图像局部灰度的分布特征计算依赖具体位置的阈值 $T(x, y)$，这类方法称为局部阈值分割方法。

在阈值分割中，输入通常是灰度图像，输出则是根据像素灰度值和阈值进行比较而得到的包含逻辑值"真"和"假"的二值图像，所以图像阈值分割也称作图像二值化。在工程实践中根据需要，在显示结果时通常分别使用黑和白两种颜色来表示分割出的目标和背景。

6.1.2　基于全局阈值的大津法

阈值分割方法的核心是确定合适的阈值，本节介绍经典的最大类间方差法，也称作大津法或 Otsu 法。对于一幅灰度图像，用 T 表示用于分割目标和背景的阈值，如果像素灰度值小于 T 则将该像素标记为 0，如果像素灰度值大于 T 则将该像素标记为 1，如此将所有像素分为两大类。此时类间方差 S^2 的定义如式（6-1）所示。

$$S^2 = W_0 W_1 \times (M_0 - M_1)^2 \tag{6-1}$$

式（6-1）中 W_0 和 W_1 分别是被阈值 T 分开的两类像素数占总像素数的比例，M_0、M_1 分别是这两类像素灰度值的平均值。最大类间方差法就是设定阈值 T 使类间方差 S^2 取最大值的方法。通过最大化类间方差，阈值化处理可以使得所分离的两类像素在灰度分布上有最大的差异，从而实现图像分割。

OpenCV 中有可直接调用的图像阈值化函数 threshold，可以通过参数指定使用大津法计算阈值，其语法格式如下，参数及其说明如表 6-1 所示。

```
cv2.threshold(src, thresh, maxval, type)
```

表 6-1　threshold 函数的参数及其说明

参数名称	说明
src	接收 ndarray 类型的二维或三维的图像。表示输入图像。无默认值
thresh	接收 double 类型。表示阈值。无默认值
maxval	接收 double 类型。表示填充色，用于显示超过阈值的像素。无默认值
type	接收的取值包括 cv2.THRESH_BINARY、cv2.THRESH_BINARY_INV、cv2.THRESH_TRUNC、cv2.THRESH_TOZERO 和 cv2.THRESH_TOZERO_INV。表示阈值类型，取值为 cv2.THRESH_OTSU 表示采用大津法自动确定阈值。无默认值

　　使用大津法实现对图像的阈值分割，如代码 6-1 所示。在使用函数 threshold 对图像进行阈值分割前，先调用函数 cvtColor 将彩色图像转换为灰度图像。被分割的原图如图 6-2（a）所示。虽然原图看起来是灰度图像，但是从数据结构上分析，该图是采用 RGB 格式进行编码的一个三维数组（每个像素的 R、G、B 分量取值都相同），仍然需要进行灰度化处理以转变成二维数组。

代码 6-1　使用大津法实现对图像的阈值分割

```
import cv2

img = cv2.imread('../data/QRtest.jpg')
img = cv2.cvtColor(img, cv2.COLOR_BGR2GRAY)    # 首先要将彩色图像转换为灰度图像
thresh, img1 = cv2.threshold(img, 128, 255, cv2.THRESH_OTSU)
# 第 2 个参数 128 指定阈值的估计值，算法会进行迭代得到最优值
# 第 3 个参数 255 指定填充色，也就是在结果中满足阈值要求的像素的灰度值
# cv2.threshold 的返回数有两个，第一个为最终阈值，第二个为图像矩阵
cv2.imshow(' ', img1)
cv2.waitKey(0)
```

　　图 6-2（b）为该图像的灰度直方图，呈现明显的双峰形态，两个峰值分别对应浅色的背景和深色目标的平均灰度。调用 threshold 函数得到阈值 T=117，处于两个峰值间波谷的位置。图 6-2（c）是阈值为 117 时，进行图像分割的效果。

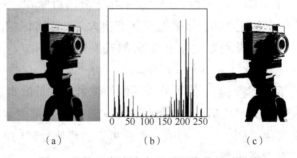

　　（a）　　　　　　（b）　　　　　　（c）

图 6-2　使用大津法实现对图像的阈值分割

6.1.3　自适应阈值分割方法

当背景和目标的面积比例适当且光照均匀时，全局阈值分割方法能很好地实现图像的分割。而当目标和背景面积比例悬殊、光照不均匀或灰度差异较大时，类间方差函数 S^2 可能会呈现双峰或者多峰趋势，此时的分割效果不理想。

自适应阈值分割方法就是为了应对这种情况而被提出的，它根据当前像素的某个邻域中像素的灰度值来确定一个局部阈值。例如，对于某个像素，考察以它为中心的 3×3 邻域，根据其中的 9 个像素的灰度值来计算针对中心像素的阈值。常用的自适应阈值分割方法有基于局部邻域块的均值和局部邻域块的高斯加权求和方法。

Python 的 OpenCV 库中提供函数 adaptiveThreshold 用于实现图像的自适应阈值分割，语法格式如下，参数及其说明如表 6-2 所示。

```
cv2.adaptiveThreshold(src,maxValue,adaptivemethod,thresholdType,blockSize,C)
```

表 6-2　adaptiveThreshold 函数的参数及其说明

参数名称	说明
src	接收 ndarray 类型的二维或三维图像。表示输入图像。无默认值
maxValue	接收 double 类型。表示填充色。无默认值
adaptivemethod	接收 "cv2.ADAPTIVE_THRESH_MEAN_C" 或 "cv2.ADAPTIVE_THRESH_GAUSSIAN_C"。表示自适应的方法。无默认值
thresholdType	接收 "cv2.THRESH_BINARY" 或 "cv2.THRESH_BINARY_INV"。表示阈值处理方式。无默认值
blockSize	接收整数类型。表示计算局部阈值时邻域矩形的边长。无默认值
C	接收 double 类型。表示局部阈值计算中的常数，每个区域计算出的阈值再减去该常数作为这个区域的最终阈值，通常是正数，也可以为负数或者 0。无默认值

使用 adaptiveThreshold 函数实现图像的自适应阈值分割，如代码 6-2 所示。

代码 6-2　使用 adaptiveThreshold 实现图像的自适应阈值分割

```
import cv2

img = cv2.imread('../data/0068.png')
img_gray = cv2.cvtColor(img, cv2.COLOR_BGR2GRAY)  # 转灰度图
img_adaptive = cv2.adaptiveThreshold(img_gray, 255, cv2.ADAPTIVE_THRESH_
GAUSSIAN_C,cv2.THRESH_BINARY, 5, 3)  # 使用高斯加权求和方法
cv2.imwrite('../tmp/result.jpg', img_adaptive)  # 将图像导出
cv2.imshow(' ', img_adaptive)
```

对比原图、全局阈值分割和局部自适应阈值分割的结果，如图 6-3 所示，其中（a）为原始图像，（b）是全局阈值分割的结果，而（c）为自适应阈值分割的结果。对比可以发现，由于原图中不同区域光照差别巨大，全局阈值分割的结果在高亮区域和阴暗区域丢失了非常多的局部细节，而自适应阈值分割的结果类似于边缘检测得到的效果，保留了原图中的更多信息。

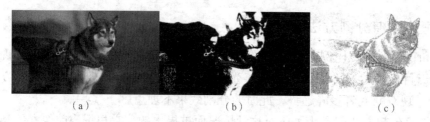

（a）　　　　　　　　　　（b）　　　　　　　　　　（c）

图 6-3　自适应阈值分割图像

6.1.4　使用阈值分割方法处理岩石样本图像

在油气勘探中，岩石样本图像的分析是一项重要的基础工作。一份岩石样本分别在白光和荧光下拍摄的两幅图像如图 6-4 所示，其中（a）为白光下拍摄的图像，（b）为荧光下拍摄的图像。石油成分在荧光灯照射下会发出绿色或黄色的光，所以荧光图像可以用于估算岩石样本中石油成分的面积占比。本节的目标是计算出岩石样本图像中石油成分的面积占比。

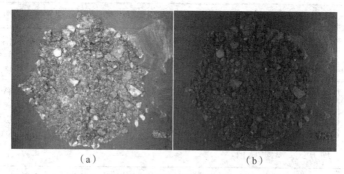

（a）　　　　　　　　　　　（b）

图 6-4　岩石样本图像

观察图 6-4 可以发现，岩石样本大致分布在以图像中心点为圆心的一个圆形区域内，并没有占据整幅图像。白光图像中岩石样本区域与背景差异较大，而石油成分的检测只能借助荧光图像。如果要计算岩石样本中石油成分的面积占比，需要在两幅图像上进行两次图像分割。首先从白光图像中分割出岩石样本区域；然后从荧光图像的岩石样本区域中将石油成分区域分割出来；最后计算这两部分区域的面积，石油成分面积除以岩石样本面积就得到了岩石样本中石油成分的面积所占的百分比。

首先在白光图像上尝试通过大津法进行第一次图像分割，结果如图 6-5 所示，其中白色像素为目标，黑色像素为背景。

可以发现大津法分割的效果并不理想，图 6-4（a）中右上角的污迹区域的亮度较背景的亮度高，且与岩石部分的亮度较为接近，单纯依据灰度值大小无法排除这部分造成的干扰。另外，由于岩石样本自身的灰度值大小不一，阈值分割的结果中显示岩石样本所在区域的内部存在大量的黑色区域，在计算样本区域面积时会产生较大误差。

为解决大津法分割效果不理想的问题，引入活动轮廓模型实现白光图像中的岩石区域的分割。活动轮廓模型采用一条封闭的连续曲线来表示目标的边缘，并定义一个与曲线的形状和曲线内所包含的区域性质有关的能量函数。活动轮廓模型将图像分割的问题转化为从初始曲线出发，不断改变曲线形状，以使所定义的能量函数最小化的数值优化问题。在理想情况下，能量函数最小化时的曲线会逼近感兴趣目标的轮廓。

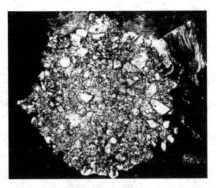

图 6-5 使用大津法分割岩石白光图像

通过调用 skimage 库的 active_contour 函数来实现活动轮廓模型，其语法格式如下，参数及其说明如表 6-3 所示。

```
active_contour(image,snake,alpha,beta,w_line,w_edge,gamma,max_px_move,max_num
_iter,convergence, boundary_condition )
```

表 6-3 active_contour 函数的参数及其说明

参数名称	说明
image	接收 ndarray 类型的二维或三维图像。表示输入图像。无默认值
snake	接收 ndarray 类型。表示初始曲线的坐标。无默认值
alpha	接收 float 类型。表示曲线的长度。默认值为 0.01
beta	接收 float 类型。表示曲线的平滑度，值越大曲线越平滑。默认值为 0.1
w_line	接收 float 类型。表示对亮度的吸引力，使用负值来吸引暗区。默认值为 0
w_edge	接收 float 类型。表示对边缘的吸引力，使用负值来排斥边缘。默认值为 1
gamma	接收 float 类型。表示时间步进。默认值为 0.01
max_px_move	接收 float 类型。表示每次迭代移动的最大像素距离。默认值为 1.0
max_num_iter	接收 float 类型。表示最大迭代次数。默认值为 2500
convergence	接收 float 类型。表示收敛准则。默认值为 0.1
boundary_condition	接收 "periodic" "free" 或 "fixed"。表示轮廓的边界条件。默认值为 periodic

使用 active_contour 函数实现岩石区域分割的完整过程，如代码 6-3 所示。

代码 6-3 使用 active_contour 函数分割岩石区域

```python
import numpy as np
import matplotlib.pyplot as plt
from skimage import io, color
from skimage.filters import gaussian
from skimage.segmentation import active_contour
```

```
img = io.imread('../data/347-1.jpg')
img_gray = color.rgb2gray(img)  # 灰度图像
i = 1
plt.figure(figsize=(20, 20))
max_it = 500  # 最大迭代次数
for num in [500, 1000, 2000]: # 点的数量
    for alp in [0.015, 0.1, 0.6]: # alpha 的值，控制迭代速度
        s = np.linspace(0, 2 * np.pi, num)  # 从 0 到 2π 里划分 num 个角度
        x = 1140 + 1025 * np.cos(s)  # 利用圆的公式得到初始曲线的点的坐标
        y = 1024 + 1025 * np.sin(s)
        init = np.array([x, y]).T # 按照一定的格式组织好数据
        # 通过高斯函数对图像进行平滑可以改善分割效果
        snake = active_contour(gaussian(img_gray, 3), init, alpha=alp, beta=10,
        gamma=0.001,w_edge=10, max_num_iter=max_it)
        plt.subplot(3, 3, i)
        plt.imshow(img)
        plt.plot(init[:, 0], init[:, 1], '--k', linewidth=3)
        plt.plot(snake[:, 0], snake[:, 1], '-k', linewidth=3)
        plt.axis('off')
        plt.title('snake:' + str(num) + ' alpha:' + str(alp) + ' max_iteration:'
        + str(max_it), size=10)
        i += 1
```

不同参数设置下活动轮廓模型的初始轮廓和最终轮廓的效果如图 6-6 所示，其中虚线表示活动轮廓的初始位置，实线表示活动轮廓的最终位置。

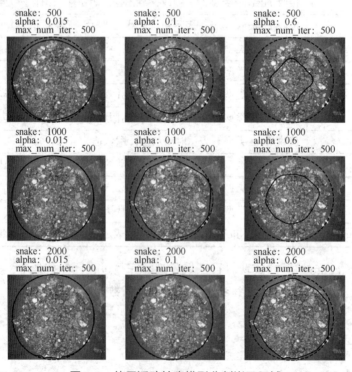

图 6-6　使用活动轮廓模型分割岩石区域

通过多次尝试发现，由参数 snake 控制的初始曲线的点数达到一定数量时，活动轮廓才能较好地拟合岩石区域的边缘。同时，初始曲线点数越多，算法收敛的速度就越慢，此时可以通过增大参数 alpha 的值提高收敛速度。针对岩石样本图像，通过多次尝试来调整参数的最佳取值。本例中参数 snake 取 2000、参数 alpha 取 0.6 时，迭代 500 次后能够得到较好的分割效果，即图 6-6 中右下角的图像。

第二次图像分割要从荧光图像中分割出石油成分所在的区域。对荧光图像进行分析可以发现，石油成分在荧光下呈现绿色或黄色，而岩石部分则呈现灰色或黑色。两者的颜色差异较大，可以通过颜色分析来寻找有效的特征并加以区分。为了进行颜色分析，需要对图像进行颜色空间的转换。在 RGB 图像中，任何一种颜色都是由红色（R）、绿色（G）和蓝色（B）3 个颜色分量的强度值来表示的，修改某个分量的值会同时改变颜色的类型、亮度和饱和度，并不适合进行颜色的调整和分析。本节使用彩色图像处理中常用的 HSV 颜色空间，它使用色调、饱和度和明度 3 个维度来刻画颜色。由于颜色单独通过 H 分量来表示，在 HSV 颜色空间中更容易识别特定颜色的物体。

为了捕捉石油成分在荧光图像中的颜色，首先采用 OpenCV 中的函数 cvtColor 将荧光图像从 RGB 颜色空间转换到 HSV 颜色空间中，然后通过 H 分量来分割石油和非石油成分。

接着在荧光图像中选择包含石油成分的一行像素来观察 H 分量在不同位置取值的变化情况，如图 6-7 所示。图 6-7（a）为这一行像素的 H 分量，图 6-7（b）上方的直线显示采样的位置。

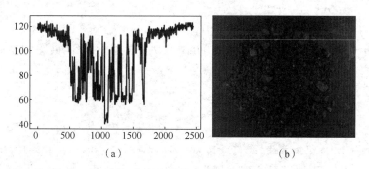

(a)　　　　　　　　　　　　(b)

图 6-7　包含石油成分的荧光图像在 H 分量上的变化

对照图 6-7 中的两幅图像可以发现，H 分量的取值在图像的背景部分稳定在 110 左右，在岩石样本部分则在 60 到 110 之间跳跃，在石油成分区域[图 6-7(a)中横坐标 1100 附近]稳定维持在 50 以下的较低水平。通过对其他岩石样本图像的分析，可以确定根据 H 分量的取值能够有效地区分岩石样本荧光图像中的石油成分区域和其他区域。将 H 分量的阈值设定为 49，若某像素点的 H 分量小于 49，则将该像素点划分为石油成分，反之则划分为非石油成分。得到石油成分区域的分割结果如图 6-8 所示，其中的白色区域为最终的石油成分区域。可以发现图 6-8 中的石油成分区域与图 6-4（b）中的发光区域基本一致。

图 6-8　石油成分区域的分割结果

　　最后，根据第一次对白光图像的分割结果计算出岩石样本部分的面积 S_1，以及第二次对荧光图像的分割结果计算石油部分的面积 S_2，则岩石样本中石油部分面积占比为 $\dfrac{S_2}{S_1}$。完整的岩石样本图像处理和岩石样本石油成分面积占比的计算过程如代码 6-4 所示，最终得到图 6-4 所示岩石样本中石油成分的面积占比为 0.65%。

代码 6-4　岩石样本图像处理和岩石样本石油成分面积占比的计算

```python
import cv2
import numpy as np
from skimage.filters import gaussian
from skimage.segmentation import active_contour

# 第一次分割
img1 = cv2.imread('../data/347-1.jpg')  #读取白光图像
img1 = cv2.cvtColor(img1, cv2.COLOR_BGR2GRAY)  # 将RGB图像转换为灰度图像
s = np.linspace(0, 2 * np.pi, 2000)
x = 1140 + 1025 * np.cos(s)
y = 1024 + 1025 * np.sin(s)
init = np.array([x, y]).T  # 初始化snake
max_it = 500  # 最大迭代次数
snake = active_contour(gaussian(img1, 3), init, alpha=0.6, beta=10, gamma=0.001,
            w_edge=10, max_num_iter=max_it)  # 调用active_contour函数
snake = snake.reshape(2000, 1, 2)
snake = snake.astype(np.float32)
S1 = cv2.contourArea(snake)  # 计算岩石区域的面积
# 第二次分割
img2 = cv2.imread('../data/347-2.jpg')  #读取荧光图像
hsv_img = cv2.cvtColor(img2, cv2.COLOR_BGR2HSV)  # 将RGB图像转换为HSV图像
feature_img = hsv_img[:, :, 0]  # 获取图像上的H分量
index = (feature_img< 49)  # 获取H分量小于49的位置
result_img2 = np.zeros_like(feature_img)
result_img2[index] = 255  # 获取石油部分的图像
S2 = (result_img2 == 255).sum()  # 计算石油部分的面积
P = S2 / S1  # 计算岩石样本图像中石油部分的面积百分比
```

6.2 基于边缘检测的图像分割

在图像中不同区域的边界上像素的灰度通常会有较大的变化，边缘检测就是根据灰度的突变来找到图像中区域边界的方法。图像的灰度梯度可以反映出灰度变化的方向和大小的情况，而边缘处的灰度梯度通常有较大的幅值，常通过数值微分近似计算图像灰度梯度的方式来构造图像边缘检测算子。由于噪声会严重影响数值微分的结果，在进行图像的边缘检测前通常需要对图像进行平滑处理以减少噪声对数值微分的影响。

在数字图像处理中，作为对象的不同表达，连通区域和其边缘是等价的且可以相互转换。但作为图像分割的一种方法，边缘检测的主要问题在于获得的边缘通常并不是封闭的，除使用 Hough 变换检测特定几何图形轮廓的场景外，要从边缘检测的结果中得到完整的目标对象可能还需要经过分水岭分割之类复杂的后处理。

6.2.1 边缘检测

边缘从形态上可以被定义为图像中灰度值发生急剧变化的图像结构，灰度变化的强度通常使用梯度来衡量。常见的边缘可分为阶跃型和屋顶型。阶跃型和屋顶型边缘及其对应的灰度变化曲线如图 6-9 所示。

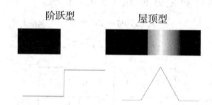

图 6-9　阶跃型和屋顶型边缘及其对应的灰度变化曲线

在图 6-9 中，阶跃型边缘两侧像素的灰度值有着显著的不同，屋顶型边缘位于灰度值从增加到减少的变化转折点。对于图像中的某个点 (x, y)，灰度值函数 $f(x, y)$ 的梯度是向量，可以反映出点 (x, y) 处的边缘强度和方向，用 $\nabla f(x, y)$ 表示，定义如式（6-2）所示。

$$\nabla f(x, y) = \text{grad}\left[f(x, y)\right] = \begin{bmatrix} f_x(x, y) \\ f_y(x, y) \end{bmatrix} \tag{6-2}$$

其中的 $f_x(x, y)$ 和 $f_y(x, y)$ 分别是灰度值函数 $f(x, y)$ 在 x 轴方向和 y 轴方向的一阶偏导数，它们反映灰度值 $f(x, y)$ 在 x 轴、y 轴方向的变化率。梯度向量的幅值 $M(x, y)$ 定义为该梯度向量的欧几里得范数，如式（6-3）所示。

$$M(x, y) = \|\nabla f\| = \sqrt{f_x^2(x, y) + f_y^2(x, y)} \tag{6-3}$$

幅值 $M(x, y)$ 是梯度向量 $\nabla f(x, y)$ 在点 (x, y) 处的大小，一个像素点的梯度幅值越大，则该点越有可能是边缘点。通常边缘检测的步骤包含以下 3 个。

（1）在边缘检测前对图像进行平滑去噪处理，减少噪声对梯度计算的影响。

（2）选取合适的方法计算图像的梯度或二阶偏导数。

（3）求出图像梯度幅值的局部极大值点或二阶偏导数的过零点作为边缘检测的结果。

根据边缘检测方法的复杂度从易到难，边缘检测算子可分为基于差分模板的边缘检测算子、LoG 算子和 Canny 算子 3 类。

1．基于差分模板的边缘检测算子

给定一点 z_5 及其 8 邻域，如图 6-10 所示。下面介绍基于差分模板的常见边缘检测算子：Roberts 算子、Prewitt 算子、Sobel 算子和 Laplace 算子。

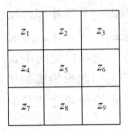

z_1	z_2	z_3
z_4	z_5	z_6
z_7	z_8	z_9

图 6-10　z_5 及其 8 邻域示意

Roberts 算子采用两个 2×2 的掩模来计算图像的梯度，如图 6-11 所示。Roberts 算子采用沿对角线方向的相邻像素进行差分，将掩模与对应位置的像素值相乘后求和即得到一阶偏导数的近似值，其计算公式如式（6-4）所示。

$$f_x(x,y) = z_9 - z_5$$
$$f_y(x,y) = z_8 - z_6$$

（6-4）

-1	0
0	1

0	-1
1	0

图 6-11　Roberts 算子的掩模

Prewitt 算子采用两个 3×3 的掩模计算图像的梯度，如图 6-12 所示，其计算公式如式（6-5）所示。

$$f_x(x,y) = z_7 + z_8 + z_9 - z_1 - z_2 - z_3$$
$$f_y(x,y) = z_3 + z_6 + z_9 - z_1 - z_4 - z_7$$

（6-5）

-1	-1	-1
0	0	0
1	1	1

-1	0	1
-1	0	1
-1	0	1

图 6-12　Prewitt 算子的掩模

Sobel 算子也采用两个 3×3 的掩模计算图像的梯度，如图 6-13 所示。其计算公式与 Prewitt 算子类似，只是将处于中心十字线处的像素的权值更改为 2，如式（6-6）所示。

$$f_x(x,y) = z_7 + 2z_8 + z_9 - z_1 - 2z_2 - z_3$$
$$f_y(x,y) = z_3 + 2z_6 + z_9 - z_1 - 2z_4 - z_7$$
（6-6）

-1	-2	-1
0	0	0
1	2	1

-1	0	1
-2	0	2
-1	0	1

图 6-13　Sobel 算子的掩模

前述的 3 个边缘检测算子都通过使用两个掩模分别近似计算图像在 x 轴和 y 轴方向上的一阶偏导数而得到图像的梯度向量，图像的边缘对应图像梯度的局部极大值点。但是，一阶偏导数通常对边缘附近较大范围的区域都会产生响应，检测到的边缘图像常需做细化处理，影响边缘定位的精度。

Laplace 算子则通过一个掩模来计算图像在 x 轴和 y 轴方向上的二阶导数之和，具有各向同性和旋转对称性。图像的边缘对应二阶导数的过零点，如图 6-14 所示，所提取的边缘宽度为一个像素，有利于更准确地定位边缘。其计算公式如式（6-7）所示。

$$\nabla^2 f(x,y) = z_2 + z_4 + z_6 + z_8 - 4z_5$$
（6-7）

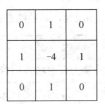

0	1	0
1	-4	1
0	1	0

图 6-14　Laplace 算子的掩模

skimage 图像处理库提供 Sobel 算子、Prewitt 算子和 Roberts 算子对应的 filters.sobel 函数、filters.prewitt 函数和 filters.roberts 函数。它们的调用形式和语法参数相似，从名称上看属于滤波器模块的函数，返回值是与输入图像尺寸相同的单通道梯度幅值图像。其中函数 filters.sobel 的参数及其说明如表 6-4 所示。

表 6-4　filters.sobel 函数的参数及其说明

参数名称	说明
image	接收 ndarray 类型的图像。表示输入图像。无默认值
mask	接收 bool 型数组。表示用于将函数限制在某个区域的掩模。无默认值

2. LoG 算子与 DoG 算子

基于差分模板的 4 个算子本质上都是进行数值差分，而差分运算受图像噪声的影响很大。LoG（Laplace of Gaussian）算子可以视作对此问题的一种改进。首先对图像采用高斯滤波进行降噪处理，再采用 Laplace 算子进行边缘检测，以此减少图像噪声对边缘检测的影响。LoG 算子的定义如式（6-8）所示。

$$\nabla^2 G(x, y) = \left(\frac{x^2 + y^2 - 2\sigma^2}{\sigma^4} \right) e^{\frac{x^2+y^2}{2\sigma^2}} \tag{6-8}$$

式（6-8）中，σ 为用户指定的高斯滤波的标准差。调整 σ 可以调整周围像素对当前像素的影响程度，调大 σ 即提高远处像素对中心像素的影响程度，滤波结果就更平滑。

用 LoG 算子进行边缘检测，首先使用 LoG 核与一幅输入图像进行卷积，如式（6-9）所示。

$$g(x, y) = \nabla^2 G(x, y) \circledast f(x, y) \tag{6-9}$$

然后寻找卷积结果 $g(x, y)$ 的过零点来确定图像 $f(x, y)$ 的边缘点。

DoG 算子是对 LoG 算子的近似。LoG 算子在构造过程中需要对二维高斯函数进行拉普拉斯变换，计算量相对较大。使用 DoG 算子近似 LoG 算子，在减小计算量的同时能够保持较好的边缘响应。

OpenCV 中提供函数 Laplacian，它是 Laplace 算子的 Python 实现，该函数的语法格式如下，返回值是尺寸和通道数都与输入图像相同的目标图像，参数及其说明如表 6-5 所示。

```
cv2.Laplacian (src,ddepth, ksize)
```

表 6-5　Laplacian 函数的参数及其说明

参数名称	说明
src	接收 ndarray 类型的图像。表示输入图像。无默认值
ddepth	接收 int 类型。表示输出图像的深度。无默认值
ksize	接收 int 类型。表示用于计算二阶导数的滤波器的边长，必须是正奇数。默认值为 1

LoG 算子可以通过先对图像进行高斯平滑再运行 Laplace 算子的方式来实现。OpenCV 中的 GaussianBlur 函数用于实现高斯平滑，其语法格式如下，返回值是尺寸和类型都与输入图像相同的滤波后的图像，参数及其说明如表 6-6 所示。

```
cv2.GaussianBlur(src, ksize, sigmaX)
```

表 6-6　GaussianBlur 函数的参数及其说明

参数名称	说明
src	接收 ndarray 类型的图像。表示输入图像，可以有任意数量的通道，但深度应为 CV_8U、CV_16U、CV_16S、CV_32F 或 CV_64F。无默认值
ksize	接收 Size。表示高斯核的尺寸，高度和宽度可以不同，但是它们必须都是正奇数。无默认值
sigmaX	接收 double 类型。表示 x 轴方向的高斯标准差。无默认值

3．Canny 算子

基于差分模板的边缘检测算子、LoG 算子与 DoG 算子实际上只解决了图像梯度或二阶导数之和的计算问题，产生的都是表示图像局部梯度幅值大小的灰度图像，还需要进行后处理才能得到二值化的边缘图像。在数字图像处理中常用的 Canny 算子完整地集成了边缘检测的全部过程，可以直接输出最终的二值边缘图像。Canny 算子首先使用一个高斯滤波器平滑输入图像，然后对平滑后的图像计算梯度图像和角度图像，接着对梯度图像进行非极大值抑制，最后使用双阈值处理和连通性分析来检测和连接边缘，可以得到高质量的单像素宽度的二值边缘。Canny 算子边缘检测的主要流程包括滤波减噪、计算幅值和方向、非极大值抑制、滞后阈值等。

梯度图像中边缘附近的像素梯度会有比较大的幅值，如果直接使用阈值分割方法得出高梯度幅值的像素，会造成部分边缘较粗、部分边缘断裂的问题。Canny 算子对梯度图像首先进行非极大值抑制处理，也就是只寻找图像梯度幅值的局部最大值，将非极大值点对应的输出值设置为 0。对每一个像素 (x,y)，确定它的梯度方向并比较梯度幅值 K 与梯度方向上前后两个相邻像素点的梯度幅值 s_1、s_2 的大小。若 K 小于 s_1 或 s_2，则该点为非极大值点，将该点的输出值置为 0。经过上述处理，结果中会存在一些属于局部极大值但本身梯度幅值很小的像素，称之为假边缘。Canny 算子使用双阈值处理来消除假边缘，选取高、低两个阈值，对非极大值抑制处理的结果根据高阈值得到初始的边缘图像。高阈值能够有效地滤掉假边缘，但是会造成某些边缘的局部断裂。可在高阈值输出结果中添加连通的并且梯度幅值大于低阈值的局部极大值，使得边缘更为完整。

OpenCV 库中提供 Canny 函数用于实现 Canny 算子，其语法格式如下，返回值是与输入图像尺寸相同的单通道二值图像，参数及其说明如表 6-7 所示。

```
cv2.Canny(image, threshold1, threshold2)
```

表 6-7　Canny 函数的参数及其说明

参数名称	说明
image	接收 ndarray 类型的二维或三维的图像。表示输入图像。无默认值
threshold1	接收 double 类型。表示指定的初始的低阈值。无默认值
threshold2	接收 double 类型。表示指定的初始的高阈值。无默认值

4．边缘检测算子的效果对比

以草药图像作为边缘检测的对象，各边缘检测算子的检测效果如图 6-15 所示，其中左侧显示了原始的图像，其余的 6 个子图为本节介绍的 6 种算子的边缘检测效果。

使用 Sobel 算子、Prewitt 算子和 Roberts 算子对图像进行边缘检测，如代码 6-5 所示。使用差分算子得到的结果是灰度图像形式的梯度幅值图像，虽然人眼可以从中观察到边缘，但这些结果并不是边缘检测所需的二值化形式。

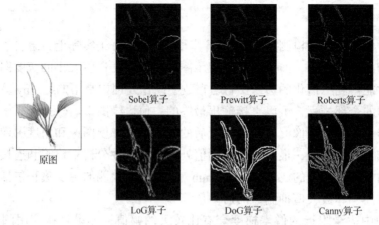

图 6-15　各边缘检测算子的检测效果

代码 6-5　使用 Sobel 算子、Prewitt 算子和 Roberts 算子对图像进行边缘检测

```
from skimage import data, io, filters
import cv2

images = data.coins()
img = cv2.imread('../data/cqc.png')
images = cv2.cvtColor(img, cv2.COLOR_BGR2GRAY)edges1 = filters.sobel(images)
edges2 = filters.prewitt(images)
edges3 = filters.roberts(images)
plt.imshow(edges1, cmap='gray')
plt.imshow(edges2, cmap='gray')
plt.imshow(edges3, cmap='gray')
```

使用 LoG 算子和 DoG 算子对图像进行边缘检测，如代码 6-6 所示。LoG 算子由于在进行差分之前对图像进行了高斯滤波，能够较好地降低噪声的干扰。但从图 6-15 中可以发现，LoG 算子得到的边缘看起来比前 3 种算子的结果要更粗一些，还需要后续处理才能对边缘进行准确定位。

代码 6-6　使用 LoG 算子和 DoG 算子对图像进行边缘检测

```
import cv2

# 读取图像
img = cv2.imread('../data/cqc.png')
gray_img = cv2.cvtColor(img, cv2.COLOR_BGR2GRAY)
# 先使用高斯滤波对图像进行降噪
gaussian = cv2.GaussianBlur(gray_img, (3, 3), 0)
# 再通过 Laplace 算子进行边缘检测
dst = cv2.Laplacian(gaussian, cv2.CV_16S, ksize=3)
LOG = cv2.convertScaleAbs(dst)
cv2.imwrite('../tmp/LoG.jpg', LOG)

gaussian1 = cv2.GaussianBlur(gray_img, (3, 3), 0)
gaussian2 = cv2.GaussianBlur(gaussian1, (3, 3), 0)
img_DoG = gaussian1 - gaussian2
cv2.imwrite('../tmp/DoG.jpg', img_DoG)
```

使用 Canny 算子对图像进行边缘检测，如代码 6-7 所示。对比上述算子的边缘检测效果，效果最好的是图 6-15 中 Canny 算子的输出结果，它是在梯度图像的基础上进行非极大值抑制得到的单像素宽度的二值边缘图像。

代码 6-7　使用 Canny 算子对图像进行边缘检测

```python
import cv2

img = cv2.imread('../data/cqc.png')
edges4 = cv2.Canny(img, 100, 200)
cv2.imwrite('../tmp/canny.jpg', edges4)
```

6.2.2　使用 Hough 变换检测直线

Hough 变换在数字图像处理中用于检测二值图像中如直线、圆或椭圆这类可以使用参数方程来表示的图形。Hough 变换检测直线的思想是计算图像平面内每一条可能的直线上的目标点的数量，点数越多，对应的直线在视觉上越显著。对平面上的 1 个目标点 (x_i, y_i)，经过该点的直线可以使用斜截式方程 $y_i = ax_i + b$ 来表示，此处的参数 a、b 分别代表直线的斜率和 y 轴截距。给定参数 a 的取值，可以从方程中解出对应的参数 b，所以有无限个 a、b 的组合满足直线方程。对给定分辨率的具体图像，a、b 的取值是有限的，对它们按照适当的间隔进行离散化处理，可以得到一个参数矩阵。参数矩阵中的每个元素对应着 a 和 b 的一种组合，对应图像平面内的一条直线。Hough 变换遍历二值图像中的每一个目标点 (x_i, y_i)，从方程 $y_i = ax_i + b$ 中将解出参数 a 和 b 的所有可能的取值组合，并在参数矩阵对应的单元格中进行累加。这样遍历完整幅图像后，参数矩阵的每个单元格中的累加值就是经过该单元格的参数组合对应的直线上的点的数量。通常返回累加值降序排列靠前的几个单元格对应的直线作为直线检测的输出结果。

在数字图像处理实践中，由于斜截式方程无法表示垂直线（此时斜率无穷大），Hough 变换实际使用的是直线的极坐标方程形式即 $x\cos\theta + y\sin\theta = \rho$。其中 ρ 是原点到直线的垂直距离，θ 是原点到直线的垂线与 x 轴的夹角。Hough 变换检测图像中目标直线的原理如图 6-16 所示，（a）展示了原始图像中经过目标点 (x_i, y_i) 的直线的极坐标参数 θ 和 ρ，（b）为极坐标参数矩阵的划分示意。这就是 Hough 变换检测直线的基本思想，变换是指检测并不是在原始的图像空间中进行的，而是在对应的参数空间中进行的。

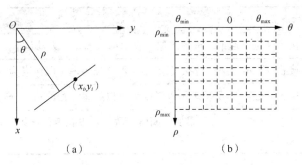

图 6-16　Hough 变换检测图像中目标直线的原理

6.2.3 基于 Hough 变换的 QR 码分割

一幅含有 QR 码的图像如图 6-17（a）所示，第 8 章中将详细地介绍如何使用图像处理方法实现图像中 QR 码的检测和识别。QR 码的重要特征是含有 3 个经过特别设计的方形的位置探测图形，这 3 个图形可以通过设计相应的算法从图像中检测出来。由于图像中的 QR 码的朝向和角度是不确定的，检测出位置探测图形后还需进一步从图像中分割出 QR 码，经过规范化处理后才能进行 QR 码的内容解析。假设经过若干步的处理，已经检测出图 6-17（a）中 QR 码左下角和右上角的位置探测图形，并提取了它们的最外层轮廓，如图 6-17（b）所示，接下来将使用 Hough 变换分割 QR 码。

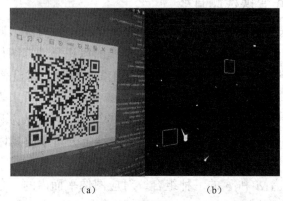

（a）   （b）

图 6-17 QR 码及其对角线上的位置探测图形的轮廓

这两个位置探测图形共有 8 条边，对该图像使用 Hough 变换进行直线检测，提取参数矩阵中累加值排序前 8 的单元格所对应的直线并延长，延长线相交所构成的最大的四边形，就是 QR 码的区域。

使用 OpenCV 库中的函数 HoughLines 可实现 Hough 变换，其语法格式如下，该函数返回以直线参数 (ρ, θ) 形成的元组为元素的列表，参数及其说明如表 6-8 所示。元组在列表中的顺序由累加器的值决定，累加器的值越大，对应元组在列表中的位置越靠前。

```
cv2.HoughLines(image, rho, theta, threshold)
```

表 6-8 HoughLines 函数的参数及其说明

参数名称	说明
image	接收 8 位单通道二进制图像。表示输入图像。无默认值
rho	接收 double 类型。表示累加器的距离分辨率（以像素为单位）。无默认值
theta	接收 double 类型。表示以弧度为单位的累加器的角度分辨率。无默认值
threshold	接收 int 类型。表示累加器阈值参数，可以在返回结果中过滤投票小于阈值的直线。无默认值

基于 Hough 变换的 QR 码分割的完整处理过程，如代码 6-8 所示。

代码 6-8　基于 Hough 变换的 QR 码分割的完整处理过程

```
import cv2
import numpy as np

img = cv2.imread('../data/qrcode.png')  #读取 QR 码图像
threshold = np.load('../data/erweima.npy')  # 读取位置探测图形的外轮廓
m, n = threshold.shape
for x in range(m):
    for y in range(n):
        if (x > 500 and y > 300 and threshold[x, y] == 255):
            threshold[x, y] = 0  # 去除右下角的外轮廓
print(threshold.shape)
lines = cv2.HoughLines(threshold, 1, np.pi / 30, 10)  # 调用 Hough 变换函数检测直线
for i in lines[: 8]:  # 取前 8 条主要直线
    for r, theta in i:
        a = np.cos(theta)
        b = np.sin(theta)
        x0 = a * r
        y0 = b * r
        x1 = int(x0 + 1000 * (-b))
        y1 = int(y0 + 1000 * a)
        x2 = int(x0 - 1000 * (-b))
        y2 = int(y0 - 1000 * a)
        cv2.line(img, (x1, y1), (x2, y2), (0, 0, 0), 2)
# 将 Hough 变换检测出来的直线画到 QR 码图像中
cv2.namedWindow('result', 0)
cv2.resizeWindow('result', 732, 894)
cv2.imshow('result', img)
cv2.waitKey()
```

　　使用 Hough 变换检测出的 8 条主要直线如图 6-18 所示，基于这些直线可以进一步分割出 QR 码。

6.3　区域生长算法

图 6-18　使用 Hough 变换检测出的 8 条主要直线

　　有时候根据人们对分割目标的先验知识，能够确定图像中的部分像素属于待分割的目标区域。例如金属零件中由于虚焊而造成的孔隙，在工业 CT 图像中对应像素的灰度值要显著地高于周边像素的灰度值。以图像中的局部灰度最大值点为种子，根据孔隙区域中像素灰度分布的特点，不断向四周生长种子点区域，使得该区域尽可能逼近完整的孔隙区域。这就是区域生长算法的基本思想。

6.3.1 区域生长算法的流程

区域生长算法根据一组预先定义好的生长准则，将像素或子区域扩展为更大的区域。通常从一个选取好的种子点集合开始，将与种子点相邻且在灰度、纹理或颜色等属性上满足一定条件的像素点添加到区域中，一直到区域无法再生长为止。

生长准则的选取基准与所要解决的具体问题和图像所含有的信息都有密切的关系。例如，遥感卫星搭载的多光谱成像设备，可以获取地表包括非可见光在内的多个光谱频段的图像。不同类型的地物在不同的光谱频段中有独特的吸收反射特性。如果遥感图像中没有可反映目标地物的可用信息，目标的分割和识别将非常困难。对于单色图像，通常使用一组基于灰度级和空间性质的描述子，如矩或纹理来分析区域。

基于 8 连通邻域的基本区域生长算法流程如下。

（1）对给定的输入图像，选取初始种子点，记种子点构成的连通区域为 S。

（2）遍历 S 的 8 邻域像素，判断它们是否满足相似性准则，将符合条件的像素加入 S 所在的连通区域。

（3）重复第 2 步，直到连通区域 S 无法再增长为止。

区域生长算法通常应用于可以依据先验信息找到图像中可用的控制标记的情况，例如，检测金属零件中隐藏的瑕疵或者检测路面上的缺陷。在这两个场景下，可以先通过预处理自动或人工交互找到有缺陷的种子，继而使用区域生长算法分割出完整的缺陷区域。在本书的第 9 章钢轨表面缺陷检测中，将使用该算法进行轨面缺陷的分割。

6.3.2 使用区域生长算法分割心形图像

本小节通过一个简单的例子来说明如何使用区域生长算法实现图像分割。分割的对象为一张浅蓝色背景中包含红色月亮形和心形的图像，如图 6-19 所示，目标为仅分割出其中的心形图像。对图像进行分析可以发现，心形内部的像素颜色差异较小，而且与背景颜色相差较大，月亮形的颜色与心形的颜色较为接近，但是相互不连通。由于月亮形和心形拥有相近的颜色和灰度，若使用阈值分割，将同时从背景中分割出月亮形和心形。在图 6-19 中，心形图像位于图像的中央，因此选择图像中央的像素点作为区域生长的初始种子点。区域生长算法从种子点出发，吸纳与种子点是 8 连通且在灰度上与种子是"相似的"的像素，这里可以用灰度绝对差作为相似性测度。

图 6-19 含有心形和月亮形的图像

使用区域生长算法分割出心形图像的完整过程如代码 6-9 所示。在读入图像后，首先将图像从 RGB 颜色空间转换到灰度空间，然后将图像中心的像素点作为区域的初始种子点进行区域生长。与种子点连通且灰度绝对差小于一定阈值的像素点将加入区域，直到不再有新的像素点符合加入条件时结束算法，这样便分割出图像中的心形图像。

代码 6-9　使用区域生长算法分割出心形图像的完整过程

```python
import cv2
import numpy as np

def regionGrow(img, seeds, avg_seed, thresh):
    ''' 进行区域生长'''
    m, n = img.shape
    result_img = np.zeros_like(img)  # 定义保存结果图像的变量
    connection = [(-1, -1), (-1, 0), (-1, 1), (0, 1), (0, -1), (1, -1), (1, 0),
(1, 1)]  # 定义种子点的邻域
    while (len(seeds) != 0):  # 只要种子向量不为空，就一直生长
        pt = seeds.pop()
        result_img[pt[0], pt[1]] = 255
        for i in range(8):  # 迭代 8 连通邻域的所有像素
            x = pt[0] + connection[i][0]
            y = pt[1] + connection[i][1]
            if x < 0 or y < 0 or x >= m or y >= n:  # 判断是否超出了图像边界
                continue
            # 判断是否满足相似性准则
            if (abs(int(img[x, y]) - int(avg_seed)) < thresh and result_img[x, y] == 0):
                result_img[x, y] = 255  # 标记满足要求的像素点
                seeds.add((x, y))  # 将像素点加到种子向量中
    result_img = result_img.astype('uint8')
    return result_img

img = cv2.imread('../data/38.png')
gray_img = cv2.cvtColor(img, cv2.COLOR_BGR2GRAY)
m, n = gray_img.shape
seed_set = set()
seed_set.add((m // 2, n // 2))
sum_seed = 0
for item in seed_set:
    sum_seed += gray_img[item[0], item[1]]
avg_seed = round(sum_seed / len(seed_set))
result_img = regionGrow(gray_img, seed_set, avg_seed, 10)
index = (result_img == 0)
img[index] = 0
cv2.imwrite('../tmp/love_result.png', img)
```

根据上述过程，分割得到的心形图像如图 6-20 所示。

图 6-20　利用区域生长算法分割得到的心形图像

区域生长过程是通过在区域边界上不断加入相邻的相似像素来实现的，所以最终得到的分割结果能够保持和初始种子区域的连通关系，避免了阈值分割方法可能会得到数量众多但不连通的分割结果的情况。区域生长算法通常用于由于图像中待分割的目标与其他干扰结构因特征相近而无法简单通过阈值分割方法有效分割的情形。

6.4　结合空间域与色彩域的图像分割算法

本节将介绍两种同时结合空间域和色彩域的图像分割算法。6.1 节介绍的属于阈值分割方法的大津法，可以将其看作在灰度直方图上进行聚类。大津法使得两类像素的类间方差最大的思想，与聚类算法要使类内尽可能相似、类间差别尽可能大的思想在一定程度上是类似的。阈值分割方法的问题在于，图像的灰度直方图只保留了像素的灰度信息而完全丢失了像素的空间位置信息，因此基于阈值的图像分割的结果中可能会包含大量的连通区域，需要进行后处理才能将目标完整、独立地分割出来。对阈值分割方法的一种改进是，在对图像中的像素进行划分的时候除考虑它们的色彩（如灰度、RGB 分量或 HSV 分量）等属性之外，同时也考虑像素在图像中的位置信息。这种改进思想产生了许多不同的算法，本节介绍其中的两种较新的算法。

6.4.1　SLIC 算法

简单线性迭代聚类（Simple Linear Iterative Clustering，SLIC），本质上是在图像的三维色彩分量和二维的空间位置分量 x、y 共 5 个维度上对像素进行聚类。SLIC 的优点是算法简单、运行效率高。由于在聚类中考虑了像素的空间位置，SLIC 算法会产生"过分割"的效果，即图像被分割为形状尺寸相近、内部像素较为相似的众多小区域。SLIC 算法也是数字图像处理中一种常用的生成超像素（Super Pixel）的方法。超像素是指，根据像素的空间位置和色彩信息将它们组合成比单个像素更有感知意义和描述能力更强的连通区域。对图像的分析将不再基于数量庞大的像素，而基于数量更少、粒度更大、更具描述性的超像素。将图像的基本元素从像素转换为超像素后，一方面减少了图像分析的运算开销，另一方面也方便后续在更高层特征描述下对图像进行进一步的处理。

SLIC 算法通常采用 LAB 颜色空间，LAB 颜色空间在度量颜色差异方面比 RGB 颜色空间具有更好的一致性。假设输入图像 $f(x, y)$ 是一幅 LAB 彩色图像，每个像素的 3

个颜色分量和 2 个空间坐标组成一个五维向量 z，定义如式（6-10）所示。

$$z = (L, a, b, x, y)^\mathrm{T} \qquad (6\text{-}10)$$

式（6-10）中，(L, a, b) 是像素的 3 个颜色分量，(x, y) 是像素的空间坐标。令 n_s 是所需的超像素总数，n_t 是图像的像素总数，则每个超像素平均拥有 $\dfrac{n_\mathrm{t}}{n_\mathrm{s}}$ 个像素。为了生成尺寸近乎相同的超像素，超像素的中心设置在边长为 $S = \sqrt{\dfrac{n_\mathrm{t}}{n_\mathrm{s}}}$ 的均匀网格中。理想的超像素内部具有一致性，因此图像的边缘应该位于超像素的边界上。在 SLIC 算法中，通过将初始聚类中心移到每个网格中心点 3×3 邻域中梯度最小的位置，来避免超像素的聚类过程从边缘点或者噪声点开始迭代。

SLIC 算法的流程如下。

（1）初始化算法。以规则网格步长 s 计算初始的超像素中心，$m_i = [L_i, a_i, b_i, x_i, y_i]$，$i = 1, 2, \cdots, n_\mathrm{s}$。

（2）将聚类中心移至初始空间中心 $[x_i, y_i]$ 的 3×3 邻域内的最小梯度位置。对于图像中的每一个像素 p，初始化聚类标签 $L(p) = -1$ 和距离 $d(p) = \infty$。

（3）将像素点划分到相应的聚类中心。对于每个聚类中心 m_i，$i = 1, 2, \cdots, n_\mathrm{s}$，在它的邻域内，计算邻域中每一个像素点到聚类中心的距离 $D_i(p)$，若 $D_i(p) < d(p)$，则更新该像素点的标签 $L(p) = i$ 和距离 $d(p) = D_i(p)$。

（4）更新聚类中心。令 C_i 表示图像中具有标签 $L(p) = i$ 的像素点的集合，更新聚类中心为 $m_i = \dfrac{1}{|C_i|} \sum_{z \in C_i} z$，$i = 1, 2, \cdots, n_\mathrm{s}$。

（5）检验收敛性。计算当前聚类中心与前一聚类中心坐标差的欧几里得范数。计算残差 E，若 E 小于一个事先给定的非负阈值 T，则进入步骤（6）。否则，回到步骤（3）。

（6）后处理超像素区域。将每个区域 C_i 中的所有像素点的 (L, a, b) 替换为它们的平均值，这些像素点组合起来得到的连通区域就是超像素。

步骤（3）中计算距离的方法通常是将颜色距离和欧氏空间距离组合成单个度量来实现的，令 d_c 和 d_s 分别表示两个像素的颜色距离和欧氏空间距离，定义如式（6-11）所示。

$$\begin{cases} d_\mathrm{c} = \left[\left(L_i - L_j\right)^2 + \left(a_i - a_j\right)^2 + \left(b_i - b_j\right)^2 \right]^{\frac{1}{2}} \\ \quad d_\mathrm{s} = \left[\left(x_i - x_j\right)^2 + \left(y_i - y_j\right)^2 \right]^{\frac{1}{2}} \end{cases} \qquad (6\text{-}11)$$

则距离 D 定义为复合距离，如式（6-12）所示。

$$D = \left[(d_\mathrm{c})^2 + \left(\frac{d}{S}\right)^2 c^2 \right]^{\frac{1}{2}} \qquad (6\text{-}12)$$

式（6-12）中，S 为初始网格的步长，c 是一个常数参数。当 c 很大时，空间接近性更重要，由此产生的超像素更紧凑。当 c 较小时，产生的超像素对图像边界有很强的附着性，但尺寸和形状更加不规则。

OpenCV 库中 ximgproc 模块下的函数 createSuperpixelSLIC 能够实现 SLIC 算法，其语法格式如下，返回值是与输入图像尺寸一致的分割掩码图像，参数及其说明如表 6-9 所示。

```
cv2.ximgproc.createSuperpixelSLIC(image, algorithm,region_size,rule)
```

表 6-9　createSuperpixelSLIC 函数的参数及其说明

参数名称	说明
image	接收 ndarray 类型的二维、三维灰度或多通道图像。表示输入图像。无默认值
algorithm	接收 OpenCV 预定义类。表示生成超像素的算法，可选 SLIC、SLICO 和 MSLIC。默认值为 SLICO
region_size	接收 int 类型。表示平均超像素尺寸。默认值为 10
rule	接收 float 类型。表示超像素平滑度。默认值为 10

使用 createSuperpixelSLIC 函数进行图像分割，如代码 6-10 所示，原始图像和分割结果如图 6-21 所示。

代码 6-10　使用 createSuperpixelSLIC 函数进行图像分割

```python
import cv2
import numpy as np

img = cv2.imread('../data/pic.png')
# 初始化 slic 项，超像素平均尺寸为 20（默认值为 10），平滑因子为 10
slic = cv2.ximgproc.createSuperpixelSLIC(img, region_size=20, ruler=10.0)
slic.iterate(10)   # 迭代次数越大效果越好
mask_slic = slic.getLabelContourMask()   # 获取超像素边缘掩模，边缘像素值为 1
label_slic = slic.getLabels()   # 获取超像素标签
number_slic = slic.getNumberOfSuperpixels()   # 获取超像素数目
mask_inv_slic = cv2.bitwise_not(mask_slic) #对超像素掩模进行非运算
img_slic = cv2.bitwise_and(img, img, mask=mask_inv_slic)   # 在原图上绘制超像素边界
cv2.imshow('img_slic', img_slic)
cv2.waitKey(0)
cv2.destroyAllWindows()
```

从图 6-21 中可以看到，图像被分割为尺寸相近的不规则多边形即超像素，在有明显边界的地方，所得的超像素的边缘与图中目标的边缘能够很好地贴合。超像素无法直接分割出完整的目标，但可构造关于超像素的如纹理、颜色分布等更复杂的特征，在更大的粒度上处理图像。

图 6-21　原始图像和分割结果

6.4.2　QuickShift 算法

快速移位图像分割算法（QuickShift 算法）也是一种结合空间域和色彩域的图像分割算法，属于局部非参数模式搜索算法。它在进行模式搜索时具有可控制模态选择和平衡"过分割"与"欠分割"的特点。相比 SLIC 算法，QuickShift 算法会聚合一定范围内的相似像素点，避免图像的"过分割"，可得到较理想的"同质"连通区域对象。

Python 的 skimage 库中提供 quickshift 函数实现 QuickShift 算法，其语法格式如下，该函数返回的是与输入图像尺寸一致的分割掩码图像，参数及其说明如表 6-10 所示。

```
quickshift(image, kernel_size, max_dist, ratio, convert2lab)
```

表 6-10　quickshift 函数的参数及其说明

参数名称	说明
image	接收 ndarray 类型的二维或三维图像。表示输入图像。无默认值
kernel_size	接收 float 类型。表示用于平滑样本密度的高斯核宽度。默认值为 5
max_dist	接收 float 类型。表示距离的截止点。默认值为 10
ratio	接收 float 类型。表示平衡颜色空间接近度和图像空间接近度的比值。默认值为 1.0
convert2lab	接收 bool 类型。表示是否将输入的图像转换到 LAB 颜色空间进行分割。默认值为 True

使用 quickshift 函数进行图像分割，如代码 6-11 所示，分割效果如图 6-22 所示。从图 6-22 中可以看出，参数 kernel_size 的值越大，分割得到的连通区域就越少。同理，参数 max_dist 的值越大，分割得到的连通区域就越少。参数 ratio 的值越大，颜色空间接近度比图像空间接近度更重要。相比 SLIC 算法，QuickShift 算法的结果中"过分割"得到了更好的控制，分割出的连通区域更加完整和一致。

代码 6-11　使用 quickshift 函数进行图像分割

```python
import cv2
from skimage.segmentation import quickshift
from skimage.segmentation import mark_boundaries

img = cv2.imread('../data/35.png')
max_dist = 500
ratio = 0.0015
kernel_size = 15
segments_quick = quickshift(img, kernel_size=kernel_size,
            max_dist=max_dist, ratio=ratio, convert2lab=True)
result_img = mark_boundaries(img, segments_quick, color=(0, 0, 0))
cv2.imwrite('../tmp/result.png', result_img * 255)
```

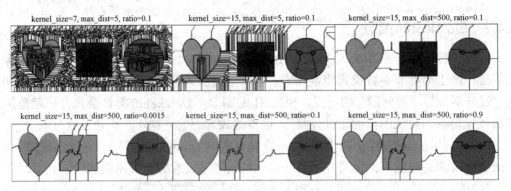

图 6-22　分割效果

小结

本章主要介绍了传统的阈值分割方法、边缘检测方法、区域生长算法和结合空间域与色彩域的图像分割算法，并结合具体例子给出了算法的具体实现过程。其中，对于阈值分割方法，主要介绍了基于全局阈值的大津法和局部阈值分割方法；对于边缘检测，主要介绍了基于差分模板的边缘检测算子、LoG 算子、DoG 算子和 Canny 算子等，还介绍了基于 Hough 变换的直线检测方法；最后介绍了区域生长算法、结合空间域与色彩域的图像分割算法。千里之行，始于足下。虽然现在研究者已经提出了很多基于更复杂的深度学习的图像分割算法，本章介绍的这四类传统的图像分割方法仍体现出人类的智慧和创造，并且在很多场合能有效地解决实际问题。

课后习题

1. 选择题

（1）Roberts 算子的掩模 $[-1,0;0,1]$ 主要用于检测（　　　）方向的边缘。

    A. 水平　　　　　　B. 45°　　　　　　C. 垂直　　　　　　　D. 135°

（2）下列图像边缘检测算子中抗噪性能最好的是（　　　）。

    A. Roberts 算子　　　　　　　　　B. Prewitt 算子

    C. Sobel 算子　　　　　　　　　　D. LoG 算子

（3）关于 Laplace 算子的正确描述是（　　　）。

    A. 属于一阶微分算子　　　　　　B. 属于二阶微分算子

    C. 只包含一个模板　　　　　　　D. 包含两个模板

（4）使用大津法计算图像全局阈值适用的情形是（　　　）。

    A. 图像中应只有一个目标

    B. 图像直方图有两个峰

    C. 图像中目标和背景的大小应一样

D. 图像中目标的灰度应比背景灰度大

（5）下列说法正确的是（　　　）。

A. 通过 LoG 算子能够得到单像素宽度的二值边缘图像

B. 差分运算对噪声敏感，所以在使用基于差分算子进行边缘检测前，可以先对图像进行去噪处理

C. Hough 变换检测直线易受噪声和直线间断的影响

D. 区域生长算法的缺点是得到的目标的边缘不封闭

2. 填空题

（1）LoG 算子中首先对图像进行高斯滤波的目的是_____。

（2）Hough 变换检测直线使用直线的极坐标形式而不使用点斜式的原因是_____。

（3）Canny 算子中的_____步骤使得它能够得到单像素宽度的边缘。

（4）相比阈值分割方法，SLIC 算法在分割图像时除了使用像素的颜色或灰度等信息外，还使用了像素的_____信息。

（5）区域生长算法的两个关键分别是_____和_____。

3. 操作题

（1）使用阈值分割方法分割出图 6-23 中的数字。

图 6-23　限速牌

（2）使用边缘检测方法和直线检测方法分割出图 6-24 中的道路区域。

图 6-24　道路

（3）使用区域生长算法分割出图 6-25 中的裂缝区域。

图 6-25　带裂缝的路面

第 7 章 车牌检测

随着我国机动车辆数量的不断增加，有效管理马路上行驶及小区里停靠的车辆显得越来越重要。在当前的技术条件下，受限于遮挡及车辆中的同型号问题，通过车牌以外的特征来实现车辆的跨区域、跨摄像头跟踪及重识别的落地应用技术鲜有报道。车牌是车辆的唯一标志，又被称为车辆的"身份证"，通过对车牌的自动检测来实现对跨区域车辆的匹配是目前车辆跟踪十分有效且应用十分广泛的技术手段。通过持续的创新和技术突破，我们有望实现更精确、高效的车牌识别和车辆跟踪系统，为我国交通管理带来更大的成效和改善。本章以开放场景中包含车辆及车牌的图像为研究对象，介绍使用形态学图像处理、Hough 变换及垂直投影等方法实现对车牌的检测定位及车牌字符分割。

学习目标

（1）了解车牌检测的背景、需求和目标。
（2）熟悉车牌检测的流程。
（3）掌握使用 RGB 转 HSV、HSV 阈值法和形态学图像处理以及标识连通区域获得粗略定位的车牌图像的方法。
（4）掌握使用 Hough 变换、形态学图像处理和垂直投影法获得精细定位的车牌图像的方法。
（5）掌握使用垂直投影法分割车牌字符。

7.1 了解项目背景

21 世纪以来，随着我国经济的发展，私人车辆日渐成为人们的生活必需品之一，这也使得私人车辆的数量急剧增加。大量私人车辆的出现虽然给人们生活或工作的出行带来了极大便利，但同时也增加了公路系统管理的负担。有效地对道路上过往车辆进行识别跟踪显然有助于各类交通事件的处理，也有助于交通设施的规划与预防性治理。车辆外形特征单一，存在相同款式、型号的现象，导致单纯依靠外形特征图像来对车辆进行准确追踪识别的难度极高，因此对车牌信息的利用成为获得车辆"唯一码"的必备条件。由于车牌号码具有唯一性，在一些简单场景如卡口相机拍摄条件下，单用车牌识别即可完成对车辆的识别追踪，比如在收费站常用卡口相机拍摄车牌以实现车辆的识别管理。

本章主要研究针对在开放环境下获取的车辆视频图像完成对车牌的定位及车牌号的字符分割工作，为感兴趣的同学或软件开发工程师提供学习与参考的资料。

7.2 分析项目需求

本章讲述的项目为车牌检测，要求实现在相对复杂的开放环境中完成对车牌的精准定位与字符分割，为进一步的车牌号码识别奠定基础。开放环境中对车牌检测识别的难度相对较大，尤其是拍摄角度导致的车牌图像倾斜问题使得常用的传统字符分割算法难以有效分割出车牌字符。

7.2.1 数据说明

车牌检测中的场景图像多为卡口相机拍摄的车牌图像，卡口相机通常架设在马路正上方，如图 7-1 所示。

图 7-1 交通卡口相机

拍摄高度及拍摄角度相对固定且拍摄到的图像的背景也较为单一，如图 7-2 所示，这为后期车牌定位分割带来了便利，具体表现为不用因为每幅图像拍摄角度及距离的差异而去寻找一套可适配的图像处理方法。

图 7-2 卡口相机所采集的车辆图像及车牌

从图 7-2 中可以看出，卡口相机采集到的车牌图像较为清晰且未发生明显的形变，车牌及字符的大小差异也较小。

本章中所使用的车牌图像数据来自手机或其他移动设备，由于拍摄距离远近不同及拍摄角度差异，使得不同车牌图像数据中的车牌区域在图像中所占比例差异较大，同时也具有相对复杂的光线条件及背景，如图 7-3 所示，因此在车牌检测过程中对技术要求相对更高。

图 7-3 开放场景中车辆图像及车牌特写

从图 7-3 中的车牌特写图像可看出，本章所需检测的车牌图像在尺寸及拍摄角度上存在着差异，车牌图像并非相对规则的矩形，因此在进行字符分割前需要对车牌图像进行几何变换。

标准的蓝底白字车牌图像如图 7-4 所示，标准车牌图像包括车牌字符、车牌框及字符连接符号，标准车牌框的线条相互垂直，近似构成 4 个直角，车牌中字符的中轴线均垂直于车牌水平边框且相互平行。除蓝底白字的车牌外，常见的车牌还有黄牌、绿牌等，由于车牌的字符颜色较浅，而车牌背景颜色较深，因此可通过对车牌图像进行二值化转换后利用一系列算法进行车牌字符分割。

图 7-4 标准的蓝底白字车牌图像

7.2.2 项目目标

本章以开放环境中的车牌图像为研究对象，主要利用形态学图像处理、Hough 变换及垂直投影等算法来实现以下目标。

（1）通过车牌粗略定位得到无背景干扰的车牌图像。

（2）获取校正后且去除车牌边框的车牌图像。

（3）对车牌图像进行分割，得到单个的车牌字符图像，便于进一步进行车牌识别。

7.2.3 车牌检测流程

受限于摄像头成像机理，开放环境中所采集的车牌图像经常会存在一定程度的畸变，畸变后的车牌图像会干扰车牌图像字符的分割，因此在开放环境车牌检测任务中须先对车牌图像进行校正。车牌检测的流程如图 7-5 所示，所包含的主要步骤如下。

（1）基于 HSV 颜色阈值法、形态学图像处理及连通区域提取获得车牌粗略定位。

（2）通过 Hough 变换及张量切片对粗略定位的车牌进行倾斜校正及校正后的精细定位，利用垂直投影法去除车牌框得到无框车牌图像。

（3）再次利用垂直投影法处理无框车牌图像实现对车牌字符的分割。

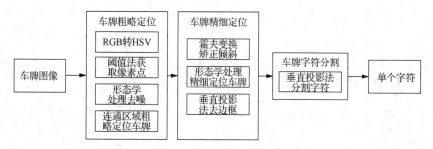

图 7-5　车牌检测的流程

7.3　定位车牌

车牌定位是车牌检测的首要步骤，在车牌检测工作中具有重要作用。车牌定位效果的好坏会直接影响后续的分割工作。在传统机器学习领域中常用的车牌定位方法主要包括基于边缘的定位法、基于形态学的定位法、基于纹理特征的定位法及基于颜色划分的定位法等。在实际应用中，由于环境背景的复杂性，仅依靠一种方法来对车牌定位具有一定局限性，往往需要在多种定位方法协同作用下来实现对车牌的定位。本章的车牌定位包括车牌粗略定位与车牌精细定位两个步骤。车牌粗略定位的输入为压缩到一定尺寸的原始图像，输出为压缩图像中切割出的粗略定位的车牌框图像。车牌精细定位的输入为粗略定位的车牌框图像，输出则为经过校正且去除边框后的车牌图像。

7.3.1 车牌粗略定位

通过车牌粗略定位可获得无背景干扰且带有车牌框的车牌图像，而车牌框线可用 Hough 变换来对车牌进行校正，以获得矩形形状的车牌图像，便于后期对车牌中的字符进行分割。车牌粗略定位主要包括 RGB 图像转 HSV 图像、使用 HSV 阈值法筛选车牌像素、使用形态学图像处理获得车牌图像和标识连通区域以粗略定位车牌。

1. RGB 图像转 HSV 图像

常见的图像大多为 RGB 格式，HSV 则是一种将 RGB 颜色空间的点映射至倒圆锥体中表示的形式，HSV 颜色空间在第 2 章中已介绍过。通常认为基于 HSV 颜色空间阈值法分割图像像素点可以降低光照等因素的影响，因此在本章根据颜色来提取车牌像素时先将 RGB 图像转为 HSV 图像。

通过 OpenCV 提供的 cvtColor 函数将图像由 RGB 格式转为 HSV 格式，如代码 7-1 所示，转换后的结果如图 7-6 所示。

代码 7-1　cvtColor 函数将 RGB 图像转为 HSV 图像

```python
import cv2
import matplotlib.pyplot as plt
import numpy as np
# OpenCV 读取车牌图像
img = cv2.imread('../data/0002.jpg', cv2.IMREAD_COLOR)
# BGR 格式转为 RGB 格式
img = cv2.cvtColor(img, cv2.COLOR_BGR2RGB)
# RGB 格式转为 HSV 格式
hsv = cv2.cvtColor(img, cv2.COLOR_RGB2HSV)
# plt 画出 RGB 与 HSV 图像
plt.subplot(1, 2, 1)
plt.title('RGB')
plt.imshow(img)
plt.yticks([])
plt.xticks([])
plt.subplot(1, 2, 2)
plt.title('HSV')
plt.imshow(hsv)
plt.yticks([])
plt.xticks([])
plt.show()
```

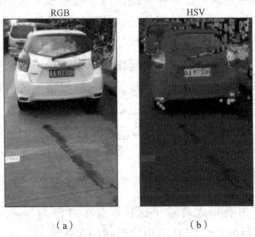

（a）　　　　　　　　　　　　（b）

图 7-6　RGB（a）转 HSV（b）后的效果图

对比图 7-6 中 RGB 图像与 HSV 图像，可以发现，（b）的 HSV 颜色空间车牌图像中车牌像素与其周边其他颜色像素的差异更为明显。

2. 使用 HSV 阈值法筛选车牌像素

以蓝色车牌检测为例，预先给出 HSV 颜色空间中各蓝色分量的范围作为阈值，利用获得满足阈值条件的像素点的掩模，使用 OpenCV 中的 inRange 函数可完成某一颜色空间像素点的获取，inRange 函数的语法格式如下。

```
cv2.inRange(src, lowerb, upperb[, dst])
```

inRange 函数的参数及其说明如表 7-1 所示，其中 lowerb 为阈值下边界，upperb 为阈值上边界。inRange 函数返回一个与原图等长等宽的一维掩模，掩模上的每个像素与 HSV 图像的像素空间位置一一对应，掩模上像素点对应 HSV 图像上的 HSV 值低于 lowerb 阈值或高于 upperb 阈值时取 0，在 lowerb 阈值与 upperb 阈值之间时则取 255。

表 7-1 inRange 函数的参数及其说明

参数名称	说明
src	接收 Mat 类型。表示输入图像。无默认值
lowerb	接收数组类型或标量类型。表示阈值下边界，无默认值
upperb	接收数组类型或标量类型。表示阈值上边界，无默认值

利用 inRange 函数得到车牌图像中符合预设蓝色空间的掩模，如代码 7-2 所示，得到的效果如图 7-7 所示。

代码 7-2 inRange 函数获取蓝色像素掩模

```
# 设定蓝色空间的 lowerb 阈值
raw_blue_min = np.array([100, 90, 80])
# 设定蓝色空间的 upperb 阈值
raw_blue_max = np.array([130, 255, 255])
# 获得掩模
mask = cv2.inRange(hsv, raw_blue_min, raw_blue_max)
# 以下代码主要显示掩模及掩模与 RGB 图像、HSV 图像经过与运算后的结果
# 这里不做详细介绍，感兴趣的读者可以运行程序观看效果
mask_3c = np.asarray([mask, mask, mask])
mask_3c = mask_3c.transpose(1, 2, 0)
reverse_mask = 255 - mask
plt.subplot(1, 3, 1)
plt.title('mask')
plt.imshow(mask, cmap=plt.cm.gray)
plt.yticks([])
plt.xticks([])
plt.subplot(1, 3, 2)
plt.title('rgb&mask')
rgb_mask = cv2.bitwise_and(mask_3c, img)
plt.imshow(rgb_mask)
plt.yticks([])
plt.xticks([])
plt.subplot(1, 3, 3)
```

```
hsv_mask = cv2.bitwise_and(mask_3c, hsv)
plt.imshow(hsv_mask)
plt.yticks([])
plt.xticks([])
plt.title('hsv&mask')
plt.show()
```

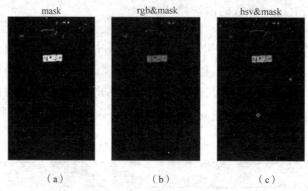

图 7-7　掩模（a）、掩模同 RGB 图像进行与运算后的结果（b）
及掩模同 HSV 图像进行与运算后的结果（c）

图 7-7 中通过将车牌掩模分别与 RGB 图像及 HSV 图像进行与运算，可分割出 RGB 及 HSV 颜色空间的车牌图像。

3. 使用形态学图像处理获得车牌图像

经过阈值法获取得到的车牌像素点，是以二维掩模数组的形式给出的，对车牌掩模进行形态学处理即可获得粗略定位的车牌图像。处理过程中用到的形态学方法包括腐蚀、闭操作及开操作。由于光照问题和车牌本身字体颜色不为蓝色，利用阈值法获取到的车牌框像素点并不是完整的区块，腐蚀运算可以在一定程度上填补车牌图像上的空隙，闭操作可进一步填补空隙，而开操作可以去除一些噪声。分别利用 OpenCV 中的 erode 函数及 morphologyEx 函数实现腐蚀、闭操作及开操作。

使用腐蚀运算对掩模进行收缩细化操作从而消除非车牌区域的干扰，使用闭操作及开操作将离散的车牌区域像素点连成片的同时去除噪点，如代码 7-3 所示，得到的效果如图 7-8 所示。

代码 7-3　erode 函数及 morphologyEx 函数对掩模做形态学图像处理

```
# 腐蚀掩模避免非车牌区域的干扰
erode_mask = cv2.erode(mask, kernel=(33, 33), iterations=1)
kernel = np.ones((7, 7), np.uint8)
# 对腐蚀后的掩模做闭操作填充车牌像素点
close_mask = cv2.morphologyEx(erode_mask, cv2.MORPH_CLOSE, kernel)
# 进而对 close_mask 做开操作消除噪点
open_mask = cv2.morphologyEx(close_mask, cv2.MORPH_OPEN, kernel)

# 显示对掩模做形态学图像处理的结果
plt.subplot(2, 2, 1)
```

```
plt.title('mask')
plt.imshow(mask, cmap=plt.cm.gray)
plt.yticks([])
plt.xticks([])
plt.subplot(2, 2, 2)
plt.title('erode_mask')
plt.imshow(erode_mask, cmap=plt.cm.gray)
plt.yticks([])
plt.xticks([])
plt.subplot(2, 2, 3)
plt.title('close_mask')
plt.imshow(close_mask, cmap=plt.cm.gray)
plt.yticks([])
plt.xticks([])
plt.subplot(2, 2, 4)
plt.title('open_mask')
plt.imshow(open_mask, cmap=plt.cm.gray)
plt.yticks([])
plt.xticks([])
plt.show()
```

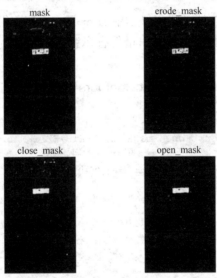

图 7-8　erode 函数及 morphologyEx 函数对掩模做形态学图像处理的结果

从图 7-8 中可以看出，经过一系列的形态学图像处理后，二值图像的噪点基本被消除，仅留下了车牌所对应的掩模。

4. 标识连通区域以粗略定位车牌

经过开操作及闭操作之后，还需要求出各连通区域的外接矩形，再根据矩形的长宽比及面积筛选、标识出车牌区域。OpenCV 提供 findContours 函数求各连通区域的外接矩形，使用该外接矩形作为筛选、标识车牌区域的依据。findContours 函数的语法格式如下。

```
cv.findContours(image, mode, method[, contours[, hierarchy[, offset]]])
```

findContours 函数的常用参数及其说明如表 7-2 所示。

表 7-2　findContours 函数的常用参数及其说明

参数名称	说明
image	接收 8 位单通道二进制图像类型。表示输入图像。无默认值
mode	接收 model 类型。表示轮廓检索的模式，包括以下 4 种模式。无默认值 cv.RETR_EXTERNAL 仅检索极端的外部轮廓； cv.RETR_LIST 在不建立任何层次关系的情况下检索所有轮廓； cv.RETR_CCOMP 检索所有轮廓并将其组织为两级层次结构； cv.RETR_TREE 检索所有轮廓，并重建嵌套轮廓的完整层次
method	接收 int 类型与 method 类型。表示轮廓近似方法，包括以下 4 种方法。无默认值 cv.CHAIN_APPROX_NONE 存储所有的轮廓点； cv.CHAIN_APPROX_SIMPLE 压缩水平、垂直和对角线段，仅保留其端点； cv.CHAIN_APPROX_TC89_L1 Teh-Chin 链逼近算法的一种风格； cv.CHAIN_APPROX_TC89_KCO Teh-Chin 链逼近算法的一种风格
hierarchy	接收 vector 类型。长度与 contours 相等，用于指定轮廓继承关系
offset	接收 Point 类型。表示轮廓偏移量。无默认值

利用 findContours 函数处理代码 7-3 中的 open_mask 获得各连通区域的外接矩形，计算这些矩形的面积及长宽比以筛选出最符合车牌区域特征的连通区域并标识为车牌，如代码 7-4 所示，得到的结果如图 7-9 所示。

代码 7-4　利用 findContours 函数标识连通区域

```python
rec = list()
# 获取各连通区域外接矩形
contours, _ = cv2.findContours(open_mask, cv2.RETR_EXTERNAL, cv2.CHAIN_APPROX_SIMPLE)
for c in contours:
    # 找出轮廓的左上点和右下点，由此计算面积和长宽比
    x, y, w, h = cv2.boundingRect(c)
    if w / h > 2.2:
        rec.append([x, y, x + w, y + h, w * h])
if len(rec) == 0:
    print('there are  not rectangles ')
else:
    rec = sorted(rec, key=lambda _x: _x[4])
# 根据面积筛选连通区域
rect = rec[-1][: -1]
# 对标识出的车牌连通区域扩充边界以获得车牌区域外的信息
rect[0], rect[1], rect[2], rect[3] = rect[0] - 5, rect[1] - 5, rect[2] + 5, rect[3] + 5
cut_img = img[rect[1]: rect[3], rect[0]: rect[2], :]
# 显示分割出的粗略定位的车牌图像
plt.subplot(1, 1, 1)
plt.imshow(cut_img, cmap=plt.cm.gray)
plt.yticks([])
plt.xticks([])
plt.show()
```

图 7-9　分割出粗略定位的车牌图像

从图 7-9 中可看出，粗略定位的车牌框图像略大于车牌图像，包含上、下、左、右的车牌框，且带有一部分的背景像素。呈直线状的车牌框是接下来进行 Hough 变换及倾斜校正的关键因素。

7.3.2　车牌精细定位

车牌精细定位的目的有两个：一是对车牌图像进行校正，消除车牌图像的畸变以得到标准的车牌图像；二是去除车牌框和车牌图像中含有的少量背景图像。车牌精细定位的过程包括使用 Hough 变换对车牌图像进行倾斜校正、使用形态学图像处理法精细定位车牌、使用垂直投影法去除车牌边框等。

1．使用 Hough 变换对车牌图像进行倾斜校正

对掩模经过一系列形态学图像处理操作后得到车牌的粗略定位框，利用掩模中的粗略定位框从车牌 RGB 图像中分割得到粗略定位的车牌图像。采集开放环境中车牌图像时，由于拍摄角度及拍摄距离多样化，获得的车牌图像呈不同程度的倾斜状，因此需要对车牌图像进行倾斜校正。Hough 变换是数字图像处理领域中用于图像几何形状检测的一种经典的基础算法，被广泛用于直线的检测。利用检测出的直线倾斜角对车牌进行倾斜校正。OpenCV 提供 HoughLines 函数用于对图像中直线的检测，HoughLines 函数的语法格式如下。

```
cv.HoughLines(image, rho, theta, threshold[, lines[, srn[, stn[, min_theta[,
max_theta]]]]])
```

HoughLines 函数的参数及其说明如表 7-3 所示。

表 7-3　HoughLines 函数的参数及其说明

参数名称	说明
image	接收 8 位单通道二进制图像类型。表示输入图像。无默认值
rho	接收 double 类型。表示累加器的距离分辨率（以像素为单位）。无默认值
theta	接收 double 类型。表示弧度的累加器角度分辨率。无默认值
threshold	接收 int 类型。表示累加器阈值参数，大于阈值的线条才会被返回。无默认值
lines	输出 double 类型。表示函数返回的线条量。无默认值

数字图像处理实战

续表

参数名称	说明
srn	接收 double 类型。表示距离分辨率 rho 的除数。默认值为 0
stn	接收 double 类型。表示距离分辨率 theta 的除数。默认值为 0
min_theta	接收 double 类型。表示使用最小角度检查线条。默认值为 0
max_theta	接收 double 类型。表示使用最大角度检查线条。默认值为 CV_PI

在对车牌图像进行直线检测前，还需要对图像进行二值化转换及边缘检测。利用前文已介绍过的 OpenCV 中的 cvtColor 函数将读入的图像转为二值图像，再利用 OpenCV 中的 Canny 函数对二值图像做边缘检测，Canny 函数的语法格式如下。

```
cv2.Canny(image, threshold1, threshold2[, edges[, apertureSize[, L2gradient]]])
```

Canny 函数的参数及其说明如表 7-4 所示。

表 7-4　Canny 函数的参数及其说明

参数名称	说明
image	接收 8 位单通道二进制图像类型。表示输入图像。无默认值
threshold1	接收 double 类型。表示下边界阈值。无默认值
threshold2	接收 double 类型。表示上边界阈值。无默认值
edges	输出 int 类型。表示函数返回的检测边缘。无默认值
apertureSize	接收 int 类型。表示 Sobel 算子尺寸。默认值为 3
L2gradient	接收 bool 型参数。表示计算图像梯度大小的方式。默认值为 false

将粗略定位的车牌图像转为灰度图像，利用 Canny 函数对灰度图像进行边缘检测得到车牌的边缘图像，再利用 HoughLines 函数检测车牌图像中的直线，最后利用检测到的直线信息计算出车牌的倾斜角度，从而对车牌进行相应的倾斜校正，如代码 7-5 所示，倾斜校正后的效果如图 7-10 所示。

代码 7-5　HoughLines 函数直线检测及车牌图像倾斜校正

```
#从 scipy 库导入 ndimage 模块
from scipy import ndimage
def canny_detect(img):
    thresh1, thresh2 = 60, 150
    return cv2.Canny(img, thresh1, thresh2)
#RGB 图像转为灰度图像
cut_img_gray = cv2.cvtColor(cut_img, cv2.COLOR_RGB2GRAY)
#对灰度图做边缘检测得到车牌的边缘图像
edges = canny_detect(cut_img_gray)
#利用 HoughLines 对边缘图像做直线检测，计算出倾斜角度后对图像做倾斜校正
lines = cv2.HoughLines(edges, 1, np.pi / 180, 0)
for rho, theta in lines[0]:
    a = np.cos(theta)
```

194

```
    b = np.sin(theta)
    x0 = a * rho
    y0 = b * rho
    x1 = int(x0 + 1000 * (-b))
    y1 = int(y0 + 1000 * (a))
    x2 = int(x0 - 1000 * (-b))
    y2 = int(y0 - 1000 * (a))
#计算检测出的直线的斜率
t = float(y2 - y1) / (x2 - x1)
#利用直线的斜率计算出倾斜角度
rotate_angle = math.degrees(math.atan(t))
if rotate_angle > 45:
    rotate_angle = -90 + rotate_angle
elif rotate_angle < -45:
    rotate_angle = 90 + rotate_angle
rotate_img = ndimage.rotate(cut_img, rotate_angle)
#显示倾斜校正后的效果
plt.subplot(1, 1, 1)
plt.title('rotate_img')
plt.imshow(rotate_img, cmap=plt.cm.gray)
plt.yticks([])
plt.xticks([])
plt.show()
```

图 7-10　倾斜校正后的效果

从图 7-10 中可以看出，根据 Hough 变换获取到的车牌框倾斜角度对车牌图像进行倾斜校正后，图像中出现了像素，且车牌字符的倾斜情况明显有了改善。

2. 使用形态学图像处理法精细定位车牌

在分割粗略定位的车牌图像前，对车牌区域进行了扩增来获取车牌外的背景信息，以便更好地进行倾斜校正。因此在对车牌进行精细定位前还需去除之前引入的背景噪声。精细定位车牌过程与粗略定位车牌过程类似，首先利用 cvtColor 函数将 RGB 图像转为 HSV 图像用于提取蓝色像素掩模，在用形态学图像处理方法处理掩模时引入 Canny 函数对车牌框进行边缘检测以获得车牌字符的轮廓，再对这些轮廓进行闭操作获得字符轮廓构成的连通区域作为车牌区域。车牌精细定位的具体过程如代码 7-6 所示，精细定位的结果如图 7-11 所示。

代码 7-6　在粗略定位的车牌图像基础上进行形态学图像处理精细定位车牌

```
# 初始化 HSV 的蓝色空间阈值
eaxt_blue_min = np.array([100, 90, 90])
eaxt_blue_max = np.array([130, 255, 255])
# RGB 图像转为 HSV 图像
hsv_ex = cv2.cvtColor(rotate_img, cv2.COLOR_RGB2HSV)
# 利用 HSV 提取蓝色像素阈值
mask_ex = cv2.inRange(hsv_ex, eaxt_blue_min, eaxt_blue_max)
# 形态学图像处理
mask_ex_erode = cv2.erode(mask_ex, kernel=(15, 15), iterations=1)
mask_ex_open = cv2.morphologyEx(mask_ex_erode, cv2.MORPH_OPEN, kernel=np.ones((5,
5), np.uint8))
mask_ex_cann = cv2.Canny(mask_ex_open, 60, 150)
mask_ex = cv2.morphologyEx(mask_ex_erode, cv2.MORPH_CLOSE, kernel=np.ones((7, 7),
np.uint8))
# 标识车牌连通区域
rec = list()
contours, hierarchy = cv2.findContours(mask_ex, cv2.RETR_EXTERNAL, cv2.CHAIN_
APPROX_SIMPLE)
for c in contours:
    x, y, w, h = cv2.boundingRect(c)
    if 2.2 < w / h < 3.2:
        rec.append([x, y, x + w, y + h, w * h])
if len(rec) == 0:
    print('there are not rectangles ')
else:
    rec = sorted(rec, key=lambda _x: _x[4])
rect_mask_ex = rec[-1][: -1]
# 从粗略定位的车牌图像中分割出精细定位的车牌图像
cut_mask_ex = rotate_img[rect_mask_ex[1]: rect_mask_ex[3], rect_mask_ex[0]:
rect_mask_ex[2], :]
# 显示精细定位的车牌图像
plt.subplot(1, 1, 1)
plt.title('img')
plt.imshow(cut_mask_ex, cmap=plt.cm.gray)
plt.yticks([])
plt.xticks([])
plt.show()
```

img

图 7-11　精细定位的结果

从图 7-11 中可看出，通过倾斜校正及张量切片得到的精细定位的车牌图像中各车牌字符已经基本平行。

3．垂直投影法去除车牌边框

在蓝色车牌中，由于车牌边框与车牌字符均为白色，使用边缘检测等形态学图像处理方法精细定位出的车牌图像通常也包含车牌边框。车牌边框的存在会影响垂直投影法分割车牌字符的效果，车牌上、下边框的存在会导致字符分割时分割点选取位置受到干扰，车牌左、右边框的存在则会影响字符分割后车牌最左侧及最右侧两个字符的识别。因此，需要在车牌字符分割前将车牌图像中的上、下、左、右车牌边框去除。首先将 RGB 图像转为灰度图像，再利用 OpenCV 中的 threshold 函数将灰度图像转为二值图像，此时车牌图像中蓝色背景的像素值应为 0，而车牌及车牌边框的像素值为 1。

将 RGB 图像转为二值图像，如代码 7-7 所示，转换后结果如图 7-12 所示。

代码 7-7 RGB 图像转为二值图像

```
# RGB 图像转为灰度图像
gray_ex = cv2.cvtColor(cut_mask_ex, cv2.COLOR_RGB2GRAY)
# 使用大津法将灰度图像转为二值图像
ret, thresh = cv2.threshold(gray_ex, 0, 255, cv2.THRESH_BINARY + cv2.THRESH_OTSU)
# 显示 RGB 图像、灰度图像及二值图像
plt.subplot(2, 2, 1)
plt.title('Licence_plate_RGB')
plt.imshow(cut_mask_ex, cmap=plt.cm.gray)
plt.subplot(2, 2, 2)
plt.title('Licence_plate_Gray')
plt.imshow(gray_ex, cmap=plt.cm.gray)
plt.subplot(2, 2, 3)
plt.title('Licence_plate_Binary')
plt.imshow(thresh, cmap=plt.cm.gray)
plt.yticks([])
plt.xticks([])
plt.show()
```

图 7-12 RGB、灰度及二值图像

根据车牌框在车牌图像中的相对位置，利用垂直投影法分别去除车牌的上、下、左、右边框，如代码 7-8 所示，得到的二值化车牌图像在水平方向垂直投影图像、去除上下边框后的二值化车牌图像、去除上下边框后的二值化车牌图像竖直方向垂直投影图像、去除上下边框及左右边框后的二值化车牌图像分别如图 7-13～图 7-16 所示。

代码7-8 垂直投影法去除车牌图像上、下、左、右边框过程

```
thresh_pad = np.pad(thresh, ((1, 1), (1, 1)), 'constant', constant_values=(0, 0))
h, w = thresh.shape
_h, _w = thresh_pad.shape
meta_kernel = np.asarray([0.2, 1, 0.2])
hori_kernel = np.tile(meta_kernel, (_w, 1)).transpose()
hori_pixel = list()
for index in range(0, h):
    hori_piece = thresh_pad[0 + index: 3 + index, :] // 255  # 归一化灰度值
    hori_res = (hori_piece * hori_kernel).sum()
    hori_pixel.append(hori_res)
ax = plt.axes([0.1, 0.38, 0.8, 0.26])
ax.set_facecolor('black')
hori_pixel = hori_pixel[:: -1]  # 取逆序，方便画图展示结果
# 显示水平方向垂直投影图像
plt.barh(range(len(hori_pixel)), hori_pixel, height=1, fc='w')
plt.yticks([])
plt.xticks([])
plt.show()
hori_pixel = [i / w * 100 for i in hori_pixel]
hori_pixel = np.asarray(hori_pixel)
candidate_index = np.where(hori_pixel < 21)[0]
hori_array = np.arange(0, h)
low_hori_standard_arr = hori_array[3: round(h * 0.25)]
high_hori_standard_arr = hori_array[-round(h * 0.25): -3]
hori_low_indexs = list(set(candidate_index).intersection(low_hori_standard_arr))
hori_high_indexs = list(set(candidate_index).intersection(high_hori_standard_arr))
hori_low_index = None
hori_high_index = None
if len(hori_low_indexs) > 0:
    hori_low_index = min(set(np.where(hori_pixel == \

hori_pixel[hori_low_indexs].min())[0]).intersection(hori_low_indexs))
if len(hori_high_indexs) > 0:
    hori_high_index = min(set(np.where(hori_pixel == \

hori_pixel[hori_high_indexs].min())[0]).intersection(hori_high_indexs))
de_horibox_thresh_pad = thresh_pad[hori_low_index:hori_high_index, :]
# 显示去除上下边框后的二值化车牌图像
plt.subplot(1, 1, 1)
plt.imshow(de_horibox_thresh_pad, cmap=plt.cm.gray)
plt.yticks([])
plt.xticks([])
plt.show()

# 在去除水平方向边框的基础上，去除垂直方向边框
_meta_kernel = np.asarray([0, 1, 0])
meta_kernel = np.asarray([0.2, 1, 0.2])
ver_pixel = list()
```

```
new_h, new_w = de_horibox_thresh_pad.shape  # new_w = _w, new_h < _h, (new_h +
裁切掉值) == _h,
ver_kernel = np.tile(_meta_kernel, (new_h, 1))
for index in range(0, w):
    ver_piece = de_horibox_thresh_pad[:, 0 + index: 3 + index] // 255  # 归一化灰度值
    ver_res = (ver_piece * ver_kernel).sum()
    ver_pixel.append(ver_res)
# 显示竖直方向垂直投影图像
ax = plt.axes([0.1, 0.38, 0.8, 0.26])
ax.set_facecolor('black')
plt.bar(range(len(ver_pixel)), ver_pixel, width=1, fc='w')
plt.yticks([])
plt.xticks([])
plt.show()
ver_pixel = [i / h * 50 for i in ver_pixel]
ver_pixel = np.asarray(ver_pixel)

ver_left_index = None
ver_right_index = None
ver_array = np.arange(0, w)
left_ver_standard_arr = ver_array[: round(w * 0.04)]
right_ver_standard_arr = ver_array[-round(w * 0.04):]

candidate_index = np.where(ver_pixel < 10)[0]
ver_left_indexs = list(set(candidate_index).intersection(left_ver_standard_arr))
ver_right_indexs = list(set(candidate_index).intersection(right_ver_standard_arr))

if len(ver_left_indexs) > 0:
    ver_left_index = max(ver_left_indexs)
if len(ver_right_indexs) > 0:
    ver_right_index = min(ver_right_indexs)
de_horiboxAndverbox_thresh    =    de_horibox_thresh_pad[:,    ver_left_index:
ver_right_index]
# 显示去除上、下、左、右边框后的二值化车牌图像
plt.subplot(1, 1, 1)
plt.imshow(de_horiboxAndverbox_thresh, cmap=plt.cm.gray)
plt.yticks([])
plt.xticks([])
plt.show()
```

图 7-13　二值化车牌图像在水平方向垂直投影图像

图 7-14　去除上下边框后的二值化车牌图像

图 7-15　去除上下边框后的二值化车牌图像竖直方向垂直投影图像

图 7-16　去除上下边框及左右边框后的二值化车牌图像

7.4　车牌字符分割

　　经过粗略定位、精细定位后得到了理想的用于车牌字符分割的车牌图像。与分割车牌框的思路一样，也使用垂直投影法实现车牌字符的分割。考虑到车牌中字符连接符仅为一个小点，且在垂直投影法字符分割中可忽略不计，因此不再单独去除字符连接符。一个典型的车牌框及各字符在车牌框上的相对位置如图 7-17 所示。

图 7-17　车牌框及各字符在车牌框上的相对位置

　　除去一些特例，通常车牌中的字符个数为 7 且字符在车牌中的相对位置是固定的，即各个车牌字符间的最佳分割位置在车牌中的相对位置也固定。考虑到拍摄角度及车牌定位偏差，因此在最佳相对分割位置上加上允许误差即可得到有效分割位置范围。在这种思路下，可在包含 7 个车牌字符的车牌图像上确定 6 个车牌分割范围，将这些范围区间与经筛选后的垂直投影位置结果的集合做与运算来确定车牌分割位置。运用这种思想对车牌进行分割，如代码 7-9 所示。

代码 7-9　车牌字符分割

```
_meta_kernel = np.asarray([0, 1, 0])
h_final, w_final = de_horiboxAndverbox_thresh.shape
final_ver_kermel = np.tile(_meta_kernel, (h_final, 1))
final_ver_pixel = list()
de_horiboxAndverbox_thresh_pad = np.pad(de_horiboxAndverbox_thresh, ((0, 0), (1,
1)), 'constant', constant_values=(0, 0))
for index in range(0, w_final):
    ver_piece = de_horiboxAndverbox_thresh_pad[:, 0 + index: 3 + index] // 255  #
归一化灰度值
    ver_res = (ver_piece * final_ver_kermel).sum() / h_final * 100
    final_ver_pixel.append(ver_res)

final_ver_array = np.arange(0, w_final)
point1_left = w_final * 33 / 416
point1_right = w_final * 85 / 416

point2_left = w_final * 90 / 416
point2_right = w_final * 163 / 416

point3_left = w_final * 170 / 416
point3_right = w_final * 220 / 416

point4_left = w_final * 226 / 416
point4_right = w_final * 278 / 416

point5_left = w_final * 285 / 416
point5_right = w_final * 335 / 416

point6_left = w_final * 345 / 416
point6_right = w_final * 382 / 416

point1_standard_array = final_ver_array[round(point1_left): round(point1_right)]
point2_standard_array = final_ver_array[round(point2_left): round(point2_right)]
point3_standard_array = final_ver_array[round(point3_left): round(point3_right)]
point4_standard_array = final_ver_array[round(point4_left): round(point4_right)]
point5_standard_array = final_ver_array[round(point5_left): round(point5_right)]
point6_standard_array = final_ver_array[round(point6_left): round(point6_right)]
charactor_thresh = 20
final_candidate_index = np.where(np.asarray(final_ver_pixel) < charactor_thresh)[0]

point1_cut_index, point2_cut_index, point3_cut_index = None, None, None
point4_cut_index, point5_cut_index, point6_cut_index = None, None, None

point1_cut_indexs = list(set(final_candidate_index).intersection(point1_standard_
array))
point2_cut_indexs = list(set(final_candidate_index).intersection(point2_standard_
array))
point3_cut_indexs = list(set(final_candidate_index).intersection(point3_standard_
array))
```

```
point4_cut_indexs = list(set(final_candidate_index).intersection(point4_standard_
array))
point5_cut_indexs = list(set(final_candidate_index).intersection(point5_standard_
array))
point6_cut_indexs = list(set(final_candidate_index).intersection(point6_standard_
array))

def standard_div(final_ver_pixel, indexs, charactor_thresh=19):
    sum_area = 0
    sum_value = 0
    for _index in indexs:
        value = pow(charactor_thresh - final_ver_pixel[_index], 200)
        area = _index*value
        sum_area += area
        sum_value += value
    div_index = round((sum_area/sum_value))
    return div_index

if len(point1_cut_indexs) > 0:
    point1_cut_index = int(standard_div(final_ver_pixel, point1_cut_indexs))
if len(point2_cut_indexs) > 0:
    point2_cut_index = int(standard_div(final_ver_pixel, point2_cut_indexs))
if len(point3_cut_indexs) > 0:
    point3_cut_index = int(standard_div(final_ver_pixel, point3_cut_indexs))
if len(point4_cut_indexs) > 0:
    point4_cut_index = int(standard_div(final_ver_pixel, point4_cut_indexs))
if len(point5_cut_indexs) > 0:
    point5_cut_index = int(standard_div(final_ver_pixel, point5_cut_indexs))
if len(point6_cut_indexs) > 0:
    point6_cut_index = int(standard_div(final_ver_pixel, point6_cut_indexs))
# 显示车牌字符垂直投影结果
plt.bar(range(len(final_ver_pixel)), final_ver_pixel, width=1, fc='w')
plt.show()

low_index = None
first_charactor, second_charactor, third_charactor, forth_charactor = None, None,
None, None
fifth_charactor, six_charactor, seventh_charactor = None, None, None

if point1_cut_index != None:
    first_charactor = de_horiboxAndverbox_thresh[:, low_index: point1_cut_index]
    low_index = point1_cut_index
if point2_cut_index != None:
    second_charactor = de_horiboxAndverbox_thresh[:, low_index: point2_cut_index]
    low_index = point2_cut_index
if point3_cut_index != None:
    third_charactor = de_horiboxAndverbox_thresh[:, low_index: point3_cut_index]
    low_index = point3_cut_index
if point4_cut_index != None:
    forth_charactor = de_horiboxAndverbox_thresh[:, low_index: point4_cut_index]
    low_index = point4_cut_index
```

```
if point5_cut_index != None:
    fifth_charactor = de_horiboxAndverbox_thresh[:, low_index: point5_cut_index]
    low_index = point5_cut_index
if point6_cut_index != None:
    sixth_charactor = de_horiboxAndverbox_thresh[:, low_index: point6_cut_index]
    seventh_charactor = de_horiboxAndverbox_thresh[:, point6_cut_index:]

# 显示车牌字符分割结果
plt.subplot(241)
plt.imshow(first_charactor, cmap=plt.cm.gray)
plt.yticks([])
plt.xticks([])
plt.subplot(242)
plt.imshow(second_charactor, cmap=plt.cm.gray)
plt.yticks([])
plt.xticks([])
plt.subplot(243)
plt.imshow(third_charactor, cmap=plt.cm.gray)
plt.yticks([])
plt.xticks([])
plt.subplot(244)
plt.imshow(forth_charactor, cmap=plt.cm.gray)
plt.yticks([])
plt.xticks([])
plt.subplot(245)
plt.imshow(fifth_charactor, cmap=plt.cm.gray)
plt.yticks([])
plt.xticks([])
plt.subplot(246)
plt.imshow(sixth_charactor, cmap=plt.cm.gray)
plt.yticks([])
plt.xticks([])
plt.subplot(247)
plt.imshow(seventh_charactor, cmap=plt.cm.gray)
plt.yticks([])
plt.xticks([])
plt.show()
```

运行代码 7-9 所示代码得到的车牌字符的垂直投影结果如图 7-18 所示，车牌字符的分割结果如图 7-19 所示。

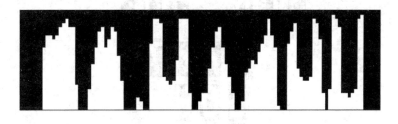

图 7-18　车牌字符的垂直投影结果

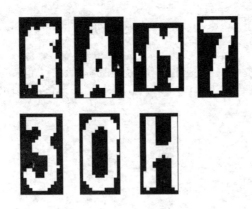

图 7-19 车牌字符的分割结果（分辨率为 0.65）

从图 7-19 中可看出，经过多次垂直投影算法处理后成功地将车牌字符分割了出来。

7.5 结果分析

本章为数字图像处理技术在车牌检测中的应用实例，通过使用 HSV 颜色阈值法、形态学图像处理及 Hough 变换等技术实现了对车牌字符的有效分割，在实验的图像中，除光照异常、车牌相似背景干扰或车牌字符过于模糊的情况外，多数车牌能够实现有效定位及字符分割，且分割出的字符可被直接应用于下一步的字符识别。该案例中涉及一些需要手动调参的算法，如膨胀、腐蚀及开/闭操作等，这些参数的选择与车牌图像的像素个数及长宽比均有一定的关系，对这些参数选择策略的优化可进一步提升车牌图像的定位精度。本章根据现有的数据集以蓝色车牌为例完成了整个实验流程，而在实际应用中还存在其他颜色的车牌，因此需要在车牌颜色泛化能力的增强上对车牌检测算法进行改进。

实验表明分辨率也是影响车牌字符分割的一个重要因素。同一车牌图像在不同分辨率下采用本章中方法进行车牌字符分割的结果如图 7-20 所示。

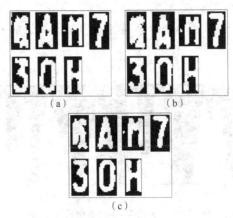

图 7-20 不同分辨率下车牌图像的字符分割结果

　　图 7-20 中（a）～（c）分别表示将原车牌图像分辨率降至 0.6、0.65 和 0.8 时车牌字符的分割结果。从（a）～（c）的分割结果可看出，分辨率较低时，分割出的单个字符中带有的噪声较多且字符的完整度相对较低，而随着分辨率的升高，分割出的车牌字符也更清晰且完整。分割出的车牌字符图像的质量会直接影响车牌字符的识别工作，因此有必要提升车牌字符分割的质量。然而，车牌字符分割是基于对车牌图像像素的计算来完成的，较低的分辨率可以降低车牌字符分割所需的计算资源，因此在实际应用中需要选择合适的分辨率以平衡算力占用与字符分割效果。

小结

　　本章以开放环境中的车牌图像为研究对象，主要介绍了传统的数字图像处理技术应用于较复杂场景中的车牌检测定位及字符分割。首先基于 HSV 颜色阈值法与形态学图像处理方法对车牌像素进行粗略定位，然后利用 Hough 变换对不同视角下拍摄的车牌图像进行倾斜校正，并通过张量切片获得精细定位的车牌图像，最后利用大津法二值化和垂直投影法去除车牌框并分割车牌字符。分割出的单个车牌字符可直接应用于后续的车牌号识别项目。本章最后讨论、分析了车牌图像分辨率对车牌字符分割效果及质量的影响。运用新一代信息技术助推智能交通再上台阶，对建设交通强国具有深远的意义。

课后习题

操作题

　　开放环境中车牌框检测任务比卡口场景中的车牌检测复杂许多，拍摄角度多样所导致的车牌图像畸变，更加复杂的车牌图像背景及光照都会使车牌检测难度增大。目前许多图像传感器被搭载在道路两侧的灯杆上用于采集道路上过往车辆的图像，并进行车牌检测及识别，用于后续交通管理方案制定前的数据分析。灯杆摄像头采集到的车牌图像与开放环境中的车牌图像类似，存在着拍摄角度、拍摄距离及背景环境较为复杂的问题，因此我们需要研究一系列算法在此条件下进行车牌检测，给出的车牌图像如图 7-21 所示，请使用传统的数字图像处理方法定位出车牌框图像，分割出车牌中的各个字符并依次输出。

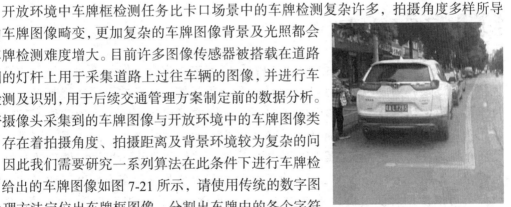

图 7-21　车牌图像

第 **8** 章 QR 码的检测

　　二维码是将某种特定的形状元素按一定格式在二维平面上排列的黑白相间的图形，可以看作传统条形码的升级版本。相对于条形码，二维码拥有更多的编码空间，可以承载更多的信息，使用手机等移动设备便能方便地读取二维码中的数据。二维码有很多不同的技术标准，目前使用广泛的是 QR-Code 标准，其中的 QR 是指快速响应（Quick Response）。本章针对含有符合 QR-Code 标准的二维码（即 QR 码）的图像进行分析，通过数字图像处理算法从图像中检测和识别 QR 码。

学习目标

　　（1）了解 QR 码检测的背景、需求和目标。
　　（2）熟悉 QR 码检测的流程。
　　（3）掌握利用定位块结构特征在图像中检测定位块的方法。
　　（4）掌握在定位块检测的基础上根据结构特征进行 QR 码分割和校正的方法。

8.1　了解项目背景

　　在移动互联时代，智能手机与使用者深度绑定，成为人们与移动互联网之间的物理接口，二维码则成为智能手机与移动互联网进行信息交互的重要连接节点。二维码技术已经成为信息技术领域中的核心技术之一，在国民经济的各个领域得到了广泛的应用，在推动社会进步和提高人民生活质量方面起着越来越重要的作用，体现了科技创新是提高社会生产力和综合国力的战略支撑。二维码常用的场景包括移动支付、电子客票、签到打卡、身份认证等，人们几乎每天都会和它打交道。以移动支付为例，付款方可以使用智能手机扫描收款方提供的收款二维码来识别收款账户从而进行支付，也可以通过在智能手机支付软件中生成二维付款码由收款方使用扫描设备来收款，大部分场景下智能手机已经替代现金与各种证卡。

　　二维码的本质是一种信息存储工具，二维码自身可以存储一定量的信息，也可存储网络地址供智能手机访问。通过二维码的转发和推送，可以很方便地实现信息的获取和分发。与传统的信息介质相比，电子化的二维码无须物理实体，便于携带和保存，且具备防伪功能，是移动互联时代用户交互的优秀信息载体。另一方面，由于在日常生活中智能手机与使用者深度融合，智能手机中经过算法生成的二维码可以代表这部手机，进而可以在现实世界和移动互联网中代表使用者的身份，起到"身份标识"的功能。例如在旅游出行中，网上预约购买门票已经成为人们参观博物馆以及游览景点的常见操作。游客通过各种网络渠道获得景点门票的电子凭证，在入口处通过自助设备读取智能手机上生成的入园二维码，即可实现快速入园，如图 8-1 所示。

图 8-1 景区入园二维码

在上述这些场景中，都需要使用智能手机或其他信息读取设备来检测和识别自然场景中的二维码。图像中的二维码检测任务的难度依据场景的不同而不同，常见的增加任务难度的因素包括复杂的现场光照和背景、二维码处在非平面如圆柱形商品表面、近距离广角摄影产生的较大图像畸变、图像中包含多个多种甚至相互覆盖的二维码等。要设计出适合不同场景的二维码检测算法仍然是一项有挑战性的任务。本章主要研究从智能手机拍摄的自然场景图像中检测和定位 QR 码，为感兴趣的同学或算法工程师提供求解该问题的分析思路和基本方法。

8.2 分析项目需求

本章讲述的项目为 QR 码的检测，要求从智能手机拍摄的包含 QR 码的自然场景图像中检测并提取出 QR 码，为进一步的 QR 码的识别奠定基础。自然场景图像中的 QR 码检测需要解决的困难包括复杂的现场光照、QR 码的旋转和畸变等，这需要在对问题的特点进行深入分析的基础上设计相应的算法。

8.2.1 数据说明

本章所使用的数据集由编者自行使用智能手机拍摄，包含不同投影尺寸、朝向和拍摄角度的 QR 码图像，用以检验算法的稳健性，样例如图 8-2 所示。互联网上可找到许多生成 QR 码的网站，读者可以设计包含指定信息的 QR 码，拍摄出这些 QR 码的图像以构建自己的数据集。

为了达到"快速响应"的目标，QR 码中有许多特别设计的结构元素，QR 码的基本结构如图 8-3 所示。

图 8-2　QR 码数据集样例

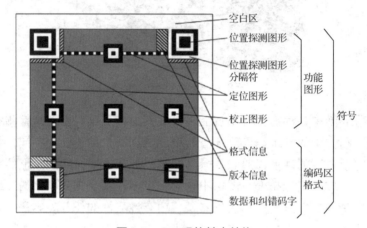

图 8-3　QR 码的基本结构

QR 码中非常显眼的部分是位置探测图形，如图 8-4 所示。它的作用是方便数字图像处理算法对 QR 码进行定位，本章中将位置探测图形简称为定位块。一个完整的 QR 码包含 3 个定位块，分别位于码区的左下、左上和右上角。这种非对称的设计在 QR 码的检测中起着关键的作用。

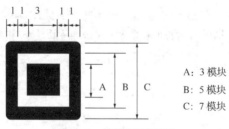

图 8-4　位置探测图形

每个定位块可以看作由黑、白、黑且边长之比为 7:5:3 的 3 个不同尺寸的同心正方形叠加而成。图 8-4 中分别使用 A、B、C 标记出了定位块中由内到外的 3 模块黑色矩形、5 模块白色矩形和 7 模块黑色矩形。这样的结构是经过精心设计的：当使用线扫描类型的读取设备扫描 QR 码时，穿过定位块中心位置的水平扫描线上的黑色和白色像素段会呈现 1：1：3：1：1 的宽度比。QR 码的发明人原昌宏对大量的印刷品进行了调查，发现扫描线上黑白像素段"最不常用的比率"是 1：1：3：1：1，所以图像中除定位块之外的其他位置遇到这个结构比例的可能性极小。同时由于正方形是中心对称图形，从任意方向扫描图像，穿过定位块中心点的扫描线都会检测到这个独特的比例。即使图像中的 QR 码发生了旋转和轻微变形，以上的两个设计仍可确保通过在扫描线中检测黑白像素段比例的方法，能够迅速、可靠地在含有 QR 码的图像中检测出 QR 码的位置。通过检测 QR 码所包含的 3 个定位块的位置，可进一步确定图像中 QR 码的位置和方向，便于随后的识别工作。

8.2.2　项目目标

本章以手机拍摄的包含 QR 码的图像为研究对象，主要利用边缘检测、扫描线算法及透视变换等算法来实现以下目标。

（1）通过在边缘轮廓中检测 3 层嵌套结构和比例特征来定位图像中的 QR 码定位块。

（2）根据定位块位置确定 QR 码的范围及朝向。

（3）对切割出来的 QR 码通过透视变换得到标准化的 QR 码，便于进一步的信息提取。

8.2.3　QR 码检测流程

在 QR 码设计之初，原昌宏就已经考虑到了如何从图像中快速识别 QR 码的问题。根据 8.2.1 小节中对 QR 码结构特征的分析，不难设计出从图像中检测 QR 码的流程。其中关键的步骤是从图像中检测定位块。定位块由黑、白、黑 3 个正方形嵌套构成，最外围的 7×7 黑正方形包含里面的 5×5 白正方形，而白正方形又包含中心的 3×3 黑正方形。首先对图像进行二值化处理以凸显黑、白两种颜色，然后在二值图像中寻找黑框、白框和黑块的 3 层嵌套结构，得到定位块的候选区域。由于不能排除图像中非 QR 码定位块区域也存在这种结构的情况，需要对候选结构进行线扫描，判断其是否满足 1：1：3：1：1 的黑白像素段比例，进一步排除干扰，从而得到定位块的位置。检测到定位块后，通过几何规则计算 3 个定位块的相对位置关系来确定 QR 码的朝向。再根据右上角定位块和左下角定位块的位置，延长外框线得到 QR 码的右下角点，这样就可以得到 QR 码的完整范围。从图像中截取完整的 QR 码，经过几何形变校正和缩放，得到标准化的 QR 码，就可以进行后续的信息读取了。

QR 码检测的流程如图 8-5 所示，所包含的主要步骤如下。

（1）图像预处理，包括图像灰度化、去噪和灰色图像二值化。

（2）定位块的检测，包括提取二值图像轮廓，在二值图像的轮廓中检测 3 层嵌套结构，以及定位块线扫描特征筛选。

（3）QR 码的分割与解析，包括计算定位块在 QR 码中的位置关系，计算定位块的 4 个顶点坐标；根据定位块信息计算 QR 码的 4 个角点的坐标及朝向，使用几何校正及缩放得到标准的 QR 码图像；调用函数进行 QR 码的内容解析。

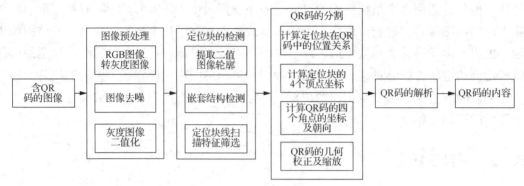

图 8-5　QR 码检测的流程

8.3　图像的预处理

本案例的图像预处理包括图像灰度化、去噪和二值化，为后续的定位块检测做好准备。

8.3.1　图像灰度化

使用 OpenCV 中的 imread() 方法将图像读入系统，将得到一个 $m \times n \times 3$ 的矩阵。m 和 n 分别为该图像像素的行数和列数，每一个像素对应于一个代表该点颜色的向量。要注意的是 OpenCV 中彩色图像像素颜色的顺序为蓝、绿、红，而不是常见的红、绿、蓝。

原始的 QR 码本身只包含黑、白两色，所以图像中的其他颜色对 QR 码的识别没有影响。使用灰度化算法把彩色图像转换为灰度图像，既减少了图像的数据量，也便于后续的图像二值化操作。彩色图像的灰度化使得原先代表像素色彩的三通道数据转变为代表像素强度的单通道数据，实质是将图像数据从 $m \times n \times 3$ 的矩阵转换为 $m \times n \times 1$ 的矩阵。

灰度化常用的方法有分量法、最大值法和加权平均法，此处使用加权平均法。加权平均法通过线性组合将 R、G、B 3 个色彩通道的取值转换为代表像素亮度的灰度值 Gray，本书所采用的转换公式如式（8-1）所示。

$$Gray = 0.2126R + 0.7152G + 0.0722B \tag{8-1}$$

式（8-1）中的 R、G 和 B 分别表示像素在红、绿、蓝 3 个通道的取值。根据式（8-1）可自定义将图像灰度化的函数，如代码 8-1 所示。

代码 8-1　定义灰度化函数

```
def Grayscale(img):
    B = img[:, :, 0].copy()   # 由于图像读入之后通道为BGR，因而对每个通道进行复制
    G = img[:, :, 1].copy()
    R = img[:, :, 2].copy()
    Y = 0.2126 * R + 0.7152 * G + 0.0722 * B   # 灰度化公式
```

```
     Y = Y.astype(np.uint8)
     return Y
```

　　读入图像、图像灰度化和显示图像，如代码 8-2 所示。此处使用 OpenCV 中的 cvtColor
函数实现彩色图像到灰度图像的转换。

代码 8-2　读入图像、图像灰度化和显示图像

```
import cv2
import numpy as np

img = cv2.imread('../data/Qrcode.jpg')  # 读取当前路径下的文件
img_gray = cv2.cvtColor(img, cv2.COLOR_BGR2GRAY)
# 由于图像读取进来的格式是 BGR，所以应该调用 BGR 转 Gray
cv2.imshow(' ', img)  # 展示图像
cv2.waitKey(0)  # 按任意键退出窗口
cv2.imshow(' ', img_gray)  # 展示灰度化后的图像
cv2.waitKey(0)
```

　　注意使用 imshow()方法时需搭配"cv2.waitKey(0)"和"cv2.destroyAllWindows()"
这两个命令。尤其是在 JupyterNotebook 环境中，如果在一个命令行提示符窗口内使用了
imshow()方法而未使用上述两个命令，将会出现输出一张纯白图像或者程序运行时报错
的情况。如果在.py 格式文件中编写 Python 程序，在文件末尾加入这两个命令即可避免
出错。

　　含有 QR 码的示例图像的原图及灰度化之后的图像如图 8-6 所示，可以看到在灰度
图像中 QR 码的黑、白两色结构更加突出。

（a）RGB图像　　　　　　　　（b）灰度图像

图 8-6　含有 QR 码的原图（a）及灰度化之后的图像（b）

8.3.2　图像去噪

　　由于成像过程中无法避免电气干扰，数字图像中常常出现各种类型的噪点，会对图
像分割和目标检测等工作造成一定干扰。例如，本章用于检测 QR 码定位块的轮廓嵌套
结构的计算就非常容易受到图像噪声的影响。因此，去噪几乎是所有数字图像处理任务

中必备的预处理操作。

　　使用智能手机拍摄的包含 QR 码的照片比较容易出现椒盐噪声，即黑色背景下的白色噪声和白色背景下的黑色噪声，处理这类噪声的有效方法是中值滤波。中值滤波器是一种基于图像局部邻域的统计排序滤波器，其使用中心像素邻域内的灰度值的中值来替换中心像素的灰度值。

　　中值滤波的具体步骤如下。

　　（1）对于给定的图像像素点，确定以该像素为中心的一个邻域窗口，形状通常为正方形，尺寸可根据图像细节和噪声情况来调整。

　　（2）确定邻域窗口的形状和尺寸后，针对每一个像素，对以该像素为中心点的邻域窗口内所有像素点的灰度值进行排序，然后使用这些灰度值的中值替换中心点像素的灰度值。

　　在图像中遍历完所有的像素点并进行处理后，便完成了对该图像的中值滤波处理。由于椒盐噪声像素点的灰度值在邻域窗口的排序中通常处于最大或最小的位置，所以中值滤波可以有效去除此类噪声。中值滤波算法的具体实现如代码 8-3 所示。其中 img 是输入的灰度图像，K_size 是取值为奇数的正方形邻域的边长。

代码 8-3　中值滤波算法的具体实现

```python
def median_filter(img, K_size=3):
    H, W = img.shape
    # 对图像进行边缘扩充，以便处理图像边缘处的像素点
    pad = K_size // 2
    out = np.zeros((H + pad * 2, W + pad * 2), dtype=np.uint8)
    out[pad: pad + H, pad: pad + W] = img.copy()
    tmp = out.copy()
    # 遍历每个像素点，并进行中值滤波
    for y in range(H):
        for x in range(W):
            out[pad + y, pad + x] = np.median(tmp[y: y + K_size, x: x + K_size])
# 方形邻域内的中值
    out = out[pad: pad + H, pad: pad + W]
    return out
```

　　调用 OpenCV 中的函数 medianBlur 对图 8-6 中的灰度图像进行中值滤波，过滤掉 QR 码定位块内部的黑色噪点，如代码 8-4 所示，灰度图像中值滤波后的结果如图 8-7 所示。该方法在去除使用智能手机拍摄的显示器图像中的噪点时非常有效。

代码 8-4　对灰度图像进行中值滤波

```python
median_image = cv2.medianBlur(img_gray.copy(), 5)
cv2.imshow('median_image', median_image)
cv2.waitKey(0)
cv2.destroyAllWindows()
```

　　要特别说明的是，中值滤波的去噪效果依赖于图像的局部特征和邻域窗口的尺寸，若窗口过小则排序结果易受到噪声影响，而窗口过大会造成去噪后的图像边缘变得模糊。对于使用智能手机随意拍摄的含有 QR 码的图像，QR 码在图像中的尺寸是不确定的，所以很难确定一个合适的、固定的滤波器窗口尺寸。下面介绍自适应中值滤波算法，它

在中值滤波的基础上进行了改进，能够自适应地根据算法调整滤波器窗口尺寸，在保留图像细节的同时平滑噪声，具有更好的鲁棒性。

图 8-7　灰度图像中值滤波后的结果

记 S_{xy} 是像素 (x,y) 对应的邻域窗口，$z_{\min}$ 是窗口 S_{xy} 内的最小灰度值，$z_{\max}$ 是窗口 S_{xy} 内的最大灰度值，z_{med} 是窗口 S_{xy} 内所有灰度值的中值，z_{xy} 是像素 (x,y) 的灰度值；$S_{\max}$ 是 S_{xy} 所能允许的最大尺寸。自适应中值滤波算法的流程图如图 8-8 所示。

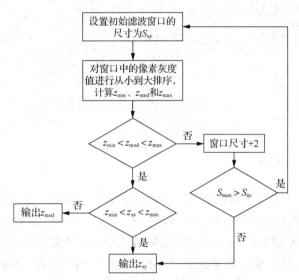

图 8-8　自适应中值滤波算法的流程图

自适应中值滤波的具体实现如代码 8-5 所示，相比于中值滤波算法，自适应中值滤波算法需要设置窗口的最小尺寸 Min_size 与最大尺寸 Max_size，算法会在这两个尺寸之间选择最合适的邻域窗口尺寸。

代码 8-5　自适应中值滤波的具体实现

```
# median_process
def median_process(y, x, img, Min_size, Max_size):
    H, W = img.shape
    K_size = Min_size
```

```
pad = K_size // 2
out = np.zeros((H + pad * 2, W + pad * 2), dtype=np.uint8)
out[pad: pad + H, pad: pad + W] = img.copy()
# 层次 A
if np.min(out[y: y + K_size, x: x + K_size]) < np.median(out[y: y + K_size,
x: x + K_size]) < \
        np.max(out[y: y + K_size, x: x + K_size]):
    # 层次 B
    if np.min(out[y: y + K_size, x: x + K_size]) < out[pad + y, pad + x] < \
            np.max(out[y: y + K_size, x: x + K_size]):
        return out[pad + y, pad + x]
    else:
        return np.median(out[y: y + K_size, x: x + K_size])
else:
    K_size += 2
    if K_size > Max_size:
        return np.median(out[y: y + K_size - 2, x: x + K_size - 2])
    else:
        return median_process(y, x, img, K_size, Max_size)  # 递归处理下一尺寸


# 自适应中值滤波
def adaptive_median_filter(img, Min_size, Max_size):
    H, W = img.shape
    # 遍历图像的每一个像素点，并进行自适应中值滤波
    out = img.copy()
    for y in range(H):
        for x in range(W):
            out[y, x] = median_process(y, x, img, Min_size, Max_size)
    return out
```

8.3.3　灰度图像二值化

　　QR 码定位块的显著特征是包含黑、白、黑 3 个正方形的 3 层嵌套结构并且扫描线上存在特殊的黑白像素段的长度比例，而在经过 8.3.2 小节处理后得到的灰度图像中，像素的灰度值处在 [0, 255] 这样的一个连续的范围内，黑白的含义并不明确。属于图像分割算法的二值化处理可以给灰度图像中的像素打上"目标"和"背景"两种标签，便于之后的定位块检测。在本章中目标对应 QR 码中的黑色印刷部位，背景对应纸张的底色。目标和背景的区别是它们的灰度值有显著差异，所以最简单的二值化方法就是设定一个灰度阈值 T。对于图像中的每一个像素，若其灰度值小于 T，则标记该像素属于目标，否则标记该像素属于背景。由于 QR 码在结构和颜色上的特殊性，优秀的阈值分割方法能很好地将 QR 码与背景分割开来。当然，二值化结果中属于目标的黑色部分不仅包含 QR 码，还包含其他的无关成分如文字、图像等，需要进一步通过数字图像处理算法来去除。

　　阈值分割方法的核心是确定合适的阈值，这里首先考虑第 6 章中介绍的大津法。使用 OpenCV 中的函数 threshold 对图 8-6 中的灰度图像进行二值化，如代码 8-6 所示，结果如图 8-9 所示。

代码 8-6　使用函数 threshold 进行灰度图像二值化

```
import cv2
import numpy as np

img = cv2.imread('../data/Qrcode.jpg')
img = cv2.cvtColor(img, cv2.COLOR_BGR2GRAY)  # 首先将图像转为灰度图像
thresh, img1 = cv2.threshold(img, 128, 255, cv2.THRESH_OTSU)
# cv2.threshold 的返回参数有两个，第一个为阈值，第二个为图像矩阵
cv2.imshow(' ', img1)
cv2.waitKey(0)
```

图 8-9　使用函数 threshold 进行二值化的效果

在光照均匀、目标和背景大小比例恰当的图像上，由于类间方差函数 S_b^2 呈现较显著的双峰结构，因此大津法可以实现很好的效果。但当图像中各部分光照有较大差异时，由于无法得到适用于全体像素的全局阈值，在过亮或者过暗的局部，大津法的效果较差。这时使用第 6 章中介绍的自适应阈值分割方法是更好的选择。图 8-10（a）中的原图中，由于光照不均匀，手机屏幕上的 QR 码定位块的颜色被冲淡了。使用大津法的全局阈值分割方法对图像进行二值化处理的结果如图 8-10（b）所示，因为右上角定位块中的部分像素大于阈值，所以这部分像素被错误标记为白色的背景。使用自适应阈值分割方法的结果如图 8-10（c）所示，可以看到 QR 码的细节得以较好地保留。

（a）　　　　　　　　（b）　　　　　　　　（c）

图 8-10　非均匀光照图像的阈值化

使用自适应阈值分割方法时需要注意的是，自适应阈值的窗口尺寸要大于定位块内部中心黑方块的尺寸。如果计算阈值的窗口尺寸过小，当窗口滑动到完全被包含在定位块内部基本纯黑的方块中时，自适应阈值分割方法会算得接近 0 的阈值。这时会导致二

值化结果中定位块中心的黑方块中会出现白色的色块。如果只是针对含有 QR 码的图像进行二值化，可以对自适应阈值分割方法进行改进以避免产生错误分割的这种情况。在局部自适应阈值分割方法中，对输出的阈值设置一个合适的接近黑色的下限（如 20），就可以防止上述情况发生。

根据图像设置了窗口的尺寸参数后，调用函数 adaptiveThreshold 对图 8-7 中的灰度图像中值滤波后的结果进行二值化，如代码 8-7 所示，结果如图 8-11 所示。可以看到，对图像中的 QR 码而言，自适应阈值分割的效果良好。考虑到在自然环境下拍摄的含有 QR 码的图像无法保证光照均匀，本章采用比大津法更稳健的自适应阈值分割方法实现图像的二值化。

代码 8-7　使用自适应阈值分割方法进行二值化

```
kuan = 151  # 局部自适应阈值的窗口宽度，为奇数
thresh = cv2.adaptiveThreshold(median_image.copy(), 255, cv2.ADAPTIVE_THRESH_
MEAN_C, cv2.THRESH_BINARY, kuan, 2)
cv2.imshow(' adaptiveThreshold_image ', thresh)
cv2.waitKey(0)
cv2.destroyAllWindows()
```

图 8-11　对中值滤波后的灰度图像进行自适应阈值处理结果

为了保证能够将更多的噪声过滤，将自适应阈值分割处理后的图像进行第二次中值滤波操作，如代码 8-8 所示。

代码 8-8　第二次中值滤波

```
# 对自适应阈值分割处理后的图像进行第二次中值滤波
median_image2 = cv2.medianBlur(thresh.copy(), 5)
cv2.imshow('median_image2', median_image2)
cv2.waitKey(0)
cv2.destroyAllWindows()
```

8.4　定位块的检测

经过 8.3 节处理得到的二值图像中，用两种不同的取值代表原始图像中的浅色背景和深色目标。但要注意的是，这里的深色目标不仅包含 QR 码的黑色条块部分，也包含文字等其他干扰成分。这时，可以通过设计数字图像处理算法来检测 QR 码中的定

位块而达到检测 QR 码的目的。为了检测 QR 码定位块中黑、白、黑 3 个正方形的 3 层嵌套结构，首先在 8.4.1 小节中使用 OpenCV 中的函数提取二值图像中黑色区域的轮廓对象以及反映各轮廓间拓扑关系的层次树，接下来在 8.4.2 小节中对轮廓层次树进行遍历，找出其中满足 3 层嵌套结构的轮廓。为了排除图像中非定位块结构造成的干扰，在 8.4.2 小节中结果的基础上，进一步使用扫描线算法找出满足扫描线上黑白线段长度比为 1∶1∶3∶1∶1 的 3 层嵌套结构，最终识别出图像中 QR 码的定位块。

8.4.1　提取二值图像的轮廓

要检测图像中是否存在 QR 码中定位块的 3 层嵌套结构，需要单独地表示二值图像的每个黑色区域，并判断它们之间是否存在包含关系。这既可以通过区域的包含关系来判断，也可以通过区域边界的包含关系来判断，如图 8-12 所示。

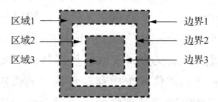

图 8-12　定位块中不同的区域及相应的边缘

由于 OpenCV 中的 findContours 函数具备检测二值图像中的边缘并返回边缘之间的层次树的功能，因此本案例使用该函数来提取图像中各区域的边缘轮廓。函数 findContours 可以针对灰度图像或二值图像进行轮廓提取，并且返回一个保存了各轮廓间包含关系的列表，findContours 函数的调用如代码 8-9 所示。

代码 8-9　findContours 函数的调用

```
contours,hierarchy=cv2.findContours(median_image2,cv2.RETR_TREE,cv2.CHAIN_APP
ROX_NONE)
hierarchy = hierarchy[0]
mask = np.ones(median_image2.shape)
cv2.drawContours(mask, contours, -1, (0, 0, 0), 1)
cv2.imshow('contours', mask)
cv2.waitKey(0)
```

函数 findContours 的语法格式如下，参数及其说明如表 8-1 所示。

```
cv.findContours(image, mode, method)
```

表 8-1　findContours 函数的参数及其说明

参数名称	说明
image	接收 ndarray 类型的二维或三维图像。表示输入图像。无默认值
mode	接收 cv2 库预设参数，可取值为 cv2.RETR_EXTERNAL、cv2.RETR_LIST、cv2.RETR_CCOMP 和 cv2.RETR_TREE。表示轮廓检索时采用的模式。无默认值
method	接收 cv2 库预设参数，可取值为 cv2.CHAIN_APPROX_NONE 和 cv2.CHAIN_APPROX_SIMPLE。表示轮廓的近似方法。无默认值

其中输入参数 mode 表示轮廓检索时采用的模式，本例中取值为 cv2.RETR_TREE，表示检测图像中的所有轮廓并根据拓扑包含关系建立一个层次树结构。检测出的轮廓的包含关系以列表的形式保存在返回值 hierarchy 中。输入参数 method 表示轮廓的近似方法，本例中取值为 cv2.CHAIN_APPROX_NONE。该函数有两个返回值，其中 contours 为保存了检测到的所有轮廓点的列表。轮廓的保存形式为首尾相连的点集，如 contours[1][3]表示第 2 个轮廓的第 4 个点。用于表示轮廓间拓扑包含关系的层次树保存在列表 hierarchy 中。

需要注意的是，findContours 函数直接返回的列表 hierarchy 采用了复杂的嵌套形式，边缘包含关系层次树保存在它的第一个元素之中，所以代码 8-9 的最后一行不可缺少。方便起见，下文中仍然使用标识符 hierarchy 来表示提取出的层次树列表。层次树列表的长度和 contours 相同，并且一一对应。层次树列表的每个元素都是包含 4 个 int 型整数的数组，"hierarchy[i][0] ~hierarchy[i][3]"分别表示第 i 个轮廓的后一个轮廓、前一个轮廓、子轮廓、父轮廓在 contours 列表中的索引。例如，如果 hierarchy[3][2]等于 5，意味着轮廓 3 的子轮廓是轮廓 5，这时一定有 hierarchy[5][3]等于 3。

对二值图像而言，轮廓点可定义为属于目标且在其 8 邻域（一个像素的上、下、左、右、左上、左下、右上、右下相邻像素）中存在背景点的像素。根据这个定义，轮廓是首尾相连的封闭线段，使用数字图像处理中的连通成分标记算法，可以为每一个轮廓赋予不同的编号，这样就可以表示和描述每一个轮廓了。

使用函数 findContours 从二值图像中找出的轮廓如图 8-13 所示。

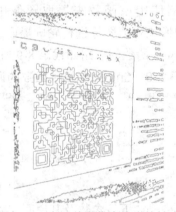

图 8-13　在二值图像中找出的轮廓

8.4.2　轮廓嵌套结构检测

根据 8.4.1 小节中介绍的保存轮廓间包含关系的列表 hierarchy 的结构，设计算法从列表中检测出存在 3 层嵌套结构的轮廓，作为定位块的候选。遍历列表 hierarchy，递归有包含关系的轮廓，如果某个轮廓包含子轮廓，则继续对子轮廓进行递归查找它的子轮廓。最终递归结束于最内层的轮廓，同时通过累加变量返回递归层数。通过判断每个轮廓所对应的递归层数，就可以从列表 hierarchy 中找出含有 3 层嵌套结构的轮廓，作为定位块的候选。算法的具体实现如代码 8-10 所示。

代码 8-10 检测轮廓嵌套结构

```
dw_kuai = []#用于保存定位块轮廓的列表
c_max = 0
for i in range(len(contours)): # 遍历所有轮廓，检测第 i 个轮廓内包含几层轮廓
    k = i # 初始化变量 k 为 i，后面使用 k 来检测该轮廓是否包含其他轮廓
    c = 0
    while hierarchy[k][2] != -1:
        k = hierarchy[k][2] # 如果轮廓 k 包含轮廓，则将内部轮廓编号传给 k
        c += 1
    if hierarchy[k][2] != -1: # 双重保险，防止出错
        c += 1
# 如果包含 3 层轮廓，那第 i 个轮廓就是 QR 码的定位块
# 这里是检查外层轮廓的子轮廓，所以需要判断是否有两层轮廓
    if c >= 2:
        dw_kuai.append(i)
    c_max = max(c, c_max)

print(dw_kuai)
print(c_max)
mask = np.ones(median_image2.shape)
for q in dw_kuai:
    cv2.drawContours(mask, contours, q, (0, 0, 0), 2)
cv2.imshow('contours[139, 150, 242, 253]', mask)
cv2.waitKey(0)
```

从图 8-13 中检测到的包含 3 层嵌套结构的轮廓如图 8-14 所示。可以看到，QR 码的定位块都被标记出来了，但也有图像中的无关结构符合 3 层嵌套关系。

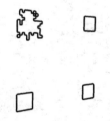

图 8-14 从图 8-13 中检测到的包含 3 层嵌套结构的轮廓

8.4.3 定位块线扫描特征筛选

得到候选的定位块轮廓编号后，要进一步使用 1∶1∶3∶1∶1 的数量特征来确定属于真正定位块的嵌套轮廓结构。先计算满足比例关系的特征的线段中心，再判断这些线段中心是否包含在嵌套结构内，满足条件的嵌套结构即 QR 码的定位块。

针对 8.3.3 小节中得到的二值图像，在双层 for 循环中使用线扫描算法检测图像的行中是否存在符合定位块特定数量比例的结构。外层的 for 循环遍历二值图像的每一行，

在每次外层的 for 循环里，新建一个变量 k 保存内层的 for 循环在列方向所遍历得到的黑白线段长度。

在列的内层 for 循环里，首先对首列进行特判。变量 k 的含义是黑或白线段的长度，由于首段长度一定不为 0，因此令 k=1，内层循环从第 2 列开始。在遍历列的过程中，判断当前点的取值是否与前一个点的取值相同。如果取值相同，则表示该点所在线段长度 k 加 1。如果取值不同，则该点为新线段的起点。此时将上一条线段的长度 k 存入列表 duan 中，然后将 k 重新初始化为 0。

在当前点与前一个点的取值不同时，可知当前点是同色线段的结束点，此时对列表 duan 中存储的黑白线段的长度数量关系进行判断。首先对前 5 条线段的长度求和，得到这 5 部分长度的总和，并保存在变量 s 中。其次将每条线段的长度与 s 进行比较，得到每条线段在总和 s 中的占比。例如，穿过定位块的扫描线中 5 条线段的比例是 1∶1∶3∶1∶1，总和是 7，所以第一条线段的长度应该是 s 的 1/7。但由于数字图像存在量化误差，s 与该线段的长度之比不能确保是整数 7。解决的方法是分别求各线段的长度与 s 的实际比值与期望比值间的差的绝对值。设定允许误差为 1，如果 5 条线段与 s 的比值误差都小于 1，就认定这 5 条线段的长度符合 1∶1∶3∶1∶1 的比例。在循环中将符合比例的线段的中点保存到列表 dw_point 内。线扫描算法的完整实现如代码 8-11 所示。

代码 8-11　线扫描算法的完整实现

```
# 线扫描算法，检测后面得到的轮廓是否满足线性关系
dw_point = []
saomiao = thresh.copy()
H, W = img.shape
for i in range(H):
    duan = []  # 按行扫描，使用一个列表存储遍历时得到的黑白线段长度
    k = 0
    for j in range(W):
        if j == 0:
            k += 1
            continue
        if saomiao[i, j] == saomiao[i, j - 1]:
            k += 1
            continue
        else:
            if k != 0:
                duan.append(k)
                k = 0
            l = len(duan)
            if l >= 5:
                [a1, a2, a3, a4, a5] = [duan[l - 1], duan[l - 2], duan[l - 3], duan[l-
4], duan[l - 5]]
                s = a1 + a2 + a3 + a4 + a5
                if (abs(s / a1 - 7) < 1 and abs(s / a2 - 7) < 1 and abs(s / a3 - 7 / 3)
< 1 and abs(s / a4 - 7) < 1 and abs(s / a5 - 7) < 1):
                    dw_point.append([i, j - s / 2])
print(len(dw_point))
```

现在可以根据线扫描算法的结果对 8.4.2 小节得到的候选定位块轮廓列表 dw_kuai 进行进一步的筛选。一一遍历 dw_point 内的定位点，判断它们是否包含在 dw_kuai 所保存的某个候选定位块轮廓内。如果判断成立，就意味着这个候选定位块中存在满足 1:1:3:1:1 的扫描线结构，将这个候选定位块存入列表 dw_kuai2 内并记为定位块。筛选定位块轮廓的过程的具体实现如代码 8-12 所示。

代码 8-12　筛选定位块轮廓的过程的具体实现

```
dw_kuai2 = []
for i in range(len(dw_point)):
    for j in range(len(dw_kuai)):
        if cv2.pointPolygonTest(contours[dw_kuai[j]], tuple(dw_point[i]), False):
            if dw_kuai[j] not in dw_kuai2:
                dw_kuai2.append(dw_kuai[j])
print(dw_kuai2)
```

代码 8-12 中调用 OpenCV 中的函数 pointPolygonTest，用于判断点是否在某个封闭轮廓内，语法格式如下，参数及其说明如表 8-2 所示。

```
cv2.pointPolygonTest(contour,pt,measureDist)
```

本案例中函数 pointPolygonTest 的第三个参数 measureDist 设置为 False，返回值为 1 表示点在轮廓内部，返回值为-1 表示点在轮廓外部。

表 8-2　pointPolygonTest 函数的参数及其说明

参数名称	说明
contour	接收 list 类型。表示 cv2.findContours 返回的待判断的轮廓。无默认值
pt	接收 tuple 类型。表示待判断的点，例如(200,100)。无默认值
measureDist	接收 bool 类型。取 True 则返回点到最近的轮廓边缘的有符号距离，取 False 时仅返回点是否在轮廓内的判断。无默认值

得到的竖直扫描线所得定位点的示意如图 8-15 所示，为包含 QR 码左下角定位块的图像，其中定位块中心黑色四边形里的白色像素点，是从竖直方向使用线扫描算法得到的符合期望比例关系的线段的中点。经过这一步的处理，图 8-14 中左上角的候选定位块轮廓已被移除。

图 8-15　竖直扫描线所得定位点的示意

8.5　QR 码的分割与解析

检测出图像中 QR 码的 3 个定位块后，还需要判断这 3 个定位块的位置关系以及 QR 码的右下角点的位置，才能从原图中完整分割出 QR 码，以便进行后续的处理和识别。

8.5.1　计算 3 个定位块在 QR 码中的位置关系

本小节中所使用的 QR 码的角点朝向标记如图 8-16 所示，将标准方向的 QR 码的左上角、左下角和右上角分别标记为 top、bottom 和 right。经过 8.4 节的处理，数组 dw_kuai2 中保存了 3 个定位块对应的外轮廓编号。由于图像中的 QR 码可能会发生旋转和变形，需要对这 3 个定位块进行几何位置判断，将它们与 top、bottom 和 right 一一对应，然后使用 bottom 和 right 这两个定位块的顶点计算出 QR 码右下角的位置。

图 8-16　QR 码的角点朝向标记

将这 3 个定位块轮廓按顺序分别标记为 A、B 和 C，如代码 8-13 所示。

代码 8-13　标记定位块轮廓

```
A = dw_kuai2[0]
B = dw_kuai2[1]
C = dw_kuai2[2]
print(A, B, C)
```

在图像没有发生严重变形的情况下，QR 码中 bottom 与 right 两个定位块间的距离要大于 top 与 bottom、top 与 right 这两对定位块之间的距离。基于这样的假设，求出 A、B、C 这 3 个定位块轮廓两两距离的最大值，标记不在最大距离点对中的定位块为 QR 码中 top 位置的定位块，再根据 top 与最大距离点对连线的位置关系将其余两个定位块分别标记为 right 和 bottom。这样处理有一定的局限性，但适用于绝大多数包含 QR 码的图像。

在进行定位块相对位置判断之前，先定义和引入几个要用到的几何函数。首先定义用于计算图像中两个像素点间距离的函数 cv_distance，如代码 8-14 所示。

代码 8-14　定义计算两点距离的函数 cv_distance

```
def cv_distance(P1, P2):
    return np.sqrt(np.power(abs(P1[0] - P2[0]), 2) + np.power(abs(P1[1] - P2[1]), 2))
```

自定义函数 cv_lineEquation 用于计算点到直线的距离，如代码 8-15 所示。输入参数是保存了像素点坐标的 3 个数组，返回值是第三个点 J 到穿过前两个点 M 和 L 的直线的距离。这里使用了扩展的距离意义：当直线斜率为正数时，函数返回正值意味着点在直线上方，否则点在直线下方；当直线斜率为负数时，函数返回正值表示点在直线下方，返回负值表示点在直线上方，与直线斜率为正时的情况相反。

代码 8-15　定义计算点到直线距离的函数 cv_lineEquation

```
def cv_lineEquation(L, M, J):
    a = -((M[1] - L[1]) / (M[0] - L[0]))
    b = 1.0
    c = (((M[1] - L[1]) / (M[0] - L[0])) * L[0]) - L[1]
    pdist = (a * J[0] + (b * J[1]) + c) / np.sqrt((a * a) + (b * b))
    return pdist
```

自定义函数 cv_lineSlope 用于计算由输入参数提供的两个点确定的直线的斜率，如代码 8-16 所示。在特殊情况下斜率计算公式中会出现分母为 0 的情况，所以函数特别设计了表明斜率是否存在的第二个返回值。第二个返回值为 1 表示直线的斜率存在，这时可以读取代表斜率的第一个返回值。如果斜率不存在，第二个返回值为 0，此时第一个返回值无意义。

代码 8-16　定义计算直线斜率的函数 cv_lineSlope

```
def cv_lineSlope(L, M):
    dx = M[0] - L[0]
    dy = M[1] - L[1]
    if dx != 0:  # 用于防止除以 0
        return (dy / dx), 1
    else:
        return 0.0, 0
```

考虑到定位块是有尺寸的矩形而不是只有位置没有尺寸的抽象的点，在判断定位块位置时，需要先运行代码 8-17 所示代码，计算每个定位块轮廓的几何中心，以此来代表定位块的位置。

代码 8-17　计算每个定位块轮廓的中心

```
# 计算每个定位块轮廓的中心
moments = []
mc = []
for i in range(len(contours)):
    moments.append(cv2.moments(contours[i]))
    if moments[i]['m00'] == 0:
        mc.append([0, 0])
    else:
        mc.append([moments[i]['m10'] / moments[i]['m00'], moments[i]['m01'] / moments[i]['m00']])
```

做好了上述准备后便可以进行定位块位置的判断，具体实现如代码 8-18 所示。先计算出 3 个定位块轮廓的中心位置得到 3 个点的坐标，然后确定距离最远的一对点，将第三个点标记为 QR 码的左上定位块的中心，再根据其余两点连线与第三个点之间的位置关系标记这两点在 QR 码中的位置。

代码 8-18　判断定位块位置

```
if len(dw_kuai2) >= 3:  # 在找到 3 个定位块的前提下进行判断
    AB = cv_distance(mc[A], mc[B])  # 算出两个定位块中心点的距离，用 AB 表示 A、B 间的距离
    BC = cv_distance(mc[B], mc[C])
    CA = cv_distance(mc[C], mc[A])
    if max(AB, BC, CA) == AB:
        outlier = C  # 不在最长边上的点是左上角点，记为 outlier
        median1 = A  # 连线最长的两个点是右上和左下角点的候选，使用 median1 和 median2 表示
        median2 = B
    elif max(AB, BC, CA) == CA:  # 与前面的 if 部分类似
        outlier = B
        median1 = A
        median2 = C
    else:
        outlier = A
        median1 = B
        median2 = C

    top = outlier  # 将不在最长边上的点记为 top
    dist = cv_lineEquation(mc[median1], mc[median2], mc[outlier])
# 计算左上角点到对角线的距离
    [align, slope] = cv_lineSlope(mc[median1], mc[median2])  # 计算对角线的斜率
    print('slope:', slope)

    if slope < 0 and dist < 0:  # 最长线存在斜率且小于 0，top 在最长线下方
        bottom = median1
        right = median2
        orientation = 'north'
    elif slope > 0 and dist < 0:
        right = median1
        bottom = median2
        orientation = 'east'
    elif slope < 0 and dist > 0:
        right = median1
        bottom = median2
        orientation = 'south'
    elif slope > 0 and dist > 0:
        bottom = median1
        right = median2
        orientation = 'west'
```

代码 8-18 中的第一个 if 语句确保在检测到 3 个定位块的情形下进行后续判断，内含的 if-else 语句将不在最大距离点对连线上的定位块标记为 top，也就是左上角点。第二个 if 语句，根据左上角点与最大距离点对连线之间的位置关系，分为 4 种情况，标记了最大距离点对中定位块的位置，也根据点线之间的位置关系判断出了 QR 码的朝向，方向判断示意如图 8-17 所示。要特别注意的是，数字图像坐标中，原点的位置在图像的左上角，x 轴在图像的最上面一行且正向朝右，y 轴在图像的最左侧一列且正向朝下。所以代码 8-18 中计算直线斜率的函数 cv_lineSlope 中的斜率与通常的笛卡儿平面坐标系中的

直线斜率的正负号是相反的。这里得出的 QR 码的朝向，将在 8.5.2 小节中标记定位块的 4 个顶点方位时用到。

斜率<0、dist<0 则方向为北　斜率<0、dist>0 则方向为南

斜率>0、dist>0 则方向为西　斜率>0、dist<0 则方向为东

图 8-17　方向判断示意

8.5.2　计算定位块的 4 个顶点的坐标

在求得 3 个定位块的位置和 QR 码的朝向后，延长 bottom 定位块底部的两个顶点的连线，延长 right 定位块右侧的两个顶点的连线，两条延长线的交点就对应 QR 码的右下角顶点。在此之前，要先求出每个定位块最外层黑色正方形轮廓的 4 个顶点的坐标，并且判断它们在定位块中的位置。

首先介绍实现上述处理要使用的 OpenCV 中的函数和自定义函数。函数 boundingRect 是 OpenCV 中用于生成区域的最小外接矩形的函数，其语法格式如下，参数及其说明如表 8-3 所示。

```
retval=cv2.boundingRect(array)
```

表 8-3　boundingRect 函数的参数及其说明

参数名称	说明
retval	返回值为 list 类型。表示最小外接矩形左上角顶点的坐标值及矩形边界的宽度和高度
array	接收 list 类型。表示图像轮廓。无默认值

本案例中输入定位块轮廓，返回定位块轮廓的最小外接矩形。返回值是包含 4 个值的一个列表，保存了矩形左下点的横坐标、纵坐标、矩形的宽和矩形的高。由函数返回值的定义，可以计算得到外接矩形的左上角点 A、右上角点 B、右下角点 C 和左下角点 D 的坐标。注意，A、B、C、D 是块轮廓外接矩形的 4 个角点，而不是定位块轮廓的 4 个角点，要借这 4 个角点的坐标来计算定位块轮廓的 4 个角点的坐标。

得到定位块轮廓的外接矩形后，过矩形的中心点在水平和竖直方向上将外接矩形划分为 4 个全等的小矩形,这时定位块轮廓也被相应地划分为落入 4 个小矩形的 4 个部分。如果将 4 个小矩形类比为平面坐标的 4 个象限,这时外接矩形的中心点就对应于坐标原点。接下来在每一个象限中遍历轮廓上的每一个点,自定义函数 cv_updateCorner 用于求出与原点距离最远的轮廓点,这就是轮廓的顶点,如代码 8-19 所示。函数 cv_updateCorner 的参数 P 表示当前要判断的轮廓点,参数 ref 表示计算距离的参考点(也就是原点),参数 baseline 保存之前得到的轮廓点到原点的最远距离。在遍历轮廓点的循环中,如果 P 到 ref 的距离大于 baseline,则更新 baseline 并返回 P。可参考图 8-18 理解该过程。

图 8-18　计算各象限内最远点作为顶点

代码 8-19　定义计算轮廓顶点的函数 cv_updateCorner

```
def cv_updateCorner(P, ref, baseline, corner):
    temp_dist = cv_distance(P, ref)
    if temp_dist > baseline:
        return temp_dist, P
    else:
        return baseline, corner
```

　　自定义函数 cv_getVertices 用于求出轮廓的 4 个顶点的坐标,同时根据顶点坐标与外接矩形中心坐标的大小关系,判断顶点处于外接矩形的哪个位置并进行标记,需要调用函数 cv_updateCorner,如代码 8-20 所示。

代码 8-20　定义计算定位块轮廓 4 个顶点的坐标的函数 cv_getVertices

```
def cv_getVertices(contours, c_id, slope):  # 返回一个列表, 里面是 4 个顶点的坐标
    box = cv2.boundingRect(contours[c_id])
# 返回 4 个值, 分别是矩形左下角点的横、纵坐标和矩形的宽、高
    A = [box[0], box[1] + box[3]]
    B = [box[0] + box[2], box[1] + box[3]]
    C = [box[0] + box[2], box[1]]
    D = [box[0], box[1]]
# 标记矩形 4 个顶点, A 是左上角点, B 是右上角点, C 是右下角点, D 是左下角点
    dmax = [0, 0, 0, 0]
    M0 = [0, 0]
    M1 = [0, 0]
    M2 = [0, 0]
    M3 = [0, 0]
    half = [(A[0] + C[0]) / 2, (A[1] + C[1]) / 2]  # 中点
```

```
    for i in range(len(contours[c_id])):
        if contours[c_id][i][0][0] < half[0] and contours[c_id][i][0][1] <= half[1]:
# 左下部分
            dmax[2], M1 = cv_updateCorner(contours[c_id][i][0], B, dmax[2], M1)
# 远离右上角点 B
        elif contours[c_id][i][0][0] >= half[0] and contours[c_id][i][0][1] < half[1]:
# 右下部分
            dmax[3], M0 = cv_updateCorner(contours[c_id][i][0], A, dmax[3], M0)
# 远离左上角点 A
        elif contours[c_id][i][0][0] > half[0] and contours[c_id][i][0][1] >= half[1]:
# 右上部分
            dmax[0], M3 = cv_updateCorner(contours[c_id][i][0], D, dmax[0], M3)
# 远离左下角点 D
        elif contours[c_id][i][0][0] <= half[0] and contours[c_id][i][0][1] > half[1]:
# 左上部分
            dmax[1], M2 = cv_updateCorner(contours[c_id][i][0], C, dmax[1], M2)
# 远离右下角点 C

    quad = [M0, M1, M2, M3]
    return quad
```

获得各定位块轮廓的 4 个顶点的坐标后，再根据 QR 码的朝向，调整定位块轮廓中每个顶点的顺序，方便接下来确定 QR 码的右下角点的坐标，具体实现如代码 8-21 所示。

代码 8-21　由 QR 码的朝向标记定位块轮廓顶点的坐标

```
def cv_updateCornerOr(orientation, IN):
    if orientation == 'north':
        M0 = IN[0]
        M1 = IN[1]
        M2 = IN[2]
        M3 = IN[3]
    elif orientation == 'east':
        M0 = IN[1]
        M1 = IN[2]
        M2 = IN[3]
        M3 = IN[0]
    elif orientation == 'south':
        M0 = IN[2]
        M1 = IN[3]
        M2 = IN[0]
        M3 = IN[1]
    elif orientation == 'west':
        M0 = IN[3]
        M1 = IN[0]
        M2 = IN[1]
        M3 = IN[2]
    return [M0, M1, M2, M3]
```

8.5.3 计算 QR 码的 4 个角点的坐标及朝向

获得了所有定位块轮廓的 4 个顶点后，提取左下定位块的轮廓的底部 2 个顶点和右上定位块的轮廓的右侧的 2 个顶点，对这两组顶点的连线分别作延长线。两条直线将会在 QR 码右下角相交，这样就确定了 QR 码的第 4 个角点的坐标，如图 8-19 所示。在编写代码时，首先判断延长线是否相交，然后利用几何知识计算交点，返回交点坐标。

图 8-19　根据已知定位块位置确定第 4 个角点的坐标

在实现上述算法之前，首先定义用于计算向量叉乘的函数 cross，如代码 8-22 所示。

代码 8-22　定义计算向量叉乘的函数 cross

```
def cross(v1, v2):
    return v1[0] * v2[1] - v1[1] * v2[0]
```

定义函数 getIntersectionPoint 用于计算两条直线的交点的坐标，需要调用自定义函数 cross，如代码 8-23 所示。

代码 8-23　定义计算两条直线交点的坐标的函数 getIntersectionPoint

```
def getIntersectionPoint(a1, a2, b1, b2):
    r = [a2[0] - a1[0], a2[1] - a1[1]]
    s = [b2[0] - b1[0], b2[1] - b1[1]]
    if cross(r, s) == 0:
        return 0  # 无交点
    else:
        t = cross(b1 - a1, s) / cross(r, s)
    return [a1[0] + t * r[0], a1[1] + t * r[1]]
```

在使用 cv_getVertices 函数得到定位块轮廓的顶点的坐标后，使用 cv_updateCornerOr 函数调整顶点的顺序，使顶点按照逆时针顺序排列，确保下一步处理时 QR 码保持正确的朝向。得到顶点及其在 QR 码中的相对位置后，使用 getIntersectionPoint 函数，由 bottom 定位块和 right 定位块的信息得到 QR 码右下角点的坐标。最后将得到的 QR 码的 4 个角点的坐标保存到名为 ding_dian 的列表中，先后顺序是左上角、左下角、右下角、右上角，类似于在 QR 码中写一个英文字母 U。由直线交点得出右下角点的坐标的过程，如代码 8-24 所示。

代码 8-24　由直线交点得出右下角点的坐标的过程

```
if top < len(contours) and right < len(contours) and bottom < len(contours):
    tempL = cv_getVertices(contours, top, slope)
    tempM = cv_getVertices(contours, right, slope)
    tempO = cv_getVertices(contours, bottom, slope)
    L = cv_updateCornerOr(orientation, tempL)
    M = cv_updateCornerOr(orientation, tempM)
    O = cv_updateCornerOr(orientation, tempO)
    N = getIntersectionPoint(M[1], M[2], O[3], O[2])
    N = [int(N[0]), int(N[1])]
    ding_dian = [L[0], M[1], N, O[3]]
    # 按顺序输出 4 个角点的坐标，ding_dian[0]是左上角点，ding_dian[1]是左下角点，
ding_dian[2]是右下角点，ding_dian[3]是右上角点
    print(ding_dian)
```

至此，已经得出 QR 码的 4 个角点的坐标和各角点的相对位置。

8.5.4　QR 码的几何校正及缩放

在通过智能手机等手持设备获取含有 QR 码的图像时，无法确保 QR 码如图 8-16 中的示例般保持标准的朝向，往往存在不同角度的旋转。并且由于图像获取的途径不同，QR 码图像的分辨率也会大小不一。为了方便后期 QR 码中的信息提取，需要将 QR 码图像进行几何校正及缩放，保证其符合标准朝向且尺寸一致。

OpenCV 提供 warpPerspective 函数用于进行图像的透视变换，本案例中使用该函数进行 QR 码的校正。函数 warpPerspective 需要用户提供变换矩阵，使用 OpenCV 中的函数 getPerspectiveTransform 来根据一组原始点坐标和它们变换后的对应点坐标来计算变换矩阵。本案例中，设定输出的标准 QR 码的 4 个角点的坐标分别是 $[0, 0]$、$[0, 600]$、$[600, 600]$ 和 $[600, 0]$。

使用函数 getPerspectiveTransform 和 warpPerspective 经透视变换实现 QR 码的几何校正及缩放，如代码 8-25 所示，校正得到的标准化 QR 码如图 8-20 所示。

代码 8-25　经透视变换实现 QR 码的几何校正及缩放

```
import cv2
import numpy as np

img = cv2.imread('../data/Qrcode.jpg').astype(np.uint8)
rows, cols = img.shape[: 2]
k = 600  # 设置窗口尺寸

pts_o = np.float32([ding_dian[0], ding_dian[1], ding_dian[2], ding_dian[3]])
# 4 个角点的原始坐标
pts_d = np.float32([[0, 0], [0, k], [k, k], [k, 0]])
# 这是变换之后的图像上 4 个角点的坐标

#计算变换矩阵
M1 = cv2.getPerspectiveTransform(pts_o, pts_d)
```

```
#应用变换
dst = cv2.warpPerspective(img, M1, (k, k))
# 最后一个参数是输出 dst。可以和原来图像尺寸不一致。按需求来确定
cv2.imshow('dst', dst)
cv2.waitKey(0)
cv2.destroyAllWindows()
```

图 8-20　校正后的 QR 码

观察图 8-20 所示可以发现，提取出的 QR 码在右侧和下方边缘上有极少的缺失。由于 QR 码标准中设计了冗余信息，些许的失真并不会影响下一步的解析。

8.5.5　QR 码的解析

经过前面的处理，图像中的 QR 码被检测出来并做了标准化处理，可以调用 Python 的 pyzbar 库来读取 QR 码中包含的数据。首先安装 pyzbar 库。在"运行"对话框中输入"cmd"，单击"确定"按钮进入命令行提示符窗口后，输入命令"pip install pyzbar"并执行即可完成安装，如图 8-21 所示。

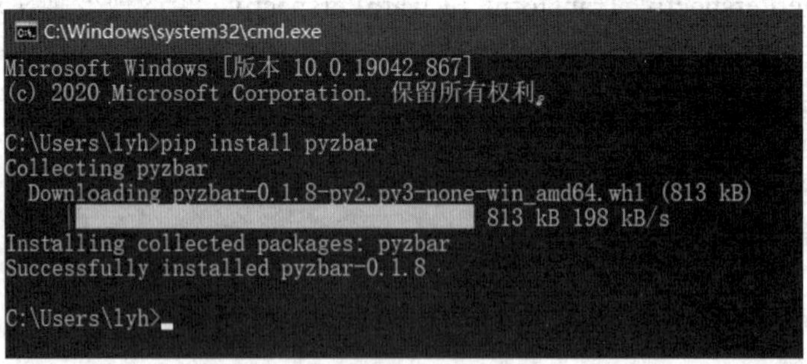

```
C:\Windows\system32\cmd.exe

Microsoft Windows [版本 10.0.19042.867]
(c) 2020 Microsoft Corporation. 保留所有权利。

C:\Users\lyh>pip install pyzbar
Collecting pyzbar
  Downloading pyzbar-0.1.8-py2.py3-none-win_amd64.whl (813 kB)
                                          813 kB 198 kB/s
Installing collected packages: pyzbar
Successfully installed pyzbar-0.1.8

C:\Users\lyh>_
```

图 8-21　pyzbar 库的安装示意

使用 pyzbar 库中的解码函数 decode，可直接从 8.5.4 小节中得到的经过标准化处理的 QR 码图像中读取到其中加载的数据，如代码 8-26 所示。要注意的是这样读取到的 QR 码数据是字符串，需要使用 UTF-8 格式的编码器解码才能正确显示其中的中文信息。

代码 8-26　pyzbar 库的使用方法

```
from pyzbar.pyzbar import decode

img = cv2.imread('..data/Qrcode.jpg')
result = decode(img)
print(result[0].data.decode('utf-8'))
```

小结

　　本章以智能手机拍摄的含有 QR 码的自然场景图像为研究对象，主要介绍了根据 QR 码的结构特点设计数字图像处理算法以实现 QR 码的检测和识别。首先对图像进行包括图像灰度化、去噪和灰度图像二值化的图像预处理，然后根据 QR 码定位块的特殊结构从边缘中查找 3 层嵌套结构并设计线扫描算法来检测出图像中的 QR 码定位块，最后根据检测出的定位块来确定 QR 码的 4 个角点位置以及 QR 码的朝向，并利用透视变换得到标准化处理的 QR 码图像。标准化处理的 QR 码图像即可直接应用于后续的信息提取。本章根据 QR 码的设计特点，将复杂的 QR 码检测问题分解为一系列更小更容易处理的子问题，体现了具体问题具体分析的辩证唯物主义思想，能够提高认识问题、分析问题和解决问题的能力。

课后习题

操作题

　　（1）在预处理阶段，我们使用了自适应阈值分割方法来对中值滤波后的图像进行二值化。在该过程中，自适应阈值的窗口大小关系到二值化的效果，如果自适应阈值的窗口太小，当算法运行到 QR 码定位块中间的黑色四边形区域时，二值化会导致最后的定位块中间出现一个白色的区域，如图 8-22 所示。请改变窗口大小，观察对 QR 码定位块的影响。

图 8-22　黑色四边形区域自适应阈值示意

　　（2）已知图 8-14 中 4 个候选定位块的轮廓索引为 139、150、242、253，使用 drawContours 函数绘制 139 号的轮廓。

第 9 章 钢轨表面缺陷检测

钢轨是铁路运输系统中最基础的部件之一，直接承载列车并把压力传递到道枕和路基上，它的质量和状态直接影响着铁路运输的安全。钢轨缺陷分为钢轨内部缺陷和表面缺陷两种。铁路部门对钢轨内部缺陷主要采用物理方法进行检测，包括超声波检测、超声导波检测、涡流检测、漏磁检测等。随着我国钢铁冶炼和加工技术的进步，钢轨内部出现缺陷的概率越来越低，与之相反钢轨表面缺陷出现的概率越来越高，仍然是影响铁路运输安全的重要因素。及时检测出钢轨表面缺陷并做好交通运输安全生产、风险防控工作，对于加快建设交通强国有重要意义。本章基于 I 型 RSDDs 数据集，使用区域生长算法实现钢轨表面缺陷的检测。

学习目标

（1）了解钢轨表面缺陷检测的背景、需求和目标。
（2）熟悉钢轨表面缺陷检测流程。
（3）掌握消除钢轨表面不均匀光照的方法。
（4）掌握使用区域生长算法进行钢轨表面缺陷检测的方法。

9.1 了解项目背景

随着我国铁路运输事业的不断发展，铁路运营里程不断增加，列车运行速度也不断提高，车轮与钢轨表面之间的相互作用力越来越大，这些都对钢轨表面缺陷检测工作的效率和质量提出了更高的要求。

钢轨表面缺陷检测的两个重要环节分别是钢轨表面数据的采集和钢轨表面检测。传统的钢轨表面检测主要依靠目视或人工小车检测，如图 9-1 所示，人工检测效率低、占用运输资源且具有一定的危险性。随着电子技术的快速发展，出现了安装在列车上且能在列车正常高速行驶状态下快速获取钢轨表面图像的采集装置。同时，机器视觉技术也为从图像中检测和识别钢轨表面缺陷提供了理论与工具。基于机器视觉的检测方法不干扰钢轨的工作，具有较强的容错能力和较高的安全性，是钢轨表面缺陷检测的主流方法。在相关的设备和算法的支持下，我国研制生产了一系列高速综合检测列车，如图 9-2 所示。高速综合检测列车以高速动车组为载体，加装了轨道检测、弓网检测、轮轨动力学检测、通信检测、信号检测等精密测量设备，集成现代测量、时空定位同步、大容量数据交换、实时图像识别和数据综合处理等先进技术，可以在列车高速运行时对轨道、接触网等基础设施的状态进行等速检测。

图 9-1　钢轨表面缺陷的人工检测

图 9-2　高速综合检测列车

　　虽然基于机器视觉的钢轨表面缺陷检测方法具有以上种种优点，但该类方法在实际应用中仍面临一些困难。例如，由于季节因素和光照条件变化，可能会导致获取到的图像产生光照不均匀的情况，增加了缺陷检测的难度。由于不同路段和运营环境中的钢轨表面状况可能不同，容易产生局部高光，增加了缺陷区域特征提取的难度。本章主要研究使用数字图像处理方法克服钢轨表面图像中的不均匀光照的影响来检测疤痕类缺陷。

9.2　分析项目需求

　　钢轨表面缺陷的检测，要求应用算法自动地从包含钢轨表面的图像中将钢轨表面缺陷区域分割出来，以实现常见的钢轨表面缺陷检测，包括疤痕、裂纹、波纹擦伤、褶皱、剥落等多种类型，本章中主要实现疤痕类缺陷的检测。

9.2.1　数据说明

　　本章使用的钢轨表面缺陷图像数据集是来自北京交通大学的 RSDDs 数据集，它包括原始的钢轨表面图像和经过专家处理得到的缺陷掩模图像。该数据集中的图像已经进行了必要的预处理，仅保留了钢轨表面区域，排除了道枕、路基等无关部分的干扰。通过对比缺陷掩模图像和钢轨表面图像，可以发现该数据集收集和标记的只有疤痕这一种缺陷类型。RSDDs 数据集包含 I 型和 II 型两个子集，I 型 RSDDs 数据集包含来自客运铁路的 67 个样本，II 型 RSDDs 数据集包含来自货运铁路的 128 个样本。由于 II 型数据集的分辨率过低，因此本章选择针对 I 型数据集开展疤痕类缺陷检测的研究。

I 型 RSDDs 数据集中的 3 个典型样本如图 9-3 所示，每个样本包括原始的钢轨表面图像和对应的掩模图像。钢轨表面图像是 RGB 格式的灰度图像，掩模图像在黑色的背景中使用白色显示分割出来的缺陷区域。疤痕类缺陷实质上是钢轨表面的坑洞，在图像中表现为暗的斑块，尺寸、位置和深浅都有一定的随机性。要注意的是，经过与原始图像进行对比，推测该数据集的掩模图像经过了一定的形态学处理和最小面积过滤。钢轨表面的背景较为复杂，由于钢轨表面的径向截面是一条光滑的曲线，在平行于钢轨轴向的检测光源的照射下，钢轨表面图像中存在位置、宽窄和明暗都不确定的轴向条纹。在钢轨两侧，往往有灰度值接近于 0、宽度不一的黑色条纹，这是由于钢轨表面在这两处因表面接近垂直无法反射图像采集装置的检测光线。除由于光照不均匀产生的明暗条纹外，部分钢轨表面有较严重的锈蚀或油污，表现为黑色的不规则条带。

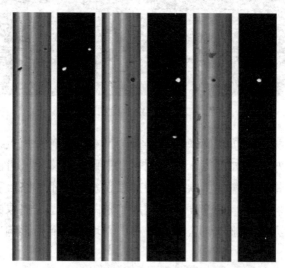

图 9-3 I 型 RSDDs 数据集样本示例

9.2.2 项目目标

本章以 I 型 RSDDs 数据集为研究对象，主要利用连通成分标记、区域生长等算法来实现以下目标。

（1）对图像进行自适应预处理以消除钢轨表面的非均匀光照和黑边干扰。

（2）自动确定区域生长算法的最佳上阈值。

（3）对钢轨表面图像进行分割，得到缺陷区域，便于进行下一步的缺陷评估和处理。

9.2.3　钢轨表面缺陷检测流程

　　钢轨表面缺陷检测的主要困难在于图像中由于钢轨表面弯曲的形状所造成的非均匀光照，这会对大部分图像分割算法造成直接的干扰，因此需要在缺陷检测之前进行相应的预处理。钢轨表面缺陷检测的流程如图 9-4 所示，所包含的主要步骤如下。

　　（1）将 RGB 图像转换为灰度图像。

　　（2）基于自定义算法消除钢轨表面上的不均匀光照，得到去除背景的钢轨表面图像。

　　（3）基于连通性分析消除黑边干扰。

　　（4）根据样本统计数据确定种子点选取规则。

　　（5）使用曲线拟合自适应地获取区域生长算法的上阈值。

　　（6）应用区域生长算法进行钢轨表面缺陷的分割。

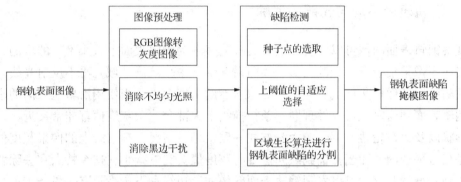

图 9-4　钢轨表面缺陷检测的流程

9.3　图像预处理

　　基于疤痕类缺陷在视觉上表现为暗色的斑块的认知，疤痕类缺陷检测的一种思路是直接使用阈值分割方法进行缺陷检测。

　　使用大津法直接对图 9-3 中的样本进行图像分割，结果如图 9-5 所示。可以发现阈值分割的结果中，很多不属于缺陷的深色区域被标记出来，同时缺陷区域只有一部分被分割出来。经过分析可以发现有两个方面的原因使得直接使用阈值分割法检测钢轨表面缺陷的效果不佳。一是钢轨表面具有一定的弧度，在钢轨表面图像采集装置中光源的照射下，不同的反射强度造成钢轨表面图像中出现明暗不一的条带。尤其是在钢轨表面两侧的位置，会出现明显的黑色条带，对同样属于暗色区域的表面缺陷区域造成干扰。此外，部分钢轨表面的不规则条状锈蚀区域也在全局阈值分割中被误识别为目标。二是钢轨表面缺陷所对应的坑洞本身深浅不一，在外界光源照射下，采集到的图像灰度不均匀。如果阈值取得较高，分割出来的深色区域要小于实际的缺陷区域，如果阈值取得较低，则会将钢轨表面的其他非缺陷区域标记为缺陷区域。

　　基于数据集中样本的特点以及对钢轨表面缺陷特征的分析，本章采用在第 6 章中介绍的区域生长算法，来分割出钢轨表面缺陷区域并排除其他结构的干扰，最终实现钢轨表面缺陷的检测。

图 9-5　对图 9-3 中的样本使用大津法进行阈值分割的结果

9.3.1　钢轨表面不均匀光照的消除

观察钢轨表面图像可以发现，疤痕类缺陷表现为钢轨表面上大小不一的坑洞，由于钢轨表面图像采集装置的光源无法直接照射到坑洞中，坑洞区域几乎不反射光线。因此这类缺陷区域的像素灰度值要比周围的像素点的灰度值小。当使用沿轨道方向的水平线扫描钢轨表面图像时，可以发现同一条扫描线上大部分像素灰度值都非常接近，这和钢轨的形状以及火车轮轨与钢轨的接触方式一致。理想情况下扫描线上的像素灰度值变化应该是相对平滑的，而当扫描到缺陷位置时灰度值会突然减小，这个特点在去除背景时将会用到。继续观察，可以发现钢轨表面图像的上边缘和下边缘都有一段条带，且颜色比周围更"黑"，即像素灰度值更小。这是由于钢轨表面两侧的边缘处弧度较大无法反射采集装置发射出的光线，本章中称这种带状痕迹为黑边。

为了尽可能排除图像背景对缺陷检测工作的干扰，本小节的目标是消除钢轨表面光照不均匀形成的条带干扰，将背景与有可能是缺陷目标的区域进行分离。为方便后期处理，读入图像后首先使用 OpenCV 中的 cvtColor 函数将图像从 RGB 三通道格式转换为单通道的灰度格式，并对图像进行转置使其由纵向变为横向，如代码 9-1 所示。

代码 9-1　灰度化与转置钢轨表面图像

```
import cv2
import numpy as np  # 导入需要用到的库
from scipy import optimize as op

picture_label = 5  # 指定要读取的图像的标签
mask_path = '../data/GroundTruth/rail_' + str(picture_label) + '.jpg'
Rail_surface_image_path = '../data/Rail_surface_images/rail_' + str(picture_label)
+ '.jpg'
img = cv2.imread(Rail_surface_image_path)
img_gray = cv2.cvtColor(img, cv2.COLOR_BGR2GRAY)
# 读取数据并灰度化，注意虽然图像是灰度图像，但仍使用 RGB 三通道格式来保存
# 为了后续处理的方便，# 在此使用 cvtColor 函数将图像转化为单通道格式
img_gray = img_gray.T  # 转置图像矩阵，使图像由纵向变为横向
```

基于理想的无缺陷钢轨表面图像像素在水平线上几乎是常数的这一假设，本章设计一种扫描线处理算法，用于从原始图像中去除背景中的条带干扰。首先对钢轨表面图像进行逐行扫描，使用 NumPy 库中的 median 函数获得每行像素灰度值的中值，记为 t。考虑到缺陷区域像素自身的灰度值非常低，在水平扫描线上表现为灰度值更低的突变，使用反向思维设计判断逻辑来识别出正常的背景像素。正常背景像素虽然在图像的不同位置有不同的灰度值，但首先它们的灰度值应该大于缺陷区域的像素灰度值，即灰度值不应该过小。其次，如果一个像素的灰度值大于 30 并且大于 t-50，则判定它为背景像素，在处理结果中将其灰度值设为 255，也即显示为白色，实现过程如代码 9-2 所示。

代码 9-2　去除不均匀光照

```
img_gray2 = img_gray.copy()
for i in range(img_gray.shape[0]):
    t = np.median(img_gray[i])  # 计算该行的灰度中值，作为背景的评价标准
    for j in range(img_gray.shape[1]):
        if img_gray2[i][j] > 30 and img_gray2[i][j] > t - 50:
# 背景像素点的灰度值大于 30、大于中值减去 50
            img_gray2[i][j] = 255
# 将背景像素点的灰度值设为 255
cv2.imshow('', img_gray2)
cv2.waitKey(0)
cv2.destroyAllWindows()
```

通过在整个数据集上进行验证表明这种处理方式对 I 型 RSDDs 数据集是有效的。图 9-3 所示的 3 个样例图像去除不均匀光照的效果如图 9-6 所示。可以看到由光照不均匀造成的大部分条带结构都已被除去，保留下来的有上、下两侧的部分黑边、包含缺陷的斑块以及一些在原图中属于竖直方向灰度值波动的斑点。

图 9-6　钢轨表面不均匀光照消除效果

9.3.2　基于连通性分析的黑边去除

在水平线扫描算法中，使用每行像素灰度的中值作为中间标准来去除背景，而上、下两侧的黑边区域因为灰度值波动较小，同时取值与缺陷区域像素的灰度值比较接近，在经过代码 9-2 所示代码的处理后，结果中仍会留有属于黑边区域的部分像素。单纯使用灰度信息是无法判断像素是属于黑边还是属于缺陷的，必须考虑其他的能够分离这两

类像素的准则。进一步分析可以发现，黑边与缺陷区域在空间上不是连通的。因此可以将上、下两条边界设置为种子，使用区域生长算法分割出代码 9-2 所示代码的处理结果中不属于背景且与上、下两条边界相连通的像素，并将它们从处理结果中去除。基于连通性分析去除黑边的完整实现过程如代码 9-3 所示。

代码 9-3　基于连通性分析去除黑边

```python
img_gray3 = img_gray2.copy()

# 区域生长算法，将连通区域变白
def dfs(i, j, my_img, yuzhi=255):
    img = my_img.copy()
    N = len(img)
    M = len(img[0])
    img_flag = np.zeros_like(img)  # 记录点的使用
    shengzhang = []
    area = 1
    shengzhang.append([i, j])  # 记录种子点的位置
    while len(shengzhang) > 0:
        img[shengzhang[-1][0]][shengzhang[-1][1]] = 255
        # 种子点使用后将其像素值变为 255
        img_flag[shengzhang[-1][0]][shengzhang[-1][1]] = 1
        # 并在 img_flag 中记录信息
        x = shengzhang[-1][0]
        y = shengzhang[-1][1]
        shengzhang.pop()
        # 种子点使用完成，弹出种子点
        for dx in [-1, 0, 1]:
            for dy in [-1, 0, 1]:
                nx = x + dx
                ny = y + dy
                # 使用 8 连通的方法填充像素点
                if 0 <= nx < N and 0 <= ny < M and img[nx][ny] <yuzhi:
                    # 将非纯白像素变为白色
                    area = area + 1
                    shengzhang.append([nx, ny])
    return area, img, img_flag

for i in list(range(img_gray.shape[0])[: 10]) + list(range(img_gray.shape[0])
[-10:]):
    for j in range(img_gray.shape[1]):
        _, img_gray3, _ = dfs(i, j, img_gray3)
```

代码 9-3 中首先定义了实现了区域生长算法的函数 dfs，其内部使用了堆栈存储种子，然后通过深度优先搜索对种子进行生长。dfs 函数有 4 个输入参数，第 1、2 个参数 i、j 分别为搜索起始点的横、纵坐标，第 3 个参数 my_img 为待分割的图像，第 4 个参数 yuzhi 为生长算法的上阈值。在区域生长过程中，灰度值大于生长上阈值的点会被算法避开。

dfs 函数的设计思路是先将种子点压入堆栈，然后不停地弹出栈内的元素进行生长，判断种子点附近是否有低于上阈值的点可以加入栈。每次一个种子最多能生长相邻的 8

个像素，无论种子生长了几个像素入栈，该种子都要出栈以减少栈的空间。当栈为空时结束运行。函数中的 area 变量用于在生长过程中记录区域面积，img_flag 变量用于记录生长得到的区域，便于最后输出图像分割结果。

使用代码 9-3 所示代码去除黑边的效果如图 9-7 所示，图 9-6 中存在的黑边已被有效地去除，但仍然存在许多微小的斑点干扰。研究 I 型 RSDDs 数据集中已有的缺陷掩模图，可以发现该数据集中对缺陷区域的尺寸做了限定，面积过小的缺陷并没有出现在掩模图中。

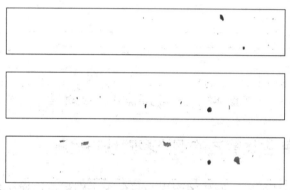

图 9-7　基于连通性去除黑边效果

观察图 9-7 中的处理结果，可以发现黑点的尺寸比缺陷的尺寸要小很多，因此可以通过设定面积阈值的方法将黑点筛除，如代码 9-4 所示，去除的效果如图 9-8 所示。代码 9-4 所示代码使用了代码 9-3 中定义的区域生长算法 dfs 以获取生长的区域和区域面积，并将被生长区域变白后的图像作为下一个连通区域筛选的原图，最终的结果图像中仅包含筛选得到的面积大于最小阈值的连通区域。

代码 9-4　筛除微小黑点的连通区域

```python
# 去除微小黑点的连通区域
img_gray4 = img_gray3.copy()
min_area = 100
img_flag = np.zeros_like(img_gray)
label = 0  # 连通区域数量
for i in range(len(img_gray)):
    for j in range(len(img_gray[0])):
        if img_gray4[i][j] != 255 and img_flag[i][j] == 0:
            area, new_img, new_img_flag = dfs(i, j, img_gray4)  # 计算当前连通区域面积
            if area > min_area:  # 判断是否满足最小面积要求
                label = label + 1
                print(label)
                # 添加当前连通区域至连通区域标记，标记值为该连通区域编号
                img_flag = np.where(new_img_flag != 0, label, img_flag)
            else:
                print('area:{0}'.format(area))  # 显示连通区域的面积
                img_gray4 = new_img
```

从逻辑上分析，代码 9-4 所示代码的作用是去除面积过小的连通区域，并不能保证

数字图像处理实战

剩下的连通区域都对应钢轨表面缺陷。即使与缺陷部位有对应关系，两者的面积大小可能会有较大差异。对比数据集自带的掩模图，可以发现图 9-8 中部分连通区域大于对应的缺陷区域，而有些连通区域并没有出现在掩模图中。这些问题将通过 9.4 节介绍的区域生长算法来解决。

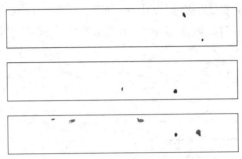

图 9-8　去除微小黑点连通区域效果

9.4　基于区域生长算法的钢轨表面缺陷检测

经过 9.3 节中的预处理，原始图像变为只包含个别深色连通区域且背景为白色的图像。接下来要判断保留下来的连通区域是否对应钢轨表面的疤痕类缺陷。

9.4.1　种子点的提取

为了考察缺陷区域的特征，本小节利用数据集中提供的掩模图像，绘制缺陷区域像素的灰度直方图，以此来明确判断标准。先将灰度形式的掩模图像转换为布尔型数组，然后使用布尔型数组来引用图像中被标记为缺陷的像素，再使用自定义函数 plt_hist 绘制缺陷区域像素的灰度直方图，如代码 9-5 所示。

代码 9-5　绘制缺陷区域像素的灰度直方图

```
import matplotlib.pyplot as plt

mask = cv2.imread(mask_path)
img = cv2.imread(Rail_surface_image_path)
img_gray = cv2.cvtColor(img, cv2.COLOR_BGR2GRAY)  # 转灰度图
mask_gray = cv2.cvtColor(mask, cv2.COLOR_BGR2GRAY)
img_gray = img_gray.T
mask_gray = mask_gray.T


def plt_hist(img):
    fig = plt.figure()
    ax = fig.add_subplot(1, 1, 1)
    ax.hist(img.ravel(), 256, [0, 80])
    ax.set_title('rail_' + str(picture_label) + ' gray plot')
    fig.savefig('../tmp/' + str(picture_label) + 'gray.png', dpi=400)
```

```
plt.show()
mask_bool = np.where(mask_gray > 200, True, False)
plt_hist(img_gray[mask_bool])
img_gray2 = np.where(mask_bool, img_gray, 255)
cv2.imshow('rail_' + str(picture_label), img_gray2)
cv2.waitKey(0)
cv2.destroyAllWindows()
```

　　根据数据集所提供的掩模，在原图中统计缺陷对应位置的像素灰度，所得灰度值直方图如图 9-9 所示。

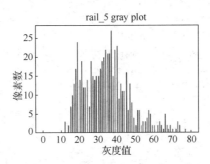

图 9-9　rail-5 缺陷处的灰度值直方图

　　进一步，在代码 9-1 中修改要读取的图像标签值再运行代码 9-5 所示代码，可得到不同图像缺陷处的灰度值直方图，如图 9-10 所示，以此得出普遍适用的缺陷区域灰度特征。

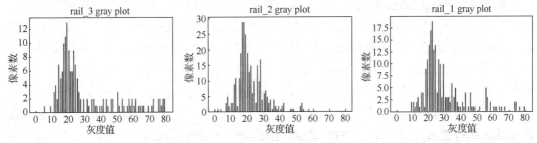

图 9-10　不同图像缺陷处的灰度值直方图

　　观察了几幅图像中不同缺陷区域的像素灰度值直方图后，可以发现疤痕类钢轨表面缺陷的灰度值直方图的峰值都集中在 20 左右，即缺陷内必定存在灰度值在 25 以下的像素点。由此可见 I 型 RSDDs 数据集的质量较高，很好地控制了采集装置中的光源强度和光线入射角度，避免疤痕类缺陷内部被光线直接照射，使得缺陷区域的像素灰度值稳定地保持在一个较小的区间内。

　　得到缺陷区域中一定存在灰度值小于 25 的像素这个先验知识，就可以利用它在去除背景后得到的连通区域内部寻找满足条件的点，作为缺陷区域的种子点，如代码 9-6 所示。每一个连通区域中只寻找一个符合灰度阈值的种子点，而一幅图像可能包含多个不同的连通区域，代码 9-6 中使用字典结构存储对应的连通区域的种子点集合。

代码 9-6　寻找初始种子点集合

```
# 寻找初始种子点集合
```

```
# 先找到所有灰度值在 25 以下的像素点，然后将在同一个连通区域的点去除
# 每一个连通区域只保留一个种子
zhongzi_dict = {}
zhongzi_yuzhi = 25
for i in range(len(img_gray)):
    for j in range(len(img_gray[0])):
        if img_gray4[i][j] < zhongzi_yuzhi:
            # 找到一个符合条件的点后，将该点添加至字典内，键值为所在连通区域的编号
            if str(img_flag[i][j]) not in zhongzi_dict:
                # 判断该连通区域在字典内是否存在符合条件的点
                zhongzi_dict[str(img_flag[i][j])] = []
            zhongzi_dict[str(img_flag[i][j])].append([i, j])
# 得到了连通区域与内部可用种子点的对应关系后，每个连通区域只保留一个种子点
print('连通区域数量为：{0}'.format(len(zhongzi_dict.keys())))
# 每个连通区域选择的种子点最好在连通区域中心
zhongzi = []
# for i in range(len(zhongzi_dict.keys())):
for i in zhongzi_dict.keys():
    k = len(zhongzi_dict[i]) // 2
    zhongzi.append(zhongzi_dict[i][k])
print('选取的种子点为：', zhongzi)
```

　　为了不重复在同一个连通区域内多次寻找种子点，代码 9-6 中使用代码 9-4 中去除微小连通区域时生成的数组 img_flag，该数组标明了每个像素点所属的连通区域的编号。首先对所有像素点的灰度值进行判断，对于灰度值小于阈值 25 的点，将其连通区域编号保存在种子字典 zhongzi_dict 中。为了得到每个连通区域中心的种子，接下来计算字典 zhongzi_dict 中属于每个连通区域的种子数量。根据前面扫描种子的顺序，可以知道位于连通区域中心的种子加入字典 zhongzi_dict 的位置也大约在中间。在代码的最后，只为每个连通区域保留一个种子，这些种子保存在最终的列表 zhongzi 中。

　　选取样本图像 rail_2，如图 9-11 所示。经过代码 9-5 所示代码处理后保留了两个连通区域，都包含灰度值小于 25 的像素点，运行代码 9-6 所示代码将输出如下内容。

图 9-11　样本图像 rail_2

```
连通区域数量为：2
选取的种子点为：[[115, 499], [128, 723]]
```

9.4.2　上阈值的自适应选择

　　经过 9.3 节中的预处理及 9.4.1 小节中的种子点提取，得到包含于缺陷区域内部的种子点集合。但代码 9-6 中所得到的连通区域本质上是行扫描中远离灰度中值的"波动"

像素的集合，并不能简单地根据它们是否包含种子点而得出这些连通区域就对应某个钢轨表面缺陷。通常连通区域的范围会比缺陷区域的更大一些，这就需要在算法中设置合适的上阈值，也就是在区域生长过程中并入区域的像素的最大灰度值，以便对区域生长的过程进行一定的限制。

1. 上阈值的自适应选择的原理

回顾 9.2.1 小节中对 I 型 RSDDs 数据集的分析，疤痕类缺陷的实质是钢轨表面上的坑洞，坑洞内部由于没有光线直射而拥有比周边区域更低的灰度值。从种子点开始进行区域生长，也就是不断地把与当前区域相邻且灰度值小于上阈值的像素合并到区域中的过程。假设坑洞内壁相对底部与坑洞周边更为陡峭,疤痕类缺陷的径向剖面示意如图 9-12 所示。

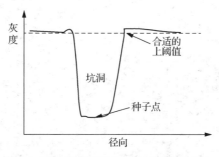

图 9-12　疤痕类缺陷的径向剖面示意

计算使用区域生长算法取不同上阈值时所得到的对应连通区域的面积，并绘制上阈值-面积曲线，该曲线应该具有类似 Sigmoid 函数曲线的形状，如图 9-13 所示。一开始的较为平坦的曲线对应坑洞内部较小的面积，由于内壁相对陡峭，这一段曲线对应的面积变化较小。当上阈值继续增加接近于坑洞边缘像素的灰度值时，上阈值-面积曲线会有一个明显的跳跃。当上阈值大于坑洞周边像素的灰度值时，由于连通区域面积已经扩大到极限，上阈值-面积曲线便进入第二个平坦区域。根据以上的分析，本小节对上阈值-面积曲线使用 Sigmoid 函数进行拟合，并利用 Sigmoid 函数的连续性与阶跃特性来选取最终的上阈值。

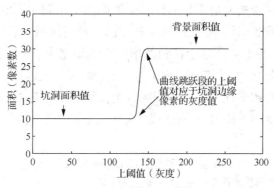

图 9-13　上阈值-面积曲线示意

2. 上阈值-面积曲线的计算

自定义函数 area_of_gray 用于计算某个种子点在给定上阈值时经过区域生长算法得到的最终区域的面积，如代码 9-7 所示。该函数的输出结果保存在字典 data 中，索引为上阈值，值为种子由对应的上阈值生长所得区域的面积。代码 9-7 中，area_of_gray 函数接收一个种子，然后使用递增的上阈值计算区域生长的最大面积，并保存在字典 data 中。为了直观地显示出面积随上阈值变化而变化的情况，这里对面积进行了开平方处理。

代码 9-7　计算并绘制上阈值-面积曲线

```python
def area_of_gray(i, j, img, yuzhi):
    mianji = []
    last_img = img.copy()
    area = 0
    img_flag = np.zeros_like(img_gray)
    for huidu in range(yuzhi):
        if (huidu % 10 == 1):
            print('计算灰度进度为: ', huidu)
        area, last_img, img_flag = dfs3(i, j, area, last_img, img_flag, huidu)
        mianji.append(area)
    data = np.array(mianji)
    #   print(data)
    data2 = np.sqrt(data)
    return data2


def area_plot(data):
    fig = plt.figure()
    ax = fig.add_subplot(1, 1, 1)
    ax.set_title('rail_' + str(picture_label) + ' area of gray')
    ax.set_ylabel('sqrt(y)')
    ax.plot(data, 'ko')
    fig.savefig('../tmp/' + 'rail_' + str(picture_label) + 'area.png', dpi=400)
```

代码 9-7 中算法的一个潜在问题是，要得到上阈值与区域面积的对应关系，需要多次调用区域生长算法，造成大量重复的计算。例如为了得到 1～70 范围内每个上阈值所对应的区域面积，就需要调用 70 次区域生长算法。分析区域生长算法的原理可以发现，对同一个种子，生长区域的面积随上阈值的增加而单调增大。例如上阈值为 50 得到的区域，可以通过把上阈值为 49 得到的区域作为种子，调用一次区域生长算法而得到，而不用从代码 9-6 中获得的初始种子开始运行区域生长算法。这样处理能够最大限度地利用前一次的计算结果而得到上阈值-面积曲线，避免大量的重复运算。改进后的区域生长算法如代码 9-8 所示。

代码 9-8　改进后的区域生长算法

```python
# 为了在迭代中保存上一个阈值的计算结果，使用改进的区域生长算法
def dfs3(i, j, s, img, img_flag, yuzhi):
```

```
my_img = img.copy()  # 不改变原图，在图像副本上计算面积
my_flag = img_flag.copy()  # 使用img_flag来记录生长区域
N = len(my_img)
M = len(my_img[0])
shengzhang = []  # 种子点的集合
if my_img[i][j] <yuzhi:
    my_img[i][j] = 255
    shengzhang.append([i, j])
# 寻找上次扩散的边界点
find_nei = False
find_wai = False
for n in range(N):
    for m in range(M):
        if my_img[n][m] <yuzhi:
            for dx in [-1, 0, 1]:
                for dy in [-1, 0, 1]:
                    nx = n + dx
                    ny = m + dy
                    if 0 <= nx < N and 0 <= ny < M and my_flag[nx][ny] == 1:
                        # 要确定内部点处于上次生长的区域
                        find_nei = True
                    if 0 <= nx < N and 0 <= ny < M and my_flag[nx][ny] == 0:
                        find_wai = True
            if find_nei and find_wai:
                shengzhang.append([n, m])
while len(shengzhang) > 0:
    my_img[shengzhang[-1][0]][shengzhang[-1][1]] = 255
    x = shengzhang[-1][0]
    y = shengzhang[-1][1]
    my_flag[x][y] = 1
    s = s + 1
    shengzhang.pop()
    for dx in [-1, 0, 1]:
        for dy in [-1, 0, 1]:
            nx = x + dx
            ny = y + dy
            if 0 <= nx < N and 0 <= ny < M and my_img[nx][ny] <yuzhi:
                shengzhang.append([nx, ny])
return s, my_img, my_flag
```

解决区域生长算法的优化问题后，可以调用函数 area_of_gray 和 area_plot 来绘制上阈值-面积曲线并分析最佳上阈值的选取规则，如代码 9-9 所示。

代码 9-9　绘制上阈值-面积曲线

```
data = area_of_gray(zhongzi[0][0], zhongzi[0][1], img_gray4.copy(), yuzhi=70)
area_plot(data)
```

绘制出样本 rail_1 的上阈值-面积曲线的散点图，如图 9-14 所示，注意纵轴代表的是连通区域面积的平方根。

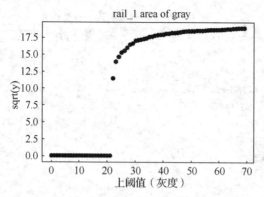

图 9-14　样本 rail_1 的上阈值-面积曲线的散点图

3. 上阈值-面积曲线的拟合与最佳阈值选取

计算得到上阈值-面积曲线后，本章采用有 a、b、c 和 d 共 4 个参数的 Sigmoid 函数对上阈值-面积曲线进行拟合，如式（9-1）所示。

$$F(x) = a + \frac{1}{e^{c-dx} + b} \tag{9-1}$$

这 4 个参数联合在一起可以控制曲线两个平滑段的高度、跳跃段的水平位置和陡峭程度。该 Sigmoid 函数的一阶导数的定义如式（9-2）所示。

$$F'(x) = \frac{de^{c-dx}}{\left(e^{c-dx} + b\right)^2} \tag{9-2}$$

对样本 rail_1 中缺陷的上阈值-面积曲线进行拟合，得到的 Sigmoid 函数及其导数的示意如图 9-15 所示。

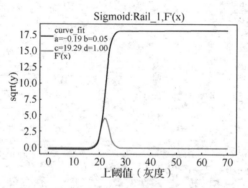

图 9-15　Sigmoid 函数及其导数的示意

观察图 9-15 中的函数曲线，当横坐标 x 在(0,20)区间时 Sigmoid 曲线处于第一个平滑段，这一段的 y 值由参数 a 确定。这个区间对应于钢轨表面坑洞陡峭的内壁中的像素灰度范围，所以此时生长出的连通区域的面积随上阈值的增加只产生微小的变化。在 x 从 20 增加到 25 的过程中，曲线有一个显著的跳跃，阶跃的位置由参数 c 确定，阶跃的陡峭程度由参数 d 确定。参数 c 的值大致对应于坑洞边缘像素的灰度值，上阈值超过 c 后连通区域将迅速扩展到坑洞周围的平坦的背景区域，所以生长出的连通区域的面积随着上阈值的微小增加而急剧增大。当 x 大于 25 后，曲线再次变得平滑，因为连通区域已经扩展到背景区域了，所以此时增大上阈值很难再引起 y 值的增大。根据上面的分析，一个常规的思路是将上阈值设置为 Sigmoid 曲线上阶跃结束位置附近的点的横坐标，对应于缺陷边缘的像素的灰度值。但这个思路也存在问题，由于不同种子点的上阈值-面积曲线拟合得到的 Sigmoid 曲线千差万别，很难从曲线本身得到可以定量处理的上阈值选择策略。图 9-15 中也展示了 Sigmoid 函数的一阶导数，它在 Sigmoid 曲线的两个平滑段的值接近于 0，在 Sigmoid 曲线的阶跃段表现为一个向上的波峰。通过在 Sigmoid 函数一阶导数曲线上选择波峰右侧下降段上特定 y 值对应的 x，可以定量选取区域生长算法的上阈值。经过实践验证，本章中取导数值为 0.1 时的上阈值作为区域生长算法的最终上阈值。

在得到拟合 Sigmoid 函数需要的数据后，使用 op.curve_fit 函数来估计 Sigmoid 函数的参数 a、b、c 和 d，完整的实现过程如代码 9-10 所示。

代码 9-10　估计 Sigmoid 函数的参数

```
# 定义带参数的 Sigmoid 函数
def sigmoid(x, a, b, c, d):
    y = a + 1 / (b + np.exp(c - d * x))
    return y


x_data = np.arange(len(data))
y_data = data
curve = op.curve_fit(sigmoid, x_data, y_data, bounds=([-5, 0, 0, -1], [5, 0.1,
20, 1]))
#使用 op.curve_fit 函数估计 Sigmoid 函数的参数
a, b, c, d = curve[0]

x = np.arange(0, len(data), 0.1)
y = a + 1 / (b + np.exp(c - d * x))#最终得到的 Sigmoid 函数表达式
```

得到拟合曲线的表达式后，绘图并使用 SciPy 库的 root 函数求解 Sigmoid 函数的导数值为 0.1 时的横坐标，完整的实现过程如代码 9-11 所示，结果如图 9-16 所示。图中使用竖线表示求得的上阈值与 Sigmoid 函数的关系。

代码 9-11　根据 Sigmoid 函数计算上阈值

```
from scipy.optimize import root, fsolve


# 定义 Sigmoid 函数的导数
def f1(x):
    return (d * np.exp(c - d * x)) / (np.exp(c - d * x) + b) ** 2


# 定义导数与 0.1 的差值，用于生成方程
def f2(x):
    return f1(x) - 0.1
```

```
ans_fsolve = fsolve(f2, [25])[0]
print(ans_fsolve)
# 绘制导数的图像
plt.plot(x, y, color='red', label='curve_fit\na={0:.2f} b={1:.2f}\nc={2:.2f}
d={3:.2f}'.format(a, b, c, d))
plt.plot(x, f1(x), color='blue', label='F\'(x)')
plt.legend(bbox_to_anchor=(0, 1), loc=2, borderaxespad=0)
plt.title('sigmoid:Rail_{0},F\'(x)'.format(picture_label))
plt.savefig('../tmp/' + 'sigmoid_Rail_{0}_daoshu.png'.format(picture_label),
dpi=400)
plt.show()
```

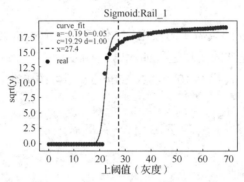

图 9-16　上阈值位置示意图（基于样本 rail_1）

本小节展示了如何一步步地确定单个种子的生长算法中的上阈值，将上阈值-面积曲线的计算、Sigmoid 函数拟合以及上阈值计算封装成函数 Calculation_of_threshold，如代码 9-12 所示。调用该函数可以得到针对一幅图像中所有种子对应的上阈值列表。

代码 9-12　定义计算上阈值的函数 Calculation_of_threshold

```
def Calculation_of_threshold(zhongzi, img):
    data = area_of_gray(zhongzi[0], zhongzi[1], img.copy(), yuzhi=70)
    x_data = np.arange(len(data))
    y_data = data
    curve = op.curve_fit(sigmoid, x_data, y_data, bounds=([-5, 0, 0, -1], [5, 0.1,
20, 1]))
    a, b, c, d = curve[0]
    # ans=np.log((2 * np.exp(c) + 3 ** (1 / 2) * np.exp(c)) / b) / d
    f1 = lambda x: (d * np.exp(c - d * x)) / (np.exp(c - d * x) + b) ** 2 - 0.1

    ans_fsolve = fsolve(f1, [25])[0]
    return ans_fsolve


threshold_of_seed = []
for i in range(len(zhongzi)):
    threshold = Calculation_of_threshold(zhongzi[i], img=img_gray4.copy())
    threshold_of_seed.append(threshold)
```

9.4.3　区域生长算法的效果分析

对每个种子使用生长算法来确定它们对应的缺陷区域，如代码 9-13 所示，得到的缺陷分割结果如图 9-17 所示。

代码 9-13　使用生长算法确定缺陷区域

```
img_gray5 = np.zeros_like(img_gray)
for i in range(len(zhongzi)):
    # 使每个种子都生长一遍，将生长所得区域加入结果
    area, img, img_flag = dfs(zhongzi[i][0], zhongzi[i][1], img_gray4.copy(),
yuzhi=threshold_of_seed[i])
    img_gray5 = np.where(img_flag == 1, img, img_gray5)
cv2.imshow('zhongzishengzhang:{0},img=rail_{1}'.format('ans', picture_label),
img_gray5)
cv2.waitKey(0)
cv2.destroyAllWindows()
```

图 9-17　缺陷分割结果

对比 I 型 RSDDs 数据集提供的掩模（见图 9-18），可以发现使用本章所提出的基于区域生长算法的缺陷检测算法检测到的缺陷的数量与位置都正确无误，且缺陷的尺寸基本相差无几（同一图像中各缺陷有单独的生长上阈值）。扩大试验范围可知，区域生长算法在该数据集中运行情况良好，具有稳健性。

图 9-18　I 型 RSDDs 数据集提供的掩模

小结

本章选取 I 型 RSDDs 数据集作为研究对象，它只包含疤痕类钢轨表面缺陷。钢轨表面缺陷检测面临的主要困难是钢轨表面的特殊结构导致不均匀光照所产生的或明或暗的条带，会对阈值分割的结果造成极大的干扰。为此，在对所使用的数据集进行细致分析的基础上，使用线扫描预处理算法有效地去除了条带背景，保留了包含缺陷区域的暗色斑块等有效信息。由于钢轨表面上下方的黑边无法通过灰度值与缺陷区域来区分，根据黑边和缺陷的不连通的特性去除了黑边。进一步依据缺陷掩模对缺陷区域的像素灰度分

数字图像处理实战

布进行了统计分析，以此确定了区域生长算法中种子点集合的选取规则。为了确定区域生长算法中合适的上阈值，在分析了缺陷与周边背景的灰度特性后，本章使用 Sigmoid 函数来逼近区域生长算法得到的上阈值-面积曲线，并根据 Sigmoid 函数的特性设计了根据 Sigmoid 的一阶导数来自动获取最佳上阈值的算法。本章根据图像的特性和求解问题过程中遇到的困难一步步设计算法，抽丝剥茧，最终解决问题。通过本章的学习，可增强我们服务国家、服务人民的社会责任感，提高解决问题的实践能力。

课后习题

操作题

（1）在预处理阶段，我们基于连通区域大小对面积过小的缺陷进行筛选，请使用中值滤波的方式对消除黑边后的图像进行处理，得到相似效果。

（2）请设计一种与文中不同的方法，用于去除原始图像背景中的条带干扰。

参考文献

[1] GONZALEZ R C, WOODS R E. 数字图像处理[M]. 3 版. 阮秋琦, 阮宇智, 译. 北京: 电子工业出版社, 2011.

[2] 章毓晋. 图像处理和分析教程[M]. 2 版. 北京: 人民邮电出版社, 2016.

[3] 张铮, 薛桂香, 顾泽苍. 数字图像处理与机器视觉[M]. 北京: 人民邮电出版社, 2010.

[4] 岳亚伟. 数字图像处理与 Python 实现[M]. 北京: 人民邮电出版社, 2020.

[5] SONKA M, HLAVAC V, BOYLE R. 图像处理、分析与机器视觉[M]. 4 版. 兴军亮, 艾海舟, 译. 北京: 清华大学出版社, 2016.

[6] 张良均, 王路, 谭立云, 等. Python 数据分析与挖掘实战[M]. 北京: 机械工业出版社, 2015.

[7] 孙立君. 二维状态空间滤波在图像处理中的应用[D]. 兰州: 兰州大学, 2016.

[8] GONZALEZ R C, WOODS R E. 数字图像处理[M]. 4 版. 阮秋琦, 阮宇智, 译. 北京: 电子工业出版社. 2020.

[9] 王众, 叶华, 杨飞, 等. 拉普拉斯差分算子同步降噪空间滤波器设计[J]. 中国农业大学学报, 2006, 11(5):107-112.

[10] 张学梦, 袁汇江. 基于高通滤波的水下图像后向散射去噪研究[J]. 潍坊教育学院学报, 2011 (6):89-91.

[11] 张杨洋. 滤波算法在数字图像降噪中的应用[J]. 自动化应用, 2020(12):49-51.

[12] 周姗姗, 柴金广. 图像预处理的滤波算法研究[J]. 科学技术与工程, 2009, 9(13):3830-3832, 3839.

[13] 徐祥, 陈洪, 叶文华. 基于阈值分割和形态学相结合的金属废料 X 射线图像轮廓提取方法[J]. 机械与电子, 2022, 40(04):31-36.

[14] 孟建军, 程思柳, 李德仓. 基于形态学处理的轨道扣件定位算法研究[J]. 计算机仿真, 2019, 36(11):105-109, 170.

[15] 王淑青, 姚伟, 陈进, 等. 基于直方图均衡化与形态学处理的边缘检测[J]. 计算机应用与软件, 2016, 33(3):193-196.

[16] 刘宏基. 自由角度车牌识别研究[D]. 南京: 南京师范大学, 2021.

[17] 吴安辉, 何家峰, 何启莉. 复杂场景下的车牌检测与识别算法研究[J]. 现代信息科技, 2021, 5(1):81-83, 87.

[18] 李虎月, 郝鹏飞, 廖云霞, 等. 车牌检测与识别系统设计[J]. 计算机技术与发展, 2020, 30(7):150-153, 159.

[19] YANAGIHARA Y, KOMATSU K, TATSUMI S, et al. A study of Color Transfer Methods with Color Gradation and Distribution of Nature Picture, November 23-25, 2012[C]. Penang: Malaysia, 2012.

［20］VEDALDI A, SOATTO S.Quick Shift and Kernel Methods for Mode Seeking, October 12-18, 2008［C］. Marseille: France, 2008.

［21］GONZALEZ R C, WOODS R E, EDDINS S L. 数字图像处理: MATLAB 版［M］. 阮秋琦, 译. 北京: 电子工业出版社, 2005:121-122.

［22］Gan Jinrui, Li Qingyong, Wang Jianzhu, et al. A Hierarchical Extractor-Based Visual Rail Surface Inspection System［J］. IEEE Sensors Journal, 2017, 17(23):7935-7944.